本书由教育部人文社会科学重点研究基地“山西大学科学技术哲学研究中心”资助出版

科学技术哲学文库 | 丛书主编·郭贵春 殷 杰

科技政策、伦理与关怀

◎李 侠 著

科学出版社

北 京

图书在版编目（CIP）数据

科技政策、伦理与关怀 / 李侠著. —北京：科学出版社，2017.7
（科学技术哲学文库）
ISBN 978-7-03-053314-2

Ⅰ. ①科… Ⅱ. ①李… Ⅲ. ①科技政策-研究②科学技术-伦理学-研究③情绪-自我控制-研究 Ⅳ. ①G301②B82-057③B842.6

中国版本图书馆 CIP 数据核字（2017）第 128938 号

丛书策划：侯俊琳 邹 聪
责任编辑：邹 聪 张翠霞 / 责任校对：樊雅琼
责任印制：吴兆东 / 封面设计：有道文化

科 学 出 版 社出版
北京东黄城根北街 16 号
邮政编码：100717
http://www.sciencep.com

北京虎彩文化传播有限公司印刷
科学出版社发行 各地新华书店经销
*
2017 年 7 月第 一 版 开本：720×1000 1/16
2024 年 3 月第四次印刷 印张：18 1/2
字数：260 000

定价：128.00元

（如有印装质量问题，我社负责调换）

科学技术哲学文库

编　委　会

总　序

认识、理解和分析当代科学哲学的现状，是我们抓住当代科学哲学面临的主要矛盾和关键问题、推进它在可能发展趋势上取得进步的重大课题，有必要对其进行深入研究并澄清。

对当代科学哲学的现状的理解，仁者见仁，智者见智。明尼苏达科学哲学研究中心在2000年出版的 *Minnesota Studies in the Philosophy of Science* 中明确指出："科学哲学不是当代学术界的领导领域，甚至不是一个在成长的领域。在整体的文化范围内，科学哲学现时甚至不是最宽广地反映科学的令人尊敬的领域。其他科学研究的分支，诸如科学社会学、科学社会史及科学文化的研究等，成了作为人类实践的科学研究中更为有意义的问题、更为广泛地被人们阅读和争论的对象。那么，也许这导源于那种不景气的前景，即某些科学哲学家正在向外探求新的论题、方法、工具和技巧，并且探求那些在哲学中关爱科学的历史人物。"① 从这里，我们可以感觉到科学哲学在某种程度上或某种视角上地位的衰落。而且关键的是，科学哲学家们无论是研究历史人物，还是探求现实的科学哲学的出路，都被看作一种不景气的、无奈的表现。尽管这是一种极端的看法。

那么，为什么会造成这种现象呢？主要的原因就在于，科学哲学在近30年的发展中，失去了能够影响自己同时也能够影响相关研究领域发展的研究范式。因为，一个学科一旦缺少了

---

① Hardcastle G L，Richardson A W. Logical empiricism in North America//Minnesota Studies in the Philosophy of Science. Vol XVIII. Minneapolis：University of Minnesota Press，2000：6.

范式，就缺少了纲领，而没有了范式和纲领，当然也就失去了凝聚自身学科，同时能够带动相关学科发展的能力，所以它的示范作用和地位就必然要降低。因而，努力地构建一种新的范式去发展科学哲学，在这个范式的基底上去重建科学哲学的大厦，去总结历史和重塑它的未来，就是相当重要的了。

换句话说，当今科学哲学在总体上处于一种“非突破”的时期，即没有重大的突破性的理论出现。目前，我们看到最多的是，欧洲大陆哲学与大西洋哲学之间的渗透与融合，自然科学哲学与社会科学哲学之间的借鉴与交融，常规科学的进展与一般哲学解释之间的碰撞与分析。这是科学哲学发展过程中历史地、必然地要出现的一种现象，其原因在于五个方面。第一，自20世纪的后历史主义出现以来，科学哲学在元理论的研究方面没有重大的突破，缺乏创造性的新视角和新方法。第二，对自然科学哲学问题的研究越来越困难，无论是拥有什么样知识背景的科学哲学家，对新的科学发现和科学理论的解释都存在着把握本质的困难，它所要求的背景训练和知识储备都愈加严苛。第三，纯分析哲学的研究方法确实有它局限的一面，需要从不同的研究领域中汲取和借鉴更多的方法论的经验，但同时也存在着对分析哲学研究方法忽略的一面，轻视了它所具有的本质的内在功能，需要在新的层面上将分析哲学研究方法发扬光大。第四，试图从知识论的角度综合各种流派、各种传统去进行科学哲学的研究，或许是一个有意义的发展趋势，在某种程度上可以避免任何一种单纯思维趋势的片面性，但是这确是一条极易走向“泛文化主义”的路子，从而易于将科学哲学引向歧途。第五，科学哲学研究范式的淡化及研究纲领的游移，导致了科学哲学主题的边缘化倾向，更为重要的是，人们试图用从各种视角对科学哲学的解读来取代科学哲学自身的研究，或者说把这种解读误认为是对科学哲学的主题研究，从而造成了对科学哲学主题的消解。

然而，无论科学哲学如何发展，它的科学方法论的内核不能变。这就是：第一，科学理性不能被消解，科学哲学应永远高举科学理性的旗帜；第二，自然科学的哲学问题不能被消解，它从来就是科学哲学赖以存在的基础；第三，语言哲学的分析方法及其语境论的基础不能被消解，因为它是统一科学哲学各种流派及其传统方法论的基底；第四，科学的主题不能被消解，不能用社会的、知识论的、心理的东西取代科学的提问方式，否则科学哲学就失去了它自身存在的前提。

在这里，我们必须强调指出的是，不弘扬科学理性就不叫"科学哲学"，既然是"科学哲学"就必须弘扬科学理性。当然，这并不排斥理性与非理性、形式与非形式、规范与非规范研究方法之间的相互渗透、融合和统一。我们所要避免的只是"泛文化主义"的暗流，而且无论是相对的还是绝对的"泛文化主义"，都不可能指向科学哲学的"正途"。这就是说，科学哲学的发展不是要不要科学理性的问题，而是如何弘扬科学理性的问题，以什么样的方式加以弘扬的问题。中国当下人文主义的盛行与泛扬，并不是证明科学理性不重要，而是在科学发展的水平上，社会发展的现实矛盾激发了人们更期望从现实的矛盾中，通过对人文主义的解读，去探求新的解释。但反过来讲，越是如此，科学理性的核心价值地位就越显得重要。人文主义的发展，如果没有科学理性作为基础，就会走向它关怀的反面。这种教训在中国社会发展中是很多的，比如有人在批评马寅初的人口论时，曾以"人是第一可宝贵的"为理由。在这个问题上，人本主义肯定是没错的，但缺乏科学理性的人本主义，就必然走向它的反面。在这里，我们需要明确的是，科学理性与人文理性是统一的、一致的，是人类认识世界的两个不同的视角，并不存在矛盾。从某种意义上讲，正是人文理性拓展和延伸了科学理性的边界。但是人文理性不等同于人文主义，正像科学理性不等同于科学主义一样。坚持科学理性反对科学主义，坚持人文理性反对人文主义，应当是当代科学哲学所要坚守的目标。

我们还需要特别注意的是，当前存在的某种科学哲学研究的多元论与20世纪后半叶历史主义的多元论有着根本的区别。历史主义是站在科学理性的立场上，去诉求科学理论进步纲领的多元性，而现今的多元论，是站在文化分析的立场上，去诉求对科学发展的文化解释。这种解释虽然在一定层面上扩张了科学哲学研究的视角和范围，但它却存在着文化主义的倾向，存在着消解科学理性的倾向。在这里，我们千万不要把科学哲学与技术哲学混为一谈。这二者之间有重要的区别。因为技术哲学自身本质地赋有更多的文化特质，这些文化特质决定了它不是以单纯科学理性的要求为基底的。

在世纪之交的后历史主义的环境中，人们在不断地反思 20 世纪科学哲学的历史和历程。一方面，人们重新解读过去的各种流派和观点，以适应现实的要求；另一方面，试图通过这种重新解读，找出今后科学哲学发展的新的进路，尤其是科学哲学研究的方法论的走向。有的科学哲学家在反思 20 世纪的逻辑哲学、数学哲学及科学哲学的发展，即“广义科学哲学”的发展中提出了五个“引导性难题”（leading problems）。

第一，什么是逻辑的本质和逻辑真理的本质？

第二，什么是数学的本质？这包括：什么是数学命题的本质、数学猜想的本质和数学证明的本质？

第三，什么是形式体系的本质？什么是形式体系与希尔伯特称之为“理解活动”（the activity of understanding）的东西之间的关联？

第四，什么是语言的本质？这包括：什么是意义、指称和真理的本质？

第五，什么是理解的本质？这包括：什么是感觉、心理状态及心理过程的本质？①

这五个“引导性难题”概括了整个 20 世纪科学哲学探索所要求解的对象及 21 世纪自然要面对的问题，有着十分重要的意义。从另一个更具体的角度来讲，在 20 世纪科学哲学的发展中，理论模型与实验测量、模型解释与案例说明、科学证明与语言分析等，它们结合在一起作为科学方法论的整体，或者说整体性的科学方法论，整体地推动了科学哲学的发展。所以，从广义的科学哲学来讲，在 20 世纪的科学哲学发展中，逻辑哲学、数学哲学、语言哲学与科学哲学是联结在一起的。同样，在 21 世纪的科学哲学进程中，这几个方面也必然会内在地联结在一起，只是各自的研究层面和角

① Shauker S G. Philosophy of Science，Logic and Mathematics in 20th Century. London：Routledge，1996：7.

度会不同而已。所以，逻辑的方法、数学的方法、语言学的方法都是整个科学哲学研究方法中不可或缺的部分，它们在求解科学哲学的难题中是统一的和一致的。这种统一和一致恰恰是科学理性的统一和一致。必须看到，认知科学的发展正是对这种科学理性的一致性的捍卫，而不是相反。我们可以这样讲，20 世纪对这些问题的认识、理解和探索，是一个从自然到必然的过程；它们之间的融合与相互渗透是一个从不自觉到自觉的过程。而 21 世纪，则是一个“自主”的过程，一个统一的动力学的发展过程。

那么，通过对 20 世纪科学哲学的发展历程的反思，当代科学哲学面向 21 世纪的发展，近期的主要目标是什么？最大的“引导性难题”又是什么？

第一，重铸科学哲学发展的新的逻辑起点。这个起点要超越逻辑经验主义、历史主义、后历史主义的范式。我们可以肯定地说，一个没有明确逻辑起点的学科肯定是不完备的。

第二，构建科学实在论与反实在论各个流派之间相互对话、交流、渗透与融合的新平台。在这个平台上，彼此可以真正地相互交流和共同促进，从而使它成为科学哲学生长的舞台。

第三，探索各种科学方法论相互借鉴、相互补充、相互交叉的新基底。在这个基底上，获得科学哲学方法论的有效统一，从而锻造出富有生命力的创新理论与发展方向。

第四，坚持科学理性的本质，面对前所未有的消解科学理性的围剿，要持续地弘扬科学理性的精神。这应当是当代科学哲学发展的一个极关键的方面。只有在这个基础上，才能去谈科学理性与非理性的统一，去谈科学哲学与科学社会学、科学知识论、科学史学及科学文化哲学等流派或学科之间的关联。否则，一个被消解了科学理性的科学哲学还有什么资格去谈论与其他学派或学科之间的关联？

总之，这四个从宏观上提出的“引导性难题”既包容了 20 世纪的五个“引导性难题”，也表明了当代科学哲学的发展特征：一是科学哲学的进步越来越多元化。现在的科学哲学比过去任何时候，都有着更多的立场、观点和方法；二是这些多元的立场、观点和方法又在一个新的层面上展开，愈加本质地相互渗透、吸收与融合。所以，多元化和整体性是当代科学哲学发展中一个问题的两个方面。它将在这两个方面的交错和叠加中寻找自己全新的出路。这就是当代科学哲学拥有强大生命力的根源。正是在这个意义上，经历了语言学转向、解释学转向和修辞学转向这“三大转向”的科学哲学，而今转向语境论的研究就是一种逻辑的必然，是科学哲学研究的必然取向之一。

这些年来，山西大学的科学哲学学科，就是围绕着这四个面向 21 世纪的“引导性难题”，试图在语境的基底上从科学哲学的元理论、数学哲学、物理哲学、社会科学哲学等各个方面，探索科学哲学发展的路径。我希望我们的研究能对中国科学哲学事业的发展有所贡献！

郭贵春

2007 年 6 月 1 日

目　录

伦理

科技政策

2016 年中国科技政策关键词：公平，契约，创新补偿，挖掘知识资本*

新年伊始，总要有所期待，于个人和国家而言概莫能外，这不仅仅是一种偏好，更是一种努力与前行的路标。就科技政策作为大科学时代科技发展的最大外生变量而言，如何让它更好地规范、引导与激励科技的发展，就是全球化时代每个国家必须时刻检视的问题。为此，我们需要从理念与实践上，对科技政策制定中存在的各种缺陷与顽疾进行诊断，并提出可能的解决措施。笔者希望通过几个关键词的形式，勾勒出科技政策领域改革的行动路线图。

一、公平

科技政策领域存在的最大问题就是公平缺失，这已经成为几乎所有中国科技政策谱系中存在的具有共性且根深蒂固的顽疾。任何政策都是制度的产品，政策的公平与否直接影响人们对于制度的认可与评价，这事关政府的政治合法性问题，由此不难理解，任何失去公平的政策其最终危害的是公民对于国家的认同。按照源自柏拉图的政治哲学的基本观点：城邦的最大美德是正义，而正义在实践中的体现就是公平，缺少公平反映的是城邦缺少美德。公平对于任何政策的存在与运行都具有基础性作用。就政策的三个基本功能来说：其一，体现国家的意志（宏观层面）；其二，实现价值分配（中观层面）；其三，通过奖惩的激励机制，实现规训的作用（微观层面）。一个失去公平性的政策，会导致政策运行阻力增加、政策收益减少，以及出现功能失灵现象，更为严重的长期后果是造成社会认知的扭曲及信任危机。

公平是一个很抽象的概念，它的表现形式也是多种多样的，按照最常

---

* 本文发表于《科技中国》2016 年第 1 期。

见的分类方式，可以把公平分为结果公平与机会公平。结果公平的最大缺陷就是造成效率损失，以及全社会公共福祉的降低。基于这种考虑，科技界的公平则在于机会公平，只有如此，才能最大程度地释放与挖掘整个社会的智力库存，从而带来效率的提升及全社会福祉的增加。遗憾的是，目前的科技政策在资源的配置及激励机制方面存在严重的不公平现象，这种状况已经严重制约了中国科技的发展。比如，各类歧视性人才政策的泛滥、科技成果的歧视性评价等，已经让中国科技界发生了根本性的变化，短期内很难扭转过来。它的危害在于：这种歧视性政策一方面造成某些人的优势累积效应，另一方面不可避免地造成多数人的劣势累积效应。这种区别化政策，假以时日就形成难以改变的群体认知偏见，造成宝贵智力资源的沉没与浪费。以人才政策为例，长期奉行的歧视性政策必然会使人才市场陷入“柠檬市场”的局面。至于对科技成果的歧视性评价（完全SCI化），会出现中国纳税人资助的科研成果，其最直接的受益者却是西方，国人反而无缘最先分享到这些知识成果的荒谬局面，这种知识扩散的制度性阻碍现象影响了投入的效率及公众对科学的支持。

二、契约

一项科技政策要发挥其预想的功效，践行契约原则是首要的前提条件。遗憾的是，中国缺乏长期市场经济的熏陶，我们缺少源于正式制度层面的契约精神，更多的是依赖于非正式制度层面的诚信机制。相比于正式制度安排，非正式制度缺少强制性的惩罚机制，导致契约精神无法有效地确立起来，而且由于社会结构的转型，基于非正式制度的诚信机制已经无法满足工业化时代的广泛交易需要，我们当下遭遇的信任危机，究其根源就在于缺少契约意识。故而，重塑契约精神是让科技政策发挥最大功效的少数途径之一。契约究其本意就是明确当事者双方的权利与责任，不可偏废。对于科技政策而言，难点在于科技政策制定的复杂性，导致在整个科技政策的生命周期内至少存在两层契约关系：第一层，在制定层面，政策制定者与专业人员之间的契约；第二层，在执行层面，政策管理者与政策受众之间的契约。当下社会意识到的契约问题多发生在第二个层面，如在经费的运行中所体现的管理者要求项目承担者按计划完成科研任务；项目承担者则要求管理者规范管理行为、按时支付经费等，诸多争议也多发生在这个层面。事实上，在科技政策生命周期里最重要的契约关系发生在政策制定的初始阶段。此时面临最为紧要的政策问题确认工作。由于政策既要体现国家的意志，又要符合科学原则，此时会遭遇政治逻辑与科学逻辑的矛盾。政治逻辑追求的是政治利益的最大化，而科学逻辑追求的是逼真度最大化（趋近真理），此时，如何协调两者之间的矛盾就是影响政策质量的最大不确定性因素，这就要求两者之间都要遵守契约精神，一旦政策议题达成共识，就要坚决履行双方的契约。遗憾的是，在实践中双方经常都有违约行为，顶层的政策制定者经常更改政策目标，而底层的参与者则在实践中“重建政策”。在政治体制改革严重滞后的背景下，源于政治逻辑的违约是无法克服的，而源于底层的政策重建则是一种有限范围内的自动纠偏，同样是违约，它面临的伦理困境是合理不合法。因此，捍卫第一层面的契约精神，对于政策质量的改善是基础性的。经济学家早已证明：制度质量高、宏观经济政策差的国家比制度质量差、宏观经济政策好的国家经济增长速度快。

三、创新补偿

在一个完全市场经济社会，法制健全，创新的收益可以通过市场来实现。但是如果市场发展不充分，有效的知识产权制度不能充分发挥作用，山寨与抄袭盛行，将会导致创新的收益无法得到切实保证，此时将不可避免地抑制创新的发生与发展。在当下，国家把自主创新确立为基本国策，从上到下都在鼓励创新，在政策的驱动下会出现创新短期内快速增加的局面，此时，创新作为一种智力产出物在市场上就面临价格下降的趋势，再加上知识产权制度的不健全及市场的不完善，会造成创新回报急剧下降的局面，就如同谷贱伤农。这种可以预见的结果将极大地抑制整个社会的创新热情及创新的发生率。由于创新的长期后果会带来整个社会的经济增长与公众福祉的提高，因此，在整体创新能力还比较弱的情况下，为了避免创新萎缩现象的出现，国家短期内可以对创新实行补偿，补偿的政策工具有很多，如直接的政策扶持、经费资助、税收减免等多种手段。随着知识产权制度的完善及市场机制的成熟，这部分补偿会逐渐降低直至取消，这样就可以通过制度安排的方式，有效保护创新在起始阶段的成长。

四、挖掘沉没的知识资本

现在举国上下都在倡导“大众创业，万众创新”，这是一个很符合知识管理原则的理念。但问题是，这个命题在实践中具体指涉了什么内涵？在笔者看来，这个问题的实质在于充分挖掘整个社会中被掩埋的知识资本库存，从政策安排上激活这些被沉没的知识资本，使之发挥作用并造福社会。在以往的政策安排上，我们为各类知识进入市场设置了各种有形与无形的准入门槛，导致一些知识资本被阻挡在社会可接受的范围之外，从而造成整个社会的智力资源被严重浪费。这个道理很简单，我们想象一下超级女声之所以获得热捧，无非是它打破了以往歌手选拔的垄断门槛，由市场自己设定门槛，这一小步的改革造就了近十年来中国众多被掩埋的优秀歌手脱颖而出。同样的道理，以市场的方式，通过“双创”的实践，可以最大限度地挖掘散落于中国社会的各类知识资本库存与智力资源。

挖掘整个社会的被沉没的知识资本库存，基于如下两个预设前提：其一，学界标准并不等同于市场标准。学界标准通常高于市场标准，这就导致一部分可用的智力资本被人为阻挡在市场可接受范围之外，从而造成智力资源的浪费。真正应该沉没的知识资本是在市场标准以下的那部分资本，而不是学界标准与市场标准之间的那部分。其二，创新谱系是连续体，而非单一的高端系列。换言之，创新不仅仅包括高起点的原始创新，也包括源于普通知识的重新组合的低端创新。不论哪种形式的创新都会带来社会福祉的增加，而且能够合理利用那些被沉没的各级各层面的知识，从而最大限度地挖掘散落于社会各角落的知识资本。因此，通过科技政策的方式最大限度地挖掘各类闲置的知识资本就是当下最值得尝试的努力方向。

科技体制改革的红利与组织记忆重塑*

2014 年被看作中国第二轮科技体制改革元年（相对于 1985 年的第一次科技体制改革而言），这一年出台了很多重大改革举措，虽然还无法准确预测这些变革的后果，但有一点是为大家所接受的共识，即这些举措对于未来中国科技发展的影响是极其深远的。任何一项战略或政策目标要顺利实现，至少需要具备三项基本社会心理条件：首先，战略或政策目标需要以明确的概念化形式被公众接受；其次，通过将战略目标分解、细化，从而获得受众的认同，最终使其进化为清晰的制度安排；最后，战略或政策目标的预期收益分配符合受众对其效用的预期。这三个环节保证了战略或政策从宏观的目标设立、中观的运行到微观的参与有机地结合起来，否则，政策的质量、运行的效果及实际的绩效都无法保证。毕竟，任何政策后果的展现都要有一个较长的滞后期，正如美国政策专家保罗·萨巴蒂尔指出的那样："这个过程需要 10 年或更长的时间，这就是大多数政策从其丰富的实践中发现问题开始到政策实施再到合理的政策影响评价这么一个循环圈所需的最短期限。"① 基于这种理解，笔者曾尝试就上述链条中的第二环节与第三环节提出一些具体改革建议，即科技人员实行排名制与独立第三方评估。② 原本是希望起到抛砖引玉的作用，结果却遭到大多数人反对。问题出在哪里呢？众所周知，任何改革都是权力、责任与利益的重新分配过程，以此实现预期中的战略目标。既然如此，不妨从观点分歧之处入手，厘清争议的焦点所在，为改革的推进扫清思想层面的障碍。本文力图解决两个问题：其一，科技体制改革的红利来自哪里；其二，组织记忆重塑与

---

* 本文发表于《中国科技论坛》2015 年第 8 期。

① 保罗·A. 萨巴蒂尔. 政策过程理论[M]. 彭宗超等译. 北京：生活·读书·新知三联书店，2004：3-4.

② 相关问题见笔者曾发表的两篇小文章：其一，《科技人员也应该实行排名制》，载于《发明与创新》2015（1）；其二，《如何避免科技体制改革重走老路》，载于《中国青年报》2015-01-21。

改革的成败。

一、科技体制改革释放的红利构成

任何改革都面临一个现实的经济约束问题，即改革的预期收益必须大于改革的成本，否则改革根本无法启动。因此，从经济层面上讲，判断改革的可行性就与分析改革可能释放的红利分配有关；在社会心理层面上，即关注改革的目标与受众的心理偏好是否契合，这是改革获得合法性与认同的基础。经过三十年（1985～2014 年）的科技体制改革实践，现在终于在认识上达成一种共识，即仅仅把人才、经费等资源要素简单堆积在一起，并不能产生我们期待的重大原始创新的井喷式涌现，以及科技强国的横空出世。这个现实，促使整个社会从上到下都认为科技体制应该改革了，这也是政策制定者与受众在改革认识上的契合点。那么现在的问题就是如何改革，关键还是第一个问题，即改革红利的来源与分配结构。如果改革红利无法确定，那么，改革不仅无法推进，也注定是会夭折的。基于这种考虑，我们需要了解此次科技体制改革释放的红利来自哪里。据我们的研究，此次科技体制改革的红利主要来自四个方面：其一，政策工具的选择由传统的强制型转化为混合型，由此释放出强制性政策工具曾经独占的部分收益。其标志是政府不再负责经费分配事宜，而是委托给第三方机构。毕竟，在强制性政策工具主导下，政策收益几乎都是由政策制定者独占，政策成本完全由政策受众承担。而混合性政策工具是一种折中型的利益分配模式，受众在此模式下的收益虽然不如自愿性政策工具主导下获得的多，但比强制性政策工具的收益分配模式要好许多，毕竟政策收益开始在制定者与受众之间进行适当分配，而且更为重要的是，政策受众能够在这种模式下获得期待已久的尊重与承认等无形价值。其二，权力撤出对科技资源的分配过程，极大地压缩了寻租的活动空间，最大限度地杜绝了权力衍生项目造成的浪费现象，由此节省下来的资源重新进入政策受众的分配体系，这相当于变相地增加了政策受众可以参与分配的资源总量，是此次改革中最明显红利来源之一，如各种“戴帽项目”的取消，以及各种指令性项目的压缩等，都可以节省下大量资源。其三，这次改革通过政策的正式安排有效地抑制了赢者通吃的现象，从而避免了资源边际效用递减的困境，这也相当于直接为政策受众参与分配提供了更大的参与分配空间。前三项的红利来源可以笼统地说是得益于交易成本降低带来的结果，究其实质，正如迪克西特所言："我们应该看到政治市场比经济市场更多地被交易成本所困扰，因此，它的运转更没有效率……为了处理交易成本和减少其负面影响，可以通过制度和组织变迁来达到，但制度和组织变迁具有历史依赖性，而且也常常是十分缓慢的。"[①] 其四，科技体制改革的最大红利来源于科技场域内全要素生产率的提升带来的科技产出的增加。这就是坊间所谓的"把蛋糕做大"的深层机制。正如经济学家帕伦特所言："最大化产出不仅取决于给定的技术约束，而且取决于有关技术应用的政策约束。虽然各国拥有相同的技术水平，但各国的总生产函数会因政策差异而不同。"[②] 基于此，从理论上讲，此次改革的设计初衷很好地体现了帕累托最优模式的要求，即"所作出的一个不同的决策可能至少使一个人的境况更好，同时并没有使任何人的境况变得更糟"[③]。从这种意义上说，此次改革的潜在获益人群也将是巨大的，它会遍及更多有能力者，从而给科技场域带来新的力量格局及新的生产方式。

根据常识，任何一项政策或制度一旦确立，就会形成与此相关联的利益群体，久而久之，就会产生制度惰性，并且衍生出一系列或明或暗的利益链条，改革起来异常困难，毕竟任何改革都是规则与利益的重新分配与调整的过程，必然会遭遇那些传统既得利益者的阻挠。但此次改革得以出台并大力推进，原因主要有以下三点：其一，整个社会对于科技界的表现并不是很满意，国家科技投入逐年增加而重大产出却没有随之出现，以及各种学术不端事件频发，都已间接证明传统的科技管理模式已经被证明是

---

① 阿维纳什·K. 迪克西特. 经济政策的制定：交易成本政治学的视角［M］. 刘元春译. 北京：中国人民大学出版社，2009：34.

② 斯蒂芬·L. 帕伦特，爱德华·C. 普雷斯科特. 通向富有的屏障［M］. 苏军译. 北京：中国人民大学出版社，2010：67.

③ R. 科斯，A. 阿尔钦，D. 诺斯，等. 财产权利与制度变迁［M］. 刘守英等译. 上海：上海三联书店，2003：281.

退化纲领，必须另辟蹊径，寻找新的代表进步纲领的科技管理模式。其二，在整个社会深入推进改革之际，科技建制由于其自身的体量比较小（以 2013 年为例，R&D 投入仅占 GDP 的 2.08%，全时当量科研人员达 325 万人），改革起来社会阻力与波动都比较小，一旦成功既可解决当下社会发展对于科技的急切需要的问题，又可以形成新的改革经验加以推广。这也是我们比较熟悉的渐进改革模式下的“以点带面”方法的具体运用。其三，政治领域与经济领域一样，同样是追求收益最大化，一旦科技领域改革成功将会对其他政治领域形成巨大的效率压力，正如经济学家尼斯卡宁在谈及官僚机构时曾指出：“官僚机构的竞争是社会效率的一个重要条件，这正如寻利企业一样。”[①] 正是上述这些深层因素的综合推动，才使得此次科技体制改革能够顺利提上议事日程并得以启动。另外，在经济增长速度变缓的新常态下，对于国家与公众而言，科技进步是提升社会福祉与维系社会稳定的最重要力量，也是摆脱目前困境的主要举措，这已成为社会各界的共识，纵然目前对于科技体制改革的突破口应该选在哪里还存在争议，但改革的迫切性已在社会各界的认知层面取得了广泛共识。基于此，科技体制改革才能突破层层阻力并在诸多领域的观望中率先启动。也许更为重要的是，此次改革隐含了未来政府治理理念的变迁，即把市场机制以恰当的方式引入到政治领域，正如美国政治学家彼得斯所言：“改革的一项主要原则是分散决策和政策执行的权力。打破大政府垄断的最基本方法是利用私人组织或半私人组织来提供公共服务。”[②]

既然科技体制改革对于大多数人来说是利好消息，但为何在具体措施的设置上还会遭受各种质疑和抵制呢？其实，这是一个长期被政策制定者忽视的社会心理与社会记忆问题，如果不加以深入剖析，将会影响未来各类改革政策的有效运行。反对的人群大体可以分为两类：一类是数量巨大的普通政策受众，还有一类是原有的既得利益者。对于后者阻挠是其必然

---

① R. 科斯，A. 阿尔钦，D. 诺斯，等. 财产权利与制度变迁［M］. 刘守英等译. 上海：上海三联书店，2003：366.

② B. 盖伊 • 彼得斯. 政府未来的治理模式［M］. 吴爱明，夏宏图译. 北京：中国人民大学出版社，2013：26.

反应，而对于前者则需探寻其原因。之所以会出现众多争议之声，是其对以往改革的挫折经验的累积所致，过往的改革，大多政策预期收益被决策者占有，而政策成本基本上被受众承担。根据以往经验，政策受众感觉自己的状况将可能变得更糟：更加忙碌与疲劳，但收益状况并未随之好转。长此以往，受众对假借改革之名所引致的行动产生了习惯性的恐惧，因此，对于任何改革的计划，如果没有见到具体的政策收益分配方案，本能地就联想到自己可能又要吃亏，直接放弃探究改革政策的细节（或者由于专业门槛，有些人无能力进行分析），直接反对，以免自己的利益受损。即便对现状不满意，毕竟它是熟悉与确定的，而对新政策的预期后果则是完全陌生的，人类对不确定性的普遍担忧与厌恶风险的内在偏好可以理解，但这种因噎废食的做法实在不可取。其实，著名科学计量学家普赖斯（Derek John de Solla Price，1922—1983）根据实证研究得出的普赖斯法则显示："科学界高产的 25%作者生产了 75%的成果（论文）。"[①] 由此，我们应该清醒地意识到，科技界的改革其实是围绕少数人的潜力开始设计的，在实际的政策制定过程中，尽量保持一定比例的冗余受惠者，以此培养与维持一个合理的科学人才规模，以确保科学产出的稳定性与连续性。明白这个道理，对本次科技体制改革就不会再有太多的抵触情绪，毕竟这次改革最大限度地压缩了泡沫学术的存在空间，也相当于为真正的科技人才预留下最大的资源分配空间，即有更多具有真才实学的人会获得资助，这对于国家治理而言是一个巨大的进步，对于所有科技人员来讲也是一个利好消息，毕竟这种改革实质性地增加了一些人才的机会。另外，这次改革提供了一种公平的机会，它对于所有的人来讲也是一种福祉。那么阻碍我们接受具体变革的内在机制是什么呢？这就是每个人所拥有的组织记忆，这些组织记忆构成了我们的认知模式，如果认知模式不改变，任何改革无论初衷多么好，在运行中都会被原有的认知模式大打折扣。

① http://en.wikipedia.org/wiki/Derek_J._de_Solla_Price.

二、组织记忆重塑与观念变革

我们对外在世界与事物的认识是通过我们头脑内所拥有的认知模式（在心理学层面用认知图式表达相近意思）决定的，有什么样的认知模式就会在我们头脑中形成什么样的世界与判断。关于这一点，美国科学哲学家约瑟夫·汉森（Joseph Hansen，1910—1969）提出的“观察渗透理论”能够很好地解释这个现象。这一著名论断揭示出，我们所有的认识都是被我们头脑内所拥有的信念或理论所污染的，完全客观的观察是不存在的。但不能因为观察可能被理论污染就拒绝接受理论，否则就会陷入哲学家波普尔所谓的没有理论你什么也看不到的境况。既然认知模式对于我们形成正确认知判断如此重要，那么，人的认知图式是如何形成以及怎样发挥作用的呢？

仅就科技界而言，如果把科学共同体作为我们讨论的主体，那么讨论的空间边界就随之确定。按照美国科学哲学家托马斯·塞缪尔·库恩（Thomas Sammual Kuhn，1922—1996）的说法，科学共同体就是享有共同范式的一群人，即这些人接受相同的教育与训练，遵守相同的行为规范与规则，那么这些人就可以被粗略地称为科学共同体。对于科技界而言，这群人还拥有几近相同的意义系统与价值系统，由此表现出行为的高度趋同性，这种从思维到行动的因果链条非常明确。在实践层面，这个群体从事活动的空间被称为场域，它的边界是由群体特定的规则划定的。在这个场域内，久而久之，这些规则就被组织以潜移默化的形式形塑群体的思维与行为，最后内在化为个人的认知图示的一部分。由于在这个场域内大家遵守相同的规则系统，在个体行为上就反映为一种习性，而习性就是我们日常实践的无意识延伸。按照法国社会学家皮埃尔·布迪厄（Pierre Bourdieu，1930—2002）的说法：“条件制约与特定的一类生存条件相结合，生成习性（habitus）。习性是持久的、可转换的潜在行为倾向系统……而由其生成和组织的实践活动和表象活动能够客观地适应自身的意图，而不用设定有意识的目的和特地掌握达到这些目的所必需的程序。习性的运算方式是对既往结果变成预期目标的可能性进行估计。习性作为被乐意顺从的必然性，其生成条件本身致使它产生的预测无视对任何概率计算的有效性所作的限制，也就是经验的条件没有被改变。而这些习性结构反过来又成为感知和评价任何未来经验的依据。”① 由此可见，习性一旦形成，就具有稳定性，对于个体而言，习性以无意识的偏好形式在日常实践中呈现，在面临选择时抵抗对原有认知图式产生影响的变化。简单地做一个推论：习性对于一个人的认知来说，其优点在于凭借以往的经验与规则习得就可以快速做出一个判断，如果个人拥有的认知图式是进步的，那么由此做出的判断也是逼真度较高的判断，不严格地说，其判断正确的概率比较高。但也存在另一种可能性，即我们头脑中所拥有的认知图式可能是退化的纲领，那么，基于此做出的判断也必将是不可靠的，甚至是错误的。因此，习性作为内在认知图式的外显结果，在认知中所蕴含的显著缺点就是容易迷信以往的经验，并且厌恶风险，面对变化不肯做出改变，最终陷入经验主义的泥潭而无力自拔。

在任何一个特定时期，由于共有的研究规范及相同的教育经历等因素的共同作用，科技共同体内部成员几乎生活在相同的政策认知框架下，这就不可避免地带来在宏观习性上具有高度的同质性，这种观念上的同质性在行为上就存在难以克服的潜在盲从倾向，这是人群的一种普遍心理倾向。但由于科技界的从业者大多是经过多轮选拔，在竞争中脱颖而出者，他们对于知识与智慧具有更高的体认性，这就导致这个群体反而比普通民众更容易陷入对于知识的迷信与对于精英的崇拜。相比于普通集体无意识状态导致的群体歇斯底里症而言，科技共同体一旦陷入集体无意识状态，会变得非常固执，很难被说服，因为这种固执源于他们对自身所拥有的知识与认知图式的高度自信，而普通民众则不具备这种源于知识优势的自信。因此，不难设想，基于知识的自信形成的习性改变起来的难度与知识的拥有量成反比，换言之，知识越丰富的人，习性（观念知识的外化形式）的改变越难。一旦出现观念（习性）与新事实相矛盾的时候，改变遭遇的阻力

---

① 皮埃尔·布迪厄. 实践感［M］. 蒋梓骅译. 南京：译林出版社，2009：73-75.

会变大，这就是心理学中的所谓“心理定势”的成因，究其实质是与范式不可通约性有关。对此，匈牙利哲学家毕波认为：“只要跟这种固定模式中的敏感问题稍有关联的现实问题就变得无法解决。”[①] 科技共同体成员由于大多分布在各个科研院所等机构，这种几近相同的规则与规范在组织内又被无数次重复与规训，然后这些观念就被个体内在化为其特有的认知图式，并以组织记忆形式呈现，基于此，被规训形塑的个体会以此处理遭遇的各类现实问题。需要补充的一点是，组织记忆与心理学上的长时记忆和短时记忆的划分是不同的，前者是根据记忆的来源进行的划分，而后者则是根据内容保存时间长短来划分的，就性质而言，组织记忆是一种长时记忆。对个人而言，场域特有的习性模式一旦内化为个人无意识的组织记忆，在很多情况下会自动发生作用而并不自知，这就是无意识的习惯化现象，所谓的经验主义认知模式也是基于此形成的。

组织记忆的优点在于可以使其内部成员的行为趋于一致，从行为模式到思考方式，中规中矩，按部就班，有利于传统的传承，便于协调与管理，场域内个体的行为都是可以预测的。但是其缺点也是非常明显的，组织记忆一旦形成，很难打破，它的保守性直接遏制了创新思维的发展。由于任何组织记忆是基于过去的规范与经验形成的，当时代的状况发生了改变，原有的以组织记忆形式存在的认知图式将不再适应新的环境，此时信奉原有的认知图式的群体将与接受新认知图式的群体发生观念分裂，双方以争吵的形式展现认知图式之间的矛盾，按照美国政治学家查尔斯·蒂利的说法：“边界激活、极化和竞争展示，都发生在争吵中，并且有助于解释暴力。但是，与暴力仪式相比，在争吵中，它们发挥作用的规模更小、更加断断续续。具有较高协同性的争吵能够很容易地演变成另一种集体暴力，在低能力制度中，争吵毫无疑问是集体暴力最频繁的形式。”[②] 在中国，认知图示的改变尤其艰难。明末清初的杨光先所谓的“宁可使中夏无好历法，不可使中夏有西洋人”就是这种状况的极端体现，这也间接说明了中国创新

① 亚历山德拉·莱涅尔-拉瓦斯汀. 欧洲精神［M］. 范玮玮，戴巧，翁珊珊译. 长春：吉林出版集团有限责任公司，2009：238.

② 查尔斯·蒂利. 集体暴力的政治［M］. 谢岳译. 上海：上海世纪出版集团，2011：11.

能力比较弱的深层文化原因。更为严重的是，这种群体间的认知差异会造成群体的分裂，这对于任何政策的制定与运行环境来说都是最大的不确定性因素。

为了有效地扭转这种由于组织记忆造成的认知差异与社会分裂，首先需要每个人都保持开放的心态，能够客观接受与原有组织记忆不同的新观念，毕竟任何时代、任何人的认知图式都是特定时代的产物，不可避免地存在诸多不足与错误之处，因而要相信任何观念都是可错的，不可能完全正确，否则社会也就不再有进步一说了，何况经济学家西蒙早已证明：人是有限理性的。一言以蔽之，人并非是全知全能的，没有任何人的观念是永远正确的。认知图式的平衡每次被打破都是进步的表现，在日常生活中，我们要借鉴心理学上的“去习惯化”的模式，最大限度地让组织记忆处于经常更新状态，对差异的事物保持必要的敏感性，只有这样，观念变革才是可能的，只有观念变了行动才有可能转变。具体的“去习惯化”该怎样操作呢？其实，对个体而言，任何认知图式的改变都是一个痛苦的过程，学习是改变认知图式的必由之路，然而学习是一种稀缺能力，在人的不同发展阶段，其学习能力与意愿会发生根本性的改变，诚如美国女哲学家汉娜·阿伦特所言：“与劝说一个人从经验中学习相比，控制人类的行为，并使他们按照最感意外和最不公正的方式行动，看起来要容易得多；从经验中学习就意味着开始去思考和判断，而不是去应用那些范畴和公式，这些范畴和公式深植于我们的心灵，但其经验基础久已湮灭，并且其表面的合理性在于它们理性上的一致性，而不在于能够充分解释实际事件。”[①]为了克服原有认知图式在机构作用下所形成的固化组织记忆的现象，阿伦特给出的一种破解之路值得关注，即思考与判断。这也正是自 18 世纪以降，源自康德给出的启蒙药方的精髓所在，即敢于运用自己的理智，以此打破自己加之于自己的不成熟状态。而运用理智的标志就是批判与反思精神，判断恰恰是个体基于理性所做出的抉择。

在操作层面，为了减少这种痛苦造成的心理成本，我们应该有意识地

① 汉娜·阿伦特. 反抗平庸之恶［M］. 陈联营译. 上海：上海世纪出版集团，2014：63.

去提升认知图式中那些比较恒定的、形而上的维度，因为这些因素变化的速度比较缓慢，一旦这些基本框架确定下来，其他要素相对而言就比较容易“去习惯化”。那么对于政策而言，要关注什么问题呢？因为，任何政策都是制度的产品，那么，对于政策的关注，首要的因素就是关注政策的正义与公平维度，这是制度美德的体现。通常这个维度短期内很难改变，如果缺少这个维度，任何政策都无法通过与获得合法性。然后再考虑政策收益的分配问题，这项要素对于政策受众而言是最敏感的，一项基于正义原则制定的政策，其收益分配也将是最大限度地符合公平原则。经济学家布坎南所谓的：原则政治，而非利益政治，就已然表明政治运行的基本伦理底线。那么如何保证政策的制定符合正义原则呢？这就要求把政策制定置于罗尔斯意义上的“无知之幕”之下，以此最大限度地排除各种外在因素对于政策制定公平性的影响，也只有基于此，每个理性地追求自身利益最大化的个体才能在收益的分配中被公平对待。因为，此时每个人无形中都要遵守霍布斯意义上的利益的契约原则，即“为了公正，人们必须遵守那些规则，我们可以将这种道德观称为基于利益的契约论”[①]。从这个意义上讲，做一个有道德的自私者是可以接受的。

三、结语

综上所述，任何改革要成功推进，首先，需要观念先行，让潜在受众从概念上了解改革的目的，并对之产生主动的认知热情与判断；其次，把改革的预期收益的来源、构成与分配模式向公众阐明，以此激发政策受众对于改革的认同与支持；最后，当一项改革的运行轨迹符合帕累托最优模式，而受众由于自身的认知图式的退化无法与改革的理念相契合，甚至发生矛盾时，应该通过“去习惯化”的启蒙，重塑政策受众的组织记忆。科技体制改革同样遵循这个实践路径，希望关于改革红利与组织记忆的思考能够对正在推进中的中国科技体制改革有所助益。

---

① 史蒂文·卢玻尔. 伦理学是什么［M］. 陈燕译. 北京：中国人民大学出版社，2014：221.

“西湖药方”的药引子是什么*

近日，科技界的一个大新闻就是施一公教授在杭州宣布西湖高等研究院成立。按照施一公教授的设想：西湖高等研究院，定位是民办，发展目标分两步走，第一步是小型的、综合的、世界一流的高等研究院；第二步是在此基础上建设西湖大学。笔者把这个科技发展纲领称作“西湖药方”。暂且不论“西湖药方”未来的疗效如何，仅就以施一公教授为代表的众多有识之士对于中国科技事业的拳拳之心，就值得我们为之点赞。但是，科技体制改革毕竟是一项复杂的系统工程，在理想和现实之间还有很长的一段距离需要摸索。

一、“西湖药方”提出的缘起及其优势

“西湖药方”的提出，从宏观环境来看，首先，整个社会对于科技成果有着紧迫的需要，然而高端科技成果的供给严重不足，这也是国家提出创新驱动发展战略的初衷之所在；其次，国内教育市场仍是卖方市场，公众对于优质教育资源趋之若鹜，这就为社会闲置资本提供了一个理想出口；最后，这种知识产品供给现状被学界精英们敏锐地捕捉到了，并为此采取了有针对性的行动。然而，好的初衷并不意味着一定结果圆满，因此，需要根据以前提出的创新基础支撑条件模型对“西湖药方”的成分做些简单分析。

任何私立研究机构的设立都是需要条件的，缺少必要的基础支撑条件是无法启动与运行的。关于基础支撑条件我们提出五要素模型，即制度、经济、人力、文化与舆论要素，前三项被称作硬性支撑条件，后两项被称作软性支撑条件。幸运的是，此次计划在硬性支撑条件方面全部满足，那

* 本文发表于2017年1月4日《学习时报》A6版。

么他们在软性基础支撑条件方面又如何呢？这些学界精英大多在西方一流大学工作过，由于他们的特殊学术地位，相信研究院在未来也具备较多的舆论话语权。学术生产的特殊性在于，不是把这五要素简单拢到一起就会产生革命性的知识成果的，要素之间需要存在复杂的耦合机制，否则中东那些有钱的石油国家早就是科技强国了。基于上述分析，“西湖药方”在基础支撑条件方面具有得天独厚的优势。

二、“西湖药方”的新颖之处

此次“西湖药方”有几个比较新颖的切入点，首先，从建设西湖高等研究院开始，而不是像以往那样从建大学开始。客观地说，这是一个非常漂亮的切入点，它把研究院的启动与运行最大限度地控制在可控范围内。

“西湖药方”的第二个巧妙之处在于地点的选择。此次选址定在浙江，真是神来之笔。据笔者小组的研究：浙江的制度成本连续五年（2009~2013年）在全国是最低的，低制度成本对于任何事业的发展来说都是至关重要的。这也从侧面提示那些制度成本严重偏高的地区，降低制度成本是一切好的转变的开始。正所谓：“良禽择木而栖。”

对于任何机构而言，必须最大限度地减少不必要的精力损失，在最短的时间内做出最耀眼的业绩，以此树立信心，并增加抗风险能力，否则很有可能出现功亏一篑的现象。西湖高等研究院选择的发展路径就是这样的，它最大限度地规避不可控因素的同时，也希望在最短时间内做出业绩，以此为后续发展积攒信任与认同基础。

在全球化时代，知识的生产与传播模式有了根本性的转变。对于当下而言，知识的传播倾向于采取“产-学-研”的结合；对于知识的生产而言，则需“政-经-学”的结合，否则知识的生产无法实现跨越式的发展。西湖高等研究院的独特之处恰好契合了知识生产的现代模式，既有来自经济资本的支撑，又有来自学界的学术精英的力推，还有政府部门的全力支持，仅从构成结构而言，这个模式很难被复制。

但是，要清醒地意识到，不同的主体对于收益的预期是不一样的：经济资本需要通过这次合作为未来探索新的盈利模式，并且使之最大化。如果没有切实可行的盈利模式，经济资本的持续介入是不可能的，对于民办研究机构而言，这是至关重要的基础性问题。对于学术精英而言，如何最大限度地生产与创造社会所需的知识产品，并使自己的声誉最大化，同样是学术精英刻意追求的事情。声誉是对学术资本投入的长期回报，当声誉资本积攒到一定程度，是可以转化成经济收益的，这就是资本炼金术的秘密所在。关于收益的问题，学界总是刻意回避，这是错误的认识，通过学术资本积累获得的收益有两种形式：有形收益（经济收益）与无形收益（声誉）。我们的传统一贯是否定前者，过度褒扬后者，实际运行效果并不理想，现今学术市场上出现的名利双收现象，就是对传统模式的否定。对于政府而言，希望带来 GDP 与就业的增加、带来新的知识成果并驱动本地经济与社会发展的最大化，这些都是合理的诉求。这次合作在三种诉求之间形成了充分的共识面，多方利益主体期待出现双赢或多赢的局面，这才是本次合作能够快速启动的原因之一。

三、“西湖药方”的潜在风险

这种合作模式也面临一种潜在的风险：如何协调多方的利益诉求与价值观的差异？如果收益分配不均衡以及价值观融合出现问题，就会给研究院的未来带来极大的不确定性，诚如坊间所言：友谊的小船说翻就翻。结合西湖高等研究院的特点，这个构成结构中最稳定的是政府，毕竟一家研究院的建立对于当地而言是利大于弊的，只要它能正常运转，就会给当地带来一系列可观的政绩回报，而且这份回报会随支持力度而递增。对于经济资本与学术资本而言，可以采取经营权与管理权相分离的模式，经济资本通过投入换取研究院产出的知识产权与当下的收益。从这个意义上说，施一公要先发展研究院，也是明智之举，除了避免成立之初所面临的诸多不确定性外，更希望通过可掌控的研究优势快速做出成绩，换取合作各方的认同及坚定支持。那么，“西湖药方”能否奏效的关键在于是否可以在短期内快速做出有重大影响力的成果。重大成果就成为决定“西湖药方”是否发生作用的药引子。

问题是维系各方持久合作的成果来自哪里呢？施一公教授在演讲中提到的科技力量主要包括三部分：其一，创始成员，他们都是学界精英，大多身兼要职；其二，以“千人计划”为代表的科技团队；其三，潜在的后备力量，即改革开放后学成回国的二百多万海外留学人员。这个知识生产团队看起来很漂亮，但实际运行起来还是存在很多的不确定性。前两个层次的学界精英大多“名花有主”，他们能全职来研究院任职吗？如果不能，那么由他们产出的科技成果的产权归谁？人的精力是有限的，兼职的模式显然是无法胜任研究院所期冀的发展目标的，而庞大的海归后备人才中，有能力的也早已被签约，余下的鉴别成本也非常高昂，如果人才问题解决不好，预期成果的出现就变得极为不确定，那么，这个合作结构就存在一定的风险。多年前笔者曾撰文指出：廉价是科学的美德而非罪过。如果“西湖药方”的成本太高，在未来的竞争中也是存在风险的，除非是那种缺乏弹性的原始创新成果，否则这剂药方也会被市场中的廉价药方替代。

人才都去哪儿啦*

哪儿有人才，哪儿就繁荣。这种如影随形的现象人们早已司空见惯，问题是在二者之间哪个是因，哪个是果？如果一路追问下来，问题就不那么简单了。英国经济学家舒马赫（Ernst Friedrich Schumacher，1911—1977）早在 20 世纪 70 年代就曾经明确地指出，全部历史以及当前的全部经验说明这样一个事实：最基本的资源是人而不是自然提供的。一切经济发展的关键因素都是从人的头脑中产生的。后来的美国诺贝尔经济学奖获得者萨缪尔森（Paul Anthony Samuelson，1915—2009）更是把经济发展归结为四个轮子驱动的结果，即土地、资本、人力与技术，而后两者在当下是寓于一身的。时至今日，人们对于人才重要性的认识已经达成初步共识。现在的问题是，大家都知道人才重要，那么为何人才的地理分布还存在如此大的差距呢？是什么原因造成的？遗憾的是，当下这种差距不是在缩小，而是在逐渐加大。为此，我们力图阐明两个问题：其一，人才集聚效应形成所需的条件；其二，人才如何改善文化环境与创新潜力。

一、人才集聚效应的形成条件

人才集聚会对当地的经济、文化与社会发展带来巨大的推动作用，这点毋庸置疑。问题是如何形成这种集聚效应呢？当下国内应对这个问题有三种姿态：其一，一些财力比较雄厚的地区喜欢投入重金引进；其二，加强本地的人才培养质量与结构改善；其三，采取毫无作为的顺其自然的态度。由于人才具有流动性，先前的教育投入有可能随着人才的流动成为准沉没成本，这就是教育所特有的负外部性问题。再加上教育投入回收期的严重滞后，与政绩工程的短期预期不匹配，因而，一些地方政府倾向于采

---

* 本文发表于《今日科苑》2016 年第 4 期。

取维持原状或者一味向国家要求扶持策略，以此掩盖不作为的现实。就这三种常见的认知模式来说，第一、第二种模式虽然不是最优模式，但值得充分肯定，第三种模式最要不得，也是最有害的。

那么形成人才集聚效应需要哪些条件呢？前期研究显示，形成集聚效应大体需要如下三个条件：其一，制度支持（以政策安排形式呈现）；其二，经济要素的支撑；其三，文化环境的支撑。人才作为一种稀缺资源，它的流动与配置受多方因素的影响，仅从人才个人角度而言，追求自身利益的最大化应该是流动的首要驱动力量，再就是制度环境的宽松与公平、公正，以及适宜的文化环境。仅就利益最大化而言，不单单是收益的最大化，还包括能力与潜力释放的最大化。毕竟，即便追求利益最大化也是需要人才发挥出作用才可以实现的，如果条件不具备，人才个人收益的最大化就无法实现。因此，仅仅满足上述三个条件中的任何一个，都无法实现人才的集聚效应，目前人才政策运行的实际情况已经说明了这点。要实现人才的集聚效应，需要上述三个条件的协同作用。由于中国目前还不是完全市场经济国家，制度要素成为掣肘人才集聚效应形成的主要障碍，比如人事档案、户口等，诸多掣肘因素导致人才流动的制度成本太高，这些无形成本直接缩减了人才的流动收益，导致流动行为变得很不经济。因此，制度要素在形成人才集聚效应时应该主动降低过高的制度成本，充分发挥制度配置资源的作用。经济要素对于人才流动是最敏感的，用好经济要素这张牌是形成人才集聚效应的常规做法。至于文化环境则是人才发挥作用、释放潜力的生态环境，如果文化的生态环境不好，制度要素与经济要素的作用都将打折扣。比如一个地方如果有强烈的反智主义倾向，那么，该地区则很难形成人才集聚效应。古人所谓“危邦不入，乱邦不居”说的就是这个道理。

任何人才集聚效应不会在文化荒漠上建立起来，借助于生态学上的食物链概念，我们曾提出人才存量结构的知识梯度差现象。换言之，要形成人才的集聚效应，要有一个合理的从低端到高端的文化链（culture chain）支撑，而且各层级之间的知识梯度差不能太悬殊，否则无法维系稳定的人才集聚效应。基于这种思路，我们可以看一下国内各区域人才从高端到低端的结构分布。高端人才以杰出青年科学基金获得者（杰青）、长江学者为代表，中端人才以博士、硕士研究生为代表，低端人才以当地人群的平均受教育年限为代表。

根据生态学的原则可知：处于学术链条上的位置与人才的流动性具有高度敏感性，即位置高者更容易流动。换言之，越处于学术链条的高端对于学术生态环境越敏感，反之亦然。人才的分布结构清晰显示了处于文化链顶端的人才大多分布于中国制度观念、经济、文化比较发达的地区；相反，制度观念、经济、文化落后地区在高端人才的存量上基本处于空白状态。这一人才分布结构直接表明：高端人才集聚效应的形成对于条件的要求最为苛刻。

图 1 是对杰青项目设立以来所有杰青分布区域的数据统计（1994～2015 年，合计 3400 人）。

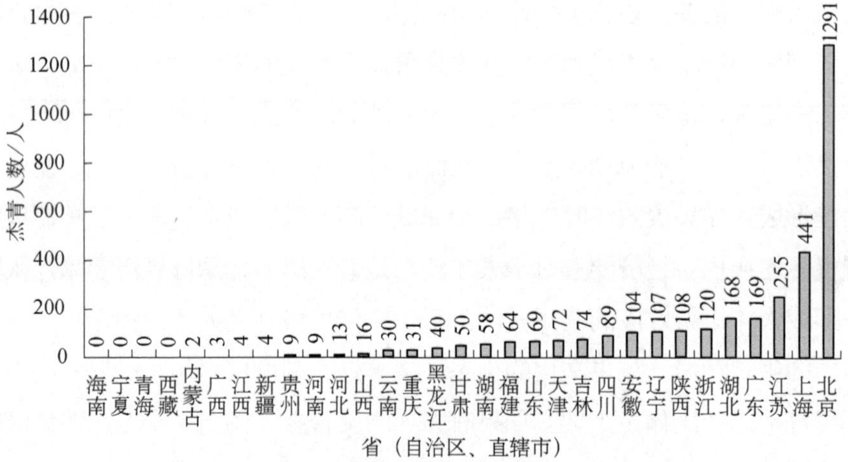

图 1　历年杰青区域分布图

资料来源：根据国家自然科学基金委员会等网站信息整理

图 1 直接显示了杰青群体分布的两个显著现象：其一，杰青作为正处于学术活跃期的高端人才，其分布呈现明显的集中现象，大多杰青分布在北京、上海、江苏、广东等地，而落后地区的分布则几近空白；其二，杰

青集中的地区除了是经济与文化比较发达的地区外，重点高校密集区也是杰青的主要分布区，如湖北省与陕西省。根据图 1 可以得出比较明确的结论：高端人才的集聚效应与经济发展状况、文化生态呈现高度正相关关系。

目前在我国科技界还有一批高端人才——长江学者。长江学者奖励计划从 1999 年开始实施，截至 2015 年，完成 17 批评选，共选出 2949 位长江学者。由于长江学者奖励计划是教育部和李嘉诚基金会联合发起的，因而，长江学者入选者主要是大学里的科研人员。图 2 列出了 17 年间入选长江学者的地区分布，同样符合我们上面提出的人才地域分布特点。

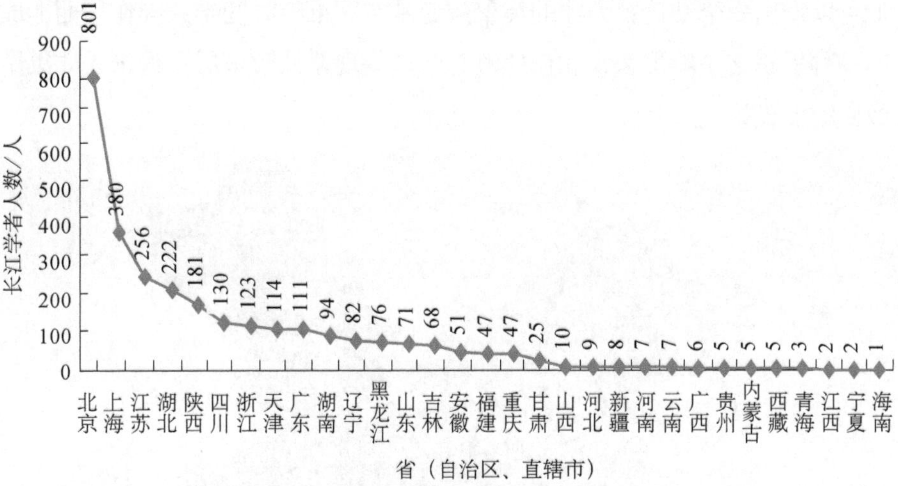

图 2　全国长江学者地区分布图（1999～2015 年）

资料来源：根据教育部数据整理

从图 2 可以看出，长江学者的区域分布同样显示出两个特点：其一，制度理念先进、经济与文化发达的地区仍然是高端人才集聚效应的主要形成区；其二，即便经济不是很发达，重点高校密集的区域也可以形成人才集聚效应，如地处中西部地区的湖北省与陕西省。

任何一个地区的人才分布都大体上呈现出金字塔结构，这种结构符合科技活动从构想到实现的发展链条。因为任何一项科技活动的有效实现，除了要有高端人才提出的创新理念与想法外，还需有广大中端人才的坚决落实与准确理解，否则任何好的科技活动都无法实现。从这个意义上说，中端人才的存在结构是科技活动实现的基础准备。为此，我们选取博士与硕士研究生作为中端人才的代表，图 3 是对 2013 年全国博士、硕士研究生毕业分布情况的统计。

从图 3 中可以清晰地发现，2013 年北京有 74 165 名博士、硕士研究生毕业，遥遥领先其他各省（自治区、直辖市），毕业生超过 30 000 名的省（直辖市）分别是江苏省、上海市与湖北省。科技实力比较强的省（自治区、直辖市），其研究生毕业的人数也是比较多的。从这个意义上说，中、高级人才比较多的区域能够对高端人才的分布起到吸引与支撑作用。由此，我们可以得出一个结论：人才的集聚效应是空间维与时间维共同作用而形成的一种累积结果。那么，如何能够基于这些现象从政策层面助推人才集聚效应的形成呢？

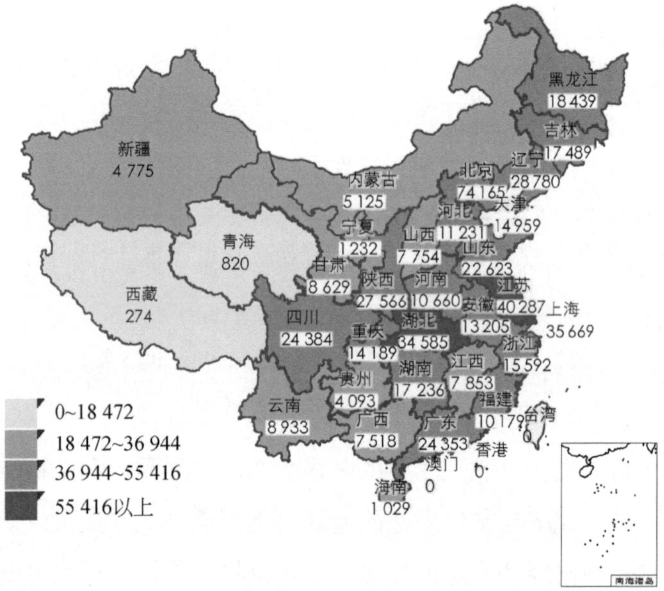

图 3　2013 年全国博士、硕士研究生毕业人数统计

资料来源：根据《中国教育统计年鉴 2013》整理

二、人才塑造文化环境与提升创新潜力

诺贝尔经济学奖获得者舒尔茨（Theodore W. Schultz，1902—1998）注

意到，第二次世界大战后西欧和日本很快从第二次世界大战废墟上重新崛起，相反，那些新独立的发展中国家并没有如经济学家们预测的那样快速崛起。究其原因，在于前者拥有较为雄厚的人力资本，而后者则没有。在这种背景差异下，同样的资源就处于不同的效率状态。联想我国改革开放之初，各地几乎从同一起跑线起步，短短30年时间，区域之间的差距已到令人震惊的程度，其原因也是如此。由此，舒尔茨提出著名的人力资本命题：人力资本投资收益率超过物力资本投资收益率。

基于此，人才作为所有创新活动的源泉以及最重要的创新资源，它来自哪里呢？显然来自教育机构与科研机构的培养。由于目前我国的人才供给渠道主要以国办大学与研究机构为主，市场在人才供给方面的作用还很薄弱，仍存在诸多无法克服的制度性困境（如人才的培养、资格的承认与合法性的认定等）。因此，基于这种特殊的制度安排，要改变区域的整体人才库存量、知识结构以及提升文化基准线，这一切都需要通过制度安排来解决。

任何人才集聚效应的形成都不是凭空发生的，因而，决定人才集聚效应出现的一个关键条件就是当地的文化基准线。对于文化基准线的定义，我们选取当地人均受教育年限作粗略代表，这个指标便于计算，同时，教育本身也是文化内涵的最直接载体。我们根据第六次全国人口普查数据测算出各地的文化基准线（图4）。

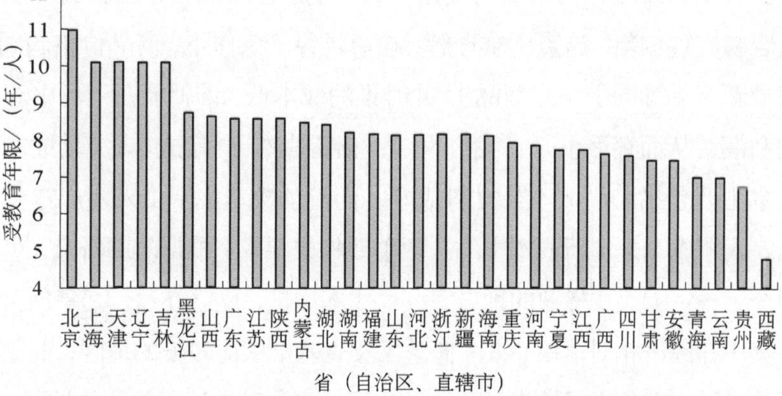

图4 2010年第六次全国人口普查各省（自治区、直辖市）平均受教育年限分布图

资料来源：2010年第六次全国人口普查主要数据

图 4 清晰地显示出我国文化基准线的两个特征：其一，全国平均文化基准线并不高，仅为 8.2 年/人，即便按照现在大学招生规模做简单外推，时至今日，全国的人均受教育年限也仅为 9 年/人左右。这个文化基准线相对于世界主要发达国家来说仍然是严重偏低的，也是无法支撑高端科技创新活动。这组数据也间接揭示了我国整体创新乏力的深层原因。其二，从图 4 可以看出，文化基准线比较高的地区，也是通常意义上的经济发达地区，这个结论与上述高端人才的分布区域是一致的。那么如何提高当地的文化基准线呢？最直接的措施就是加大教育投入，快速发展当地的高等教育事业。

人才的主要来源渠道无非两种：培养与引进。抛开引进不谈，作为人才供给侧的重要组成部分，高等教育的规模与发展状况直接决定了当地文化基准线的高度与人才结构的构成，以及形成人才集聚效应的潜在可能性。

然而，有些省（自治区、直辖市）重点高校比例严重偏低，导致高端人才的存量与结构严重不匹配，如河北省和河南省等。相反，湖北省、陕西省等区域，经济发展状况一般，但由于制度安排的原因，重点高校比较多，因而高端人才的存量与结构都比较合理。这就引申出一个严肃的问题：在既有制度结构下一些省（自治区、直辖市）该如何形成人才集聚效应呢？方法还是有的，如合作办学、创建新的大学、引进研发机构等。但是，这一切都需要管理者真切意识到改变人才结构与存量所具有的重要意义才有可能去推动。人才存量与结构直接影响当地的创新成本，创新成本低的地区更容易实现创新。这点不难理解，在市场经济条件下，商品价格趋同（暂且把创新产品等同于一般商品），此时谁的成本低，谁就能在市场中获得更多的利润，从而存活下来。我们设定：创新成本=固定成本+流动成本。固定成本主要包括制度成本与材料成本，而流动成本主要由人才成本构成，因而，人才成本是创新成本中的一项主要构成要素。根据前期研究，可以印证两个结论：①人才稀缺的地方，人才成本昂贵，反之亦然；②高创新成本区多集中在经济相对落后、人才匮乏及文化基准线比较低的地区，而创新成本低的地区大多位于经济发达、人才丰富及文化基准线比较高的地区。

综上所述，本文得出三个明确结论：①人才集聚效应的形成需要三个条件，按照相关性程度高低排序，分别是制度要素、经济要素与文化基准线要素。②提升文化基准线是形成人才集聚效应的长久之计，也是文化生态环境建设的基础性工作。如果文化基准线过低会造成不合理的知识梯度差，当知识梯度差过大的时候，高端人才无法得到来自中低端人才的有力支撑与理解，高端人才会流走，因而也就无法形成有效的人才集聚效应，这就是坊间所谓的“多大的池子养多大的鱼”。③提升当地文化基准线，促成一种健康的文化生态与知识共识，遏制与消除各类反智主义的蔓延。假以时日，通过提升当地的文化基准线，从而缩小高、中、低端人才之间的知识梯度差，形成一个特定级别的“人才蓄水池”。

没有一个合适规模的人才蓄水池，将留不住高端人才，而低端人才由于缺少高端人才的智力激励与相互学习，从而陷入退化状态，经过时间的累积，本地将被锁定在文化洼地状态，与发达地区的差距会越来越大，从而形成源于知识资本的鸿沟。反之，人才蓄水池制度逐渐完善，会吸引越来越多的人才，从而为高端人才的集聚效应提供支撑条件。人才集聚效应的形成，从历史上看是一种累积过程，这就提示我们，文化生态建设必须成为一项长期的制度化安排，而非短期的运动式推动所能完成的。经济学家阿莫德·波尔弗明确指出：区域能力和知识资本的一个重要作用是追踪区域中参与者的人力资本。这种知识不仅是一个有效的区域能力和知识资本发展计划的前提条件，也是不同参与者的互补基础上的有竞争力的区域联盟得以建立的前提条件。

基于上述的分析，可以提出三个有针对性的政策建议。

（1）构建与当地整体发展水平相匹配的人才集聚策略，切忌好高骛远，浪费资源与发展时机。遗憾的是，目前运行的严重趋同的人才政策在很多地区都是低效甚至无效的。为了避免陷入政策陷阱，即政策目标与政策运行后果出现南辕北辙现象，各级地方政府所要做的只是降低制度成本，营造宽松的、公正的制度环境。

（2）加大教育与科研投入，前者有益于快速提高文化基准线，后者与高端人才的涌现是高度正相关的。其实，大学本身就是永续的人才蓄水池。

很多管理者总是担心教育的外部性问题，即本地花钱培养了人才，几年后学生毕业就走了，花冤枉钱。其实，这是极其短视的看法，好的环境会吸引更多优秀学生的到来，这些源源不断的短期人才构成了当地永不枯竭的长期人才蓄水池。往深里说，文化基准线与人才结构的提升，直接改变了当地的生产函数，会促进全要素生产率（TFP）的提高。舒尔茨认为：如果受过教育的人在评价新的或有所改进的投入品种上更为内行，如果他能更为迅速地区分生产率反应中系统的和随机的因素，那么，在动态过程中，受过教育的人将具有更高的生产率。把舒尔茨的话说得再通俗一点：文化基准线决定了当地群体的整体格局与眼界，在此基础上脱颖而出的人才则具有更高的领悟与实践能力。

（3）应该实行分级人才集聚效应框架建设，避免趋同，形成顶端与基部的协同发展局面。在全国区域内，人才金字塔的结构往往是这样的：高端人才主要集中在经济、文化发达地区，从而形成高端人才集聚效应；中端人才集中在中等发达地区，从而形成中端人才的集聚效应（如东北地区）；落后地区加紧文化基准线建设，从而为向高一级的人才集聚效应跃迁做准备。这种安排充分考虑到资源的合理配置与效率，以及各自历史上遗留下来的比较优势。例如，有些行业在某些地区具有比较优势（如景德镇的陶瓷、吴桥的杂技等），从而可以形成特殊行业的高端人才集聚效应，这种集聚效应与当地的整体经济、文化发展水准并不直接相关。

人才集聚效应的重要性在于：从宏观层面来说，它对区域能力的提升以及创新的实现具有决定性的作用；从微观层面来说，它释放了人才的潜力与创造力并促成了知识资本的积累与扩散。因而，针对阻碍集聚效应形成的多个因素要进行大胆改革，并使之与人才的内在偏好相匹配。那么，落后地区也是可以从路径依赖的惯性中解放出来的，并实现局部优势领域的人才集聚效应。千里之行，始于足下，任何伟大的奇迹都是从这些微小的变革中开始的。

人才是一种奢侈品*

经过这些年从上到下的宣传与推广，人才对区域发展的重要性已经初步得到确认。但是这种确认在很大程度上仍然停留在口号层面上，仍有很多人并没有真正理解人才对区域发展发挥作用的内在机制是怎样的，从而导致政策上的雷声大雨点小的现象。

在深入挖掘这个问题之前，我们需要厘清人才与区域知识资本之间存在的三个基本预设：其一，越先进的区域越需要人才，而越落后的区域越不需要人才；其二，区域知识资本积累的程度直接决定区域的创新能力；其三，知识资本稀少的地区在未来的竞争中将被边缘化，从而呈现出整体退化的路径依赖现象。

一、关于第一个预设

第一个预设，与人们的直观印象正相反，通常人们会认为落后地区由于缺少人才，会对人才有迫切的需要。

其实，人才是一种奢侈品，它充分发挥作用需要比较苛刻的条件，如环境、文化氛围与区域知识梯度等，只有在这样的条件下人才才能有所作为，否则对双方而言都是一种智力浪费与伤害。

然而，落后地区往往缺少这些条件，更为严重的是，当地没有合理的知识梯度结构，导致知识链条无法衔接起来，信息流也无法有效传递，知识与智力的断层导致人才的功能无法充分发挥，更不论由此引发的原有群体秩序的平衡被打破而带来的内耗。相反，发达地区则拥有比较合理的知识梯度结构，高中低人才都很丰富，一个先进理念很容易被接受，并被赋予行动，完善的知识梯度结构内在就存在扩张趋势，从而也更愿意接纳和

---

* 本文发表于 2016 年 6 月 13 日《中国青年报》A2 版。

吸引人才。纵观全球，这种现象屡见不鲜，已成为一种规律。笔者曾戏言：索马里不需要比尔·盖茨与埃隆·马斯克，反而是美国需要这样的人。没有人否认这二人是人才，只是各个区域在不同发展阶段，导致需求偏好是存在严重差异的。

二、关于第二个预设

第二个预设，只是证明了在不同的时代，决定区域竞争成败的关键要素的权重排序发生了根本性的改变。

在封建时代土地要素在竞争中具有头等权重，在资本主义时代资本要素在竞争中的权重占有优先位置，而在工业 4.0 时代则是人才在竞争中的权重最为重要。然而，由于制度具有惰性，人们的观念往往被锁定在一种熟悉的模式上，即便这种模式是落后的也不愿意去改变，其深层原因在于人们厌恶改变带来的额外成本，同时又对改变所带来的潜在未来收益进行打折。正如美国哲学家诺奇克所言：未来收到的一项报偿对于我们的现时效用而言，小于这一报偿在日后实现之时的效用。这种短视的偏见，在诺奇克看来已经对未来打了双重折扣。基于这种理解，未来区域竞争比拼的是区域知识资本的积累程度，换言之，区域知识资本丰富的地区将在未来的竞争中毫无悬念地获胜。反之，则会被彻底边缘化，而且这次变革与以往变革的不同之处在于，它会以惊人的速度加大区域之间的差距，而且一旦差距拉开，很难有翻盘的机会。

那么区域知识资本是如何积累的呢？通过人才以及他们创造的知识成果来形成区域的总体知识资本，这种知识资本是未来最重要的竞争资源，应该把他们置于与实物资本和货币资本同样重要甚至比它们更重要的地位。

知识资本丰富的区域，它的总体社会能力也比较强。仅就创新而言，人才丰富的地区，创新表现也比较突出，我们曾对比过湖北省与河南省的创新表现，两省的科技投入相当，但创新表现湖北省远胜于河南省，其原因主要在于湖北省具有比河南省多得多的人才，由此形成了比较合理的知识梯度结构以及较低的人才成本。北京与上海的对比也再次印证了笔者的观点：由于北京人才比上海人才多，故而北京的创新成本比上海低。同时，人才的大量集聚还会带来当地文化环境的改变，以及人们有更大的意愿和热情去推动制度改革，以降低制度成本，而这种变革又会反过来助推创新，从而实现良性循环。

我们前期对全国创新成本排行榜（2009～2013 年）的研究显示：那些创新活动活跃的区域，也是人才资源相对丰富的地区，那些区域的制度成本也偏低，从而导致创新总成本也比较低，在市场的收益率趋同的背景下，创新成本低的区域更容易实现创新。成本洼地（制度成本与人才成本）往往是创新高地与社会发展处于进化的区域。

三、关于第三个预设

关于第三个预设，我们首先要明确：人力资源是个人财产，而不是城市的财产。当一个区域的知识资本的收益率逐渐下降并达到行业基准收益率的时候，作为知识资本载体的个人就会从知识资本收益低的区域向知识资本收益高的区域流动。一旦这个局面形成，流出区域就会被锁定在退化状态，社会能力降至临界值，不但创新无法实现，而且连沿着技术梯度下降发生的产业转移也无法实现，彻底沦落为知识资本的荒漠之地。此时人才不但不愿意来，反而是原有的人才也开始逃离，为了防止人才外流，只有通过设置制度障碍遏制这种趋势，从而助推制度成本的逐步攀升，在这种无限倒退的循环中，该区域由此而来的命运就是被整个世界彻底边缘化。

这个趋势，在世界范围内已然初见端倪。令人担忧的是，这是与市场经济的运行模式完全相反的一种解决问题的思路，其最终的诉求就是追求结果公平。问题是这种模式是以牺牲整个社会的效率为代价的，相对于机会公平而言，结果公平这种暗含不劳而获的思路极具诱惑力，在知识资本薄弱的区域很有市场，但这种诉求会扼杀整个社会的创造热情，我们曾为此付出过惨痛的代价。

既然人才在区域发展与竞争中具有如此重要性，那么如何培养与吸引更多人才来提升区域的知识资本存量呢？

方法还是有的，首先，可以通过政策安排实现人才的快速集聚效应。比如，在区域内建一所大学（或者合作办学等多种模式）就会在短期内吸引到一批人才，以及为本地培养源源不断的人才。

其次，利用产业升级转型的时期，实现人才的转移。当下中国的人才政策存在的最大弊病就是一刀切，各地都不顾自身实际的知识梯度结构状况及资源存量，一味追求所谓的高端人才，由于缺少相应支撑，人才来了根本无法发挥作用，导致资源利用效率极其低下。经济学家舒尔茨早就论证过：适度技术才是最好的。同样，只有适合本地区的知识梯度结构的人才才能发挥其作用，田忌赛马的故事早已说明了这个道理。

最后，区域间人才争夺的关键在于，谁率先破除制度障碍谁就赢得了人才竞争的先机。众所周知，影响中国人才流动的最大问题就在于制度枷锁，如户口、档案关系等，仅就人才流动而言，户口、档案对个人很重要，这也是制约流动的关键因素，而创新是一种产出，它与支撑条件有关，与户口无关，换言之，任何人都可以创新，但在哪里创新却是受到体制制约的。

现在，一些发达地区的生活成本长期居高不下，已经对人才和创新企业的发展形成了实质性的挤出效应，可以充分利用这个契机，通过低成本优势，大举接纳人才与创新企业的到来，为未来的竞争积蓄力量。

所以，别等到改革的时间窗口关闭了再来筹划改革，管理者如果没有这个魄力和政治勇气，落后区域被边缘化以及陷入退化轨迹的命运将无可避免，进而导致群体观念的退化，这将是一个无法承受之重。诚如黑格尔所言："运伟大之思者，必行伟大之迷途。"

从整容到再造——散论中国科技体制改革*

2015年新年伊始，科技界最大改革消息——《关于深化中央财政科技计划（专项、基金等）管理改革的方案》出台，这个方案的最大亮点就是把各类曾经分散的科研经费整合起来，形成新的科技资助体系，这个新体系包括国家自然科学基金、国家科技重大专项、国家重点研发计划、技术创新引导专项（基金）、基地和人才专项。这项改革预留的调整期为2年，即到2017年科技活动将全部按照新的资助体系运行，届时，我们曾经熟悉的863、973计划将归并到国家重点研发计划之中，在科技界曾经被视为翘楚并显赫一时的863、973称号也将随之消失。在告别之际，我们需要反思两个问题：其一，此次改革是整容还是再造？其二，在十三五规划开局之年，中国的科技体制改革将去向何处？

一、别了，863、973

863计划（国家高技术研究发展计划），1986年提出并获得中央批准，从1987年正式开始运行，时至今日已经运行29年。973计划（国家重点基础研究发展计划），1997年提出并获得中央批准，从1998年开始运行，至今已经运行18年。总体而言，这两项重大科技计划的运行对中国科技发展以及整体水平的提升起到了巨大的推动作用，从某种意义上说，我们今天应用到的很多科技成果都源于这些研究取得的进展。这些贡献是不容否定的，毕竟，重视科技并加大科技投入是当今世界各国的主流发展趋势，即便在运行中出现一些不尽如人意的地方，也不能因噎废食。按照美国经济学家萨缪尔森的观点，推动经济发展的四个轮子分别是土地、资本、人力与技术，其中后两项都与科技投入密切相关。美国经济学家索洛更是直

* 本文发表于《财经年刊：2016预测与战略》。

接证明：技术是经济增长的直接来源，从这个意义上说，投资于科技的政策是完全正确的。如果科技界的表现不佳，我们可以通过改变它的结构，从而实现科技界整体的“状态-结构-绩效”的改变，而不能在舆论的裹挟下否定基本的政策取向。为了未来的发展，我们必须深刻挖掘863、973在过去的运行中到底存在哪些弊端。只有厘清这些缺陷，未来的发展才是值得期待的。在即将告别863、973之际，我们需要静下心来，把过去这些年里出现的弊端整理出来，以便为未来提供一点值得借鉴的线索。

其一，大范围出现名实不符现象。很大比例的所谓863、973重大项目，只是投入经费大，但所取得的实际成果实在乏善可陈。图1与图2尽可能列出863、973在其寿命周期内国家的投入与立项数，从图中不难发现，国家的投入基本上逐年增加，立项数也是随之稳步提升，但重大成果的产出却远没有达到这个增长幅度，这已经不是允许失败所能解释的现象。

其二，这些大项目的多年运行造成了科技界的经费异化现象。原本经费作为一种政策工具，可以在科技运行中有效调控科研人员的行为选择，但这种调控要控制在一定的限度内，否则就会出现难以处理的经费异化现象，即经费从作为研究的手段沦落为研究的目的。在评价体系的推波助澜

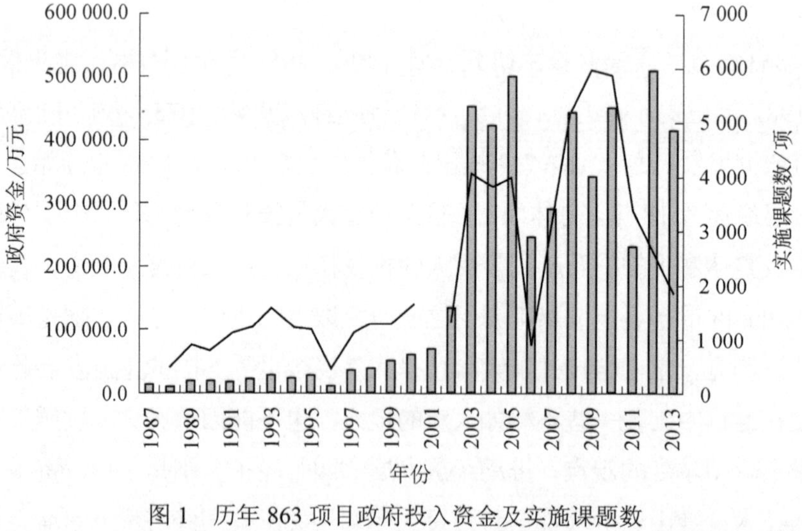

图1　历年863项目政府投入资金及实施课题数

资料来源：根据中国科技统计年鉴及科技部历年年度报告整理，2001年实施课题数数据缺失

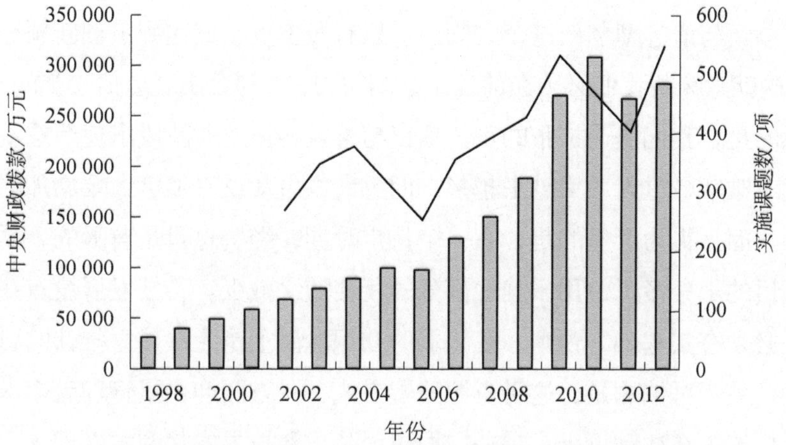

图2 历年973项目中央财政拨款数及实施课题数

资料来源：根据中国科技统计年鉴及科技部年度报告整理，2002年之前实施课题数数据缺失

下，学术界的偏好发生了根本性逆转。此时就出现了具有中国特色的科技景观：谁钱多谁就学问大的荒谬现象。科技界愈演愈烈的哄抢经费现象，造成了科技资源的日益集中与分配不公现象，从而不可避免地造成了经费使用效率的降低。而且在竞争经费的过程中，由于制度与规则的不完善，还滋生出各种腐败与学术不端事件，严重败坏了学术界的风气，客观地说，这种影响短期内很难消除。

其三，经费运行风险责任分担配置不合理。当下的重大项目管理重心出现严重结构性失衡现象。按照常规的经费管理链条来看，重视申报、忽视中期，结项放水。这就出现了轰轰烈烈夸大性申报，慌慌张张缩水性草草结题。在目前的管理体制下，一旦重大项目的“黄袍”加身，即便项目主持人未来不能按要求结题，也没有相应的处罚机制，他仍拥有重大项目主持人的称号，依然可以用这个泡沫学术资本在学术市场中换得额外的学术利息。这就导致科研的风险完全被国家承担。这种责权利严重不匹配的管理制度设置，已经让真正的科研活动逐渐被边缘化：申报经费为主，科研活动为辅。

其四，重大项目的扩张与中国整体科技发展水平不匹配，导致科技界出现头重脚轻现象。客观地说，中国整体科技发展水平仍处于创新追随、中等创新与追赶型创新这个区间内，只有极少数领域达到了创新领导型阶段，这就意味着我们必须在前三个区间用力，否则会出现事倍功半的结果。遗憾的是，我们快速扩张的重大项目与整体科技发展阶段出现严重脱节，这就不难解释重大项目越来越多，而重大成果却没有随之大幅增加的深层原因。而且更为严重的是，在一个特定时期，经费总量是有限的，用于重大项目的部分多了，用于其他部分的就会随之减少。科技发展没有捷径可走，必须夯实基础，否则，在孱弱的知识沙滩上是无法建立雄伟的科技大厦的。更为可怕的是，这种资源配置方式，一方面迎合了管理者追求政绩最大化的内在冲动诉求；另一方面也助长了科技界的功利主义理念，甚至不惜以违背规律为代价，这种强刺激形塑了整个科技界背离真理甚至交易真理的心态。

其五，重大项目普遍缺乏成本核算机制。虽然科研活动不像企业活动那样可以进行简单的成本核算（有些活动无法核算，如技术普及、知识传播、基地建设、培训与人才培养等），考虑到所有项目几乎都包含这类功能，但仍可以考虑进行一些粗糙的核算，这既有助于公众理解，也有助于在科技项目之间形成竞争。比如，社会上一直在诟病重大项目成本偏高，经费利用效率低下问题，真实情况的确如此吗？对此，笔者千方百计寻找一些资料对科研活动进行一些简单的投入-产出分析，期望与其他同类项目做一些比较，即便存在一些偏差，由于都按照相同的偏差进行分析（相当于系统误差），也可以在一定程度上说明问题。这里的产出所用的数据以论文与专利的简单加和处理。通过分析，得到一个结论：以 863、973 为代表的重大项目其成本往往比全国科技投入-产出的总平均值低，换言之，这些重大项目的效率可能不是最好的，但绝不输于全国整体水平。这也算为重大项目洗去一个污名（图 3）。

其六，重大项目的管理比较混乱，未形成来自社会的广泛监督，导致重大项目的管理总是被锁定在“灰箱”的结构状态上。就以本文的写作为例，千方百计寻找有关 863、973 计划的统计信息，结果无处可寻，即便透露出的一鳞半爪，也是多数据打架，无法采用。如此重大的项目，其信息

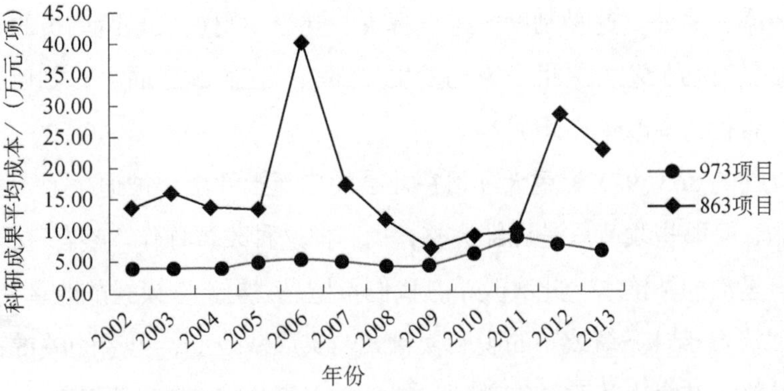

图 3 2002～2013 年 973 项目和 863 项目科研成果平均成本

资料来源：根据中国科技统计年鉴及科技部历年年度报告整理

竟然如此混乱不堪，不得不说是非常令人失望的。

二、科技体制改革：从整容到再造

一说到科技体制改革，好像又是一幕宏大叙事。其实，没有那么玄奥，道理很简单。任何改革，不论以什么名义提出，其实质无非就是利益与权力的重新分配而已。打破原有的利益格局，创造出新的机会空间，提升效率，以此带来整个社会福祉的增加——这也是任何改革成功的标准检验条件，科技体制改革其道理也大同小异。科技活动的特殊性在于生产知识产品，在这个过程中把来自科研人员的创新性想法物化为知识产品，为了能够激活宝贵的创新性想法的产生，需要投入科研人员和科研经费，但是，如果只是简单地把人和物罗列起来，显然无法有效激活创新想法的产出，这需要通过制度安排来加快新想法的产生及提供目标导向。从这个意义上说，当下生产知识产品需要三个要素——人、物与制度安排，使其在内在形成耦合关系，缺一不可。所以，不论科技改革如何破局，其选择的切入点一定是三要素之一，或者全部。这也是所有科技体制改革的把手。

由于经费是最敏感的政策工具，所以这次科技体制改革直接从经费入手，强调把 863、973 项目直接纳入国家重点研发计划。这种安排从制度上解决了长期存在的资源分散、多重资助现象，理论上此举可以提升资源的使用效率；另外，这种制度安排也解决了既当裁判员又当运动员的角色跨界现象，有助于避免寻租现象的发生。那么，在实践层面上，如何更好地体现与履行这些改革设想呢？

以往的863、973等重大项目在社会的广泛批评中也被迫采取了一些改革措施，但那些改革只是局部调整，我们把这种改革称作“整容”式改革，其缺点是治标不治本。此次改革，我们希望是“再造”模式的改革，以此，实现“状态-结构-绩效”的脱胎换骨式的实质性改变，再造的关键就在于改变结构。结合上述对过往弊端的揭示，未来科技体制改革应在以下几个方面着力。

其一，重大项目瘦身，中小项目扩容。尽量做到与中国科技发展实际相匹配，以此杜绝长期存在的名实不符现象。近年来，重大项目不顾国情的盲目扩容，是一场豪赌，这个成本最终要由纳税人来买单，公众岂能不愤怒。

其二，对重大项目实行风险分担机制，彻底解决哄抢资源现象。改革以往的重经费轻成果的扭曲评价机制，并在科技管理的链条上加强项目中后端的管理。让潜在的项目申请者，结合自己的研究与积累，谨慎申报。如果一旦经费申报成功，荣誉迅速向责任转变，那就意味科研的责任与要求如影随形的跟随。经费管理的理想状态就是实现从经费驱动型向经费牵引型的转变。所谓经费驱动型是人在追求经费，而经费牵引型则是经费主动寻找合适的人。

其三，加大保障性科研经费供给。适当减少竞争性经费对于科技活动的冲击，让科技界真正安下心来，认真做学问。

任何科研活动的最终目的就在于产生具有创新性的新想法，并使这些新想法物化为知识产品，从而服务于社会。知识生产需要投入人才和资源，但并非是把两种要素简单堆积起来就会自动产生出新知识，否则中东地区的产油国家都会成为世界科技中心的，这就要求把两者有机结合起来，能够实现这种功能的就是政策。通过政策调控使要素之间发生耦合作用。因此，科技体制改革的关键是处理好人才、经费与政策之间的关系，只有基于此，才会有知识的高效生产，人的解放，并最终造福社会。

从长远来看，在知识生产过程中，作为工具的经费的作用是次要的，人才是知识生产中最为关键的要素。可以预见的是，在调整完经费的配置结构后，下一步的切入点就是发现人才。如何发现人才仍是科技界的老大难问题，在没有找到更好的鉴别人才的办法之前，短期内，避免歧视性的人才政策就是当下的首选，一个公平的人才政策可以最大限度地释放整个社会被掩埋的智力资源，否则将造成智力资源的巨大浪费。

任何政策都是制度的产物，而制度的美德是正义。回到实践层面，公平是政策的最大美德，一项公平的政策可以增加群体对于国家的认同。追求政策的公平将是未来改革的主要切入点。至此，我们大体可以看出未来科技体制改革的总体路线图：先从最敏感的经费配置入手，然后就是消除歧视，促成人才的机会平等，最后达至公平的科技政策。

创新的路径选择与创新成本的变迁*

创新的发生必须满足最低社会基础支撑条件，在此基础上，创新路径的选择应基于优势基础条件而切入。对创新成本数据的分析表明：创新成本高的区域，创新实现的可能性较低，反之亦然。造成创新成本偏高的主要原因是制度成本偏高，因而，从长远来看，降低制度成本是助推创新发生的根本举措。

如何把创新从理念层面向实践层面实现有效的转移与落实，一直是创新政策没有解决好的问题，因此可以将这个现象作为一种创新切入的路径选择问题。路径选择的适当性取决于两个条件：与当地社会基础支撑条件相匹配；剔除成本后，创新的收益能够得到合理分享。基于这种思路，本文主要探讨两个问题：其一，基于社会基础支撑条件的创新路径选择；其二，通过区域创新成本探讨制度成本的演变问题。

一、基于社会基础支撑条件的创新路径选择

关于一个社会能够实现创新的社会基础支撑条件，李侠[①]曾提出“创新实现的五要素框架模型”。图 1 中前 3 项要素为硬性基础支撑条件，后 2 项为软性基础支撑条件。在这个基础上，提出了实现创新的最低社会基础支撑条件判据，即 2 项硬性基础支撑条件加上 1 项软性基础支撑条件，低于这个基本配置，创新在任何地方都是无法实现的。在大科学时代，创新的知识门槛越来越高，这个标准的弹性也变得越来越小。

现在的问题是，各地发展状况千差万别，那么最低社会基础支撑条件的选择模式有几种呢？李侠[②]归纳出 6 种最低社会基础支撑条件的变体：

---

* 本文发表于《科技导报》2016 年第 34 卷第 4 期。

① 李侠. 创新能力与社会基础条件的测评［J］. 科学与管理，2012，(3)：10-15.

② 李侠. 创新发展与最低社会基础支撑条件［J］. 科学画报，2016，(2)：12.

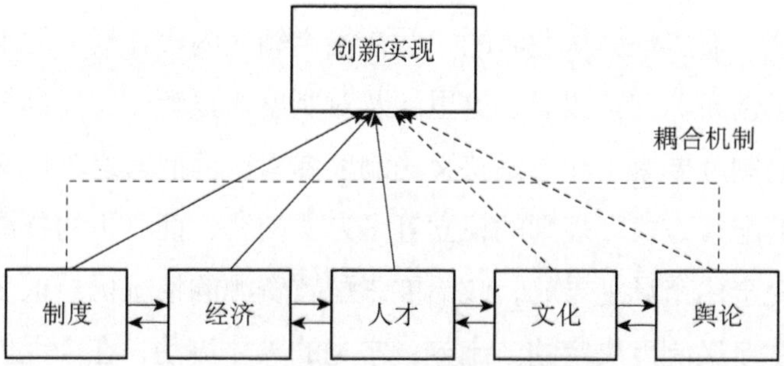

图 1　创新实现的社会基础支撑条件

①A（制度+经济+文化）；②B（制度+经济+舆论）；③C（制度+人才+文化）；④D（制度+人才+舆论）；⑤E（经济+人才+文化）；⑥F（经济+人才+舆论）。

这 6 种变体可以很好地解释第二次世界大战以后世界范围内主要工业国家创新发生的路径选择问题，对此，本文作者在上述文献中进行了简单分析：比如“亚洲四小龙”之一的韩国，起飞的模式基本上是 C 型，即制度+人才+文化；中国台湾是典型的 D 型，即制度+人才+舆论；结合对中国实际基础支撑条件的分析，最有可能选择的突破口在于 E 型，即经济+人才+文化。这 3 项要素中，具有比较优势的是经济与人才，文化要素并不是很强。其实，这 6 种变体可以根据主导基础条件要素分为三大类：制度类创新路径、人才类创新路径与经济类创新路径。从这个分类中还能得出一个推论，在创新实现过程中，制度要素的作用最为重要，其次是人才要素，最后是经济要素。就中国的现状而言，还存在一个常见的认知误区，即中国的创新实现路径为何不是制度主导型而是经济主导型的。

表面上看，中国的创新采取自上而下的行政指导模式，这难道还不算制度要素主导型创新吗？问题在于这里存在两个鸿沟：其一，政策与实践的鸿沟；其二，汲取性政策与包容性政策导致的政策收益不匹配的鸿沟。就前者而言，涉及政策制定者与市场主体的认知差异，本文作者曾撰文指出：信息不对称导致政策制定者无法准确了解市场信息，而了解市场信息的市场主体又常常无法突破原有政策藩篱，这就出现了你让我做的恰恰是我不愿意或者不想做的情形。至于后者，汲取性政策的特有惯性及利益诉求导致制度设置造成市场空间的狭窄化与条块化，以及垄断带来的市场收益分配不公，造成创新从业者的收益在指定领域内存在极大的不确定性，从而抑制了创新。究其实质，这里涉及对制度的理解，支撑创新的制度要素是广义的制度要素，而不是狭义的制度要素。简而言之，广义制度要素包括资源的配置方式、规则的设立等多方面内容，而当下的资源配置方式仍然不是完全由市场主导的，政治要素配置资源的情况仍然很普遍，而这一切都是由广义制度决定的。比如，常见的人才流动，在今天仍然不是很流畅，仍然存在诸如人事关系、户口等掣肘因素，这些因素的存在就在微观层面上无形中阻碍了人才的自由流动，从而造成个体智力资源的流失，在宏观层面上则导致区域知识资本的积累速度和规模受到影响。反观当今主要发达国家都不存在这种限制，相信这点大家都能体会到。再比如，市场空间与机会的垄断程度等都是由制度要素主导的，当下存在的诸多垄断性国企都是制度设置的结果，虽然它们被公认为没有效率，也缺乏有效的激励机制，但是，它们一直都占据市场利益的核心位置，这一切皆源于广义的制度设置。基于这些规范分析，不难明白，当下中国的创新路径实质上仍然是经济主导型的，而不是制度主导型的，因而，这种现状也解释了中国企业整体创新乏力的深层原因。

基于五要素框架模型，创新路径的选择只有基于优势要素而定才是可行的。之所以强调选择优势要素作为创新路径的切入点，是因为只有优势要素集聚的区域才能形成低成本的创新格局。对于创新的五要素框架模型有两点需要强调说明。

其一，五要素之间必须存在耦合机制。这就意味着要素的简单堆积并不能促成创新，只有要素之间存在密切的相互作用才能促成创新。美国的硅谷之所以不可复制，不是因为它有什么秘密，而是它所形成的内在耦合机制无法被复制。从这个意义上说，我们以往的想法就是划一片地、找一些人、投入一定资源，创新就是指日可待的事情，事实证明这个思路基本行不通。那么耦合机制形成的条件是什么呢？开放的环境、公平的原则及自由流动的要素，而这一切又都是广义制度的结果。因此，我们可以得到一个有趣的话题，即制度要素本身就是创新实现的构成要素，同时，制度又是更高层面上促成要素之间形成耦合机制的外部条件。这一切皆源于制度本身的构成，按照美国社会学家理查德·斯科特（W. Richard Scott，1932—）的说法："制度包括为社会生活提供稳定性和意义的规制性、规范性和文化-认知性要素，以及相关的活动和资源。"[①] 从社会学意义上说，恰恰是制度构成要素中的规范性与文化认知性要素，支撑了五要素之间实现内在的耦合机制。从经济学意义上说，正如诺贝尔经济学奖获得者道格拉斯·诺斯所言："事实上，这些国家的社会交往及其经济活动中所面临的高昂成本是产生低水平绩效和贫困等问题的根源……哪里的交易成本低廉，哪里就具备实现较高经济绩效的基础。"[②] 阻碍要素之间形成耦合机制的主要因素也是由制度造成的，因此，经济学家帕伦特认为："最大化产出不仅取决于给定的技术约束，而且取决于有关技术应用的政策约束。虽然各国拥有相同的技术水平，但各国的总生产函数会因政策差异而不同。政策会影响全要素生产率，主要是通过对技术是否可用及如何应用的问题强加或者引致约束而实现的。"[③] 这里的政策约束可以看作是知识挖掘的程度（对人才要素的激励）、资源的配置（经济要素的划拨）及文化与舆论的管控（相当于信息获取、监督等的实现）等。

其二，社会基础支撑条件之间的替代性补偿问题。由于某些历史原因，有些区域会形成传统支撑要素的优势区域，从优势要素出发寻找创新突破口应该给予充分肯定。但是，是否可以通过优势要素的无限增加来替换性地补偿先天缺乏的基础要素从而实现创新呢？这也是目前国内创新政策中常见的标准内容配置，希望以此绕过先天缺陷造成的困难局面，这里涉及两个问题需要明确：首先，要素之间的替换补偿功能的边界。换言之，当某关键基础要素缺失或者极度不完备时，在一定范围内其他要素的替代补偿功能会发挥作用，但即便如此，也要清晰地意识到，这些替代要素永远

① W. 理查德·斯科特. 制度与组织——思想观念与物质利益［M］. 姚伟，王黎芳译. 北京：中国人民大学出版社，2010：56.

② 科斯，诺斯，威廉姆森，等. 制度、契约与组织［M］. 刘刚，冯健，杨其静等译. 北京：经济出版社，2003：49-50.

③ 斯蒂芬·L. 帕伦特，爱德华·C. 普雷斯科特. 通向富有的屏障［M］. 苏军译. 北京：中国人民大学出版社，2010：67.

不能完全补偿那些缺失要素的功能。就如同盲人耳朵的听力再好，也只能部分补偿眼睛的功能，而不能完全替代眼睛的作用。遗憾的是，在实践中经常看到一些地方政府仅靠加大投资或者挖一些人才过来，以此就认为创新的奇迹马上会发生，然而这种实践的后果往往是创新表现乏善可陈。其次，由于边际效用递减规律的硬性约束。单项要素随着投入的增加，其边际效用快速递减，造成资源的极大浪费。这再次证明：如果基础支撑条件框架存在明显的弱项，这个不匹配的要素框架将无力支撑长久的创新活动。想想清末洋务运动的失败与日本明治维新的成功，不难发现基础支撑条件框架的完备程度对于创新的深远影响。鉴于制度基础支撑条件在整个创新实现中的双重作用，我们需要通过实证研究，检测当下中国的创新成本及制度成本在其中所起到的作用。

二、从创新成本看制度成本的变迁

在进行实证研究之前，我们有两个预设有待检验：其一，创新成本高的地方，创新能力也比较弱，即创新成本与创新实现是一种负相关关系，换言之，这类地区创新不容易发生；其二，造成创新成本高的主要原因是制度成本过高。

为了简化起见，本研究所提到的创新主要集中在科技领域，不涉及社会领域的创新（因为无法量化），创新成本主要是通过创新投入与创新产出的比值来测算，即创新成本=创新投入/创新产出。由于科学与技术是存在巨大差异的，为了简化与计算方便，产出主要用论文（代表科学产出）与专利（代表技术产出）的加总来处理。在此基础上，根据《中国科技统计年鉴》及每年发布的《中国科技统计公报》中提供的公开数据，对2009～2013年5年的创新成本进行了测算（以降序方式排列），具体情况见图2。

从图2中可以清晰地看出中国各区域的创新总成本的降序排列分布，其中内蒙古是中国创新成本连续5年最高的地区，而浙江则是连续5年创新成本最低的地区。与之相关的是内蒙古的创新实现能力比较弱，而浙江的创新表现则证明创新成本低的地区更容易实现创新，北京、上海的创新

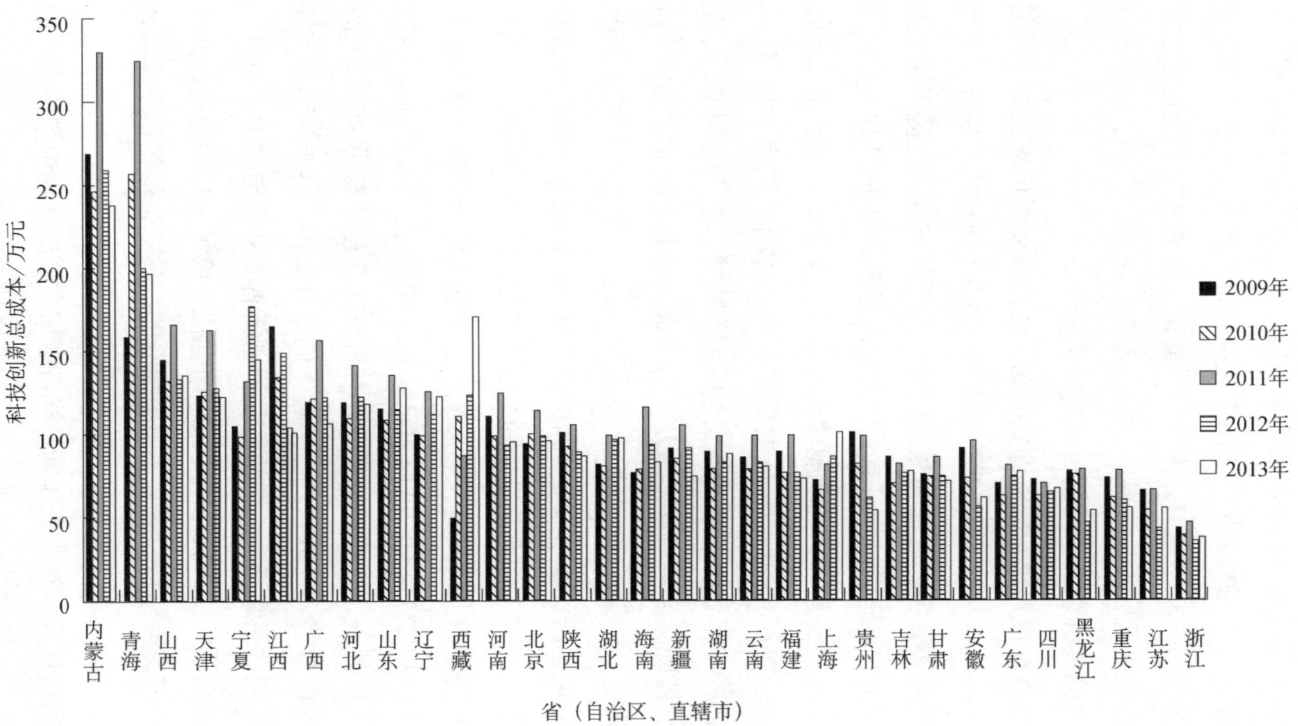

图2　2009～2013年各省（自治区、直辖市）科技创新总成本分布

资料来源：历年中国科技统计年鉴及公报

成本居中，创新表现也与此相匹配。在这个创新成本测算中，青海、西藏与宁夏 3 个省（自治区）由于科研规模体量严重偏小，加上整体研究水准偏低，任何投入（人与物）与产出的变化都会带来数值上的极大跳跃性，故而仅具参考价值。基于图 2，大体可以验证：创新成本低的地区也是创新能力比较强的地区，反之亦然。比如，北京、上海、广州、江苏、浙江等区域也是中国传统意义上的创新实现的高发区。

为了更深入地探讨创新成本演变问题，我们需要对创新成本进行简单分解，$C_{\text{创新总成本}}=C_{\text{固定成本}}+C_{\text{流动成本}}$；任何科研活动由于研究的特殊性，发生的成本类型也是种类繁多，无法穷尽。故而，为了从宏观上把握区域创新成本的变化，取所有科研活动中具有共性的成本要素为基础，以此展开分析，这样就可以绕过很多差异，发现规律性的内容。基于此，对于成本构成再做进一步划分，由此得出固定成本=材料成本+制度成本、流动成本=人工费，这些简单表达式中都已把不重要的成本因素忽略掉。这里的制度成本是广义制度成本，即除去所有材料成本及人力成本，所发生的成本都算作制度成本，由此得出：$C_{\text{制度成本}}=C_{\text{创新总成本}}-C_{\text{材料成本}}-C_{\text{人工成本}}$。通过这个简化的模式，可以清晰地发现创新成本中制度成本的存在状态，即便这个简化计算模式会存在一些误差，但这种误差是一种系统性误差，对于所有被计算的地区而言也是同一的，故而还算公平。这里还需要提及的一点是，在创新成本中，对科研活动中的材料费的取值为总成本的 40%，之所以选择这个权重，出于两个原因：其一，在实体经济中，材料成本占总成本的 40%～60%，选取了最低限的数值，还算合理。毕竟人们一直坚信，科研活动是与实体经济活动有区别的一种活动，它更仰仗于创新者的知识与智力的贡献，否则的话，科研活动的投入就沦落为我们所鄙视的单纯采购性经费，而非助推创造活动的研究性经费，这是不能被接受的。其二，这些年通过调查与走访也基本支持此权重选择（图 3）。

图 3 清晰地展现了过去五年间中国各区域在创新活动中呈现出的制度成本的分布状态（西藏数据除外，另外，考虑到有些地区的数据质量，导致结果与印象出现不符的情况，这也是中国很多数据遭到世人诟病的主要

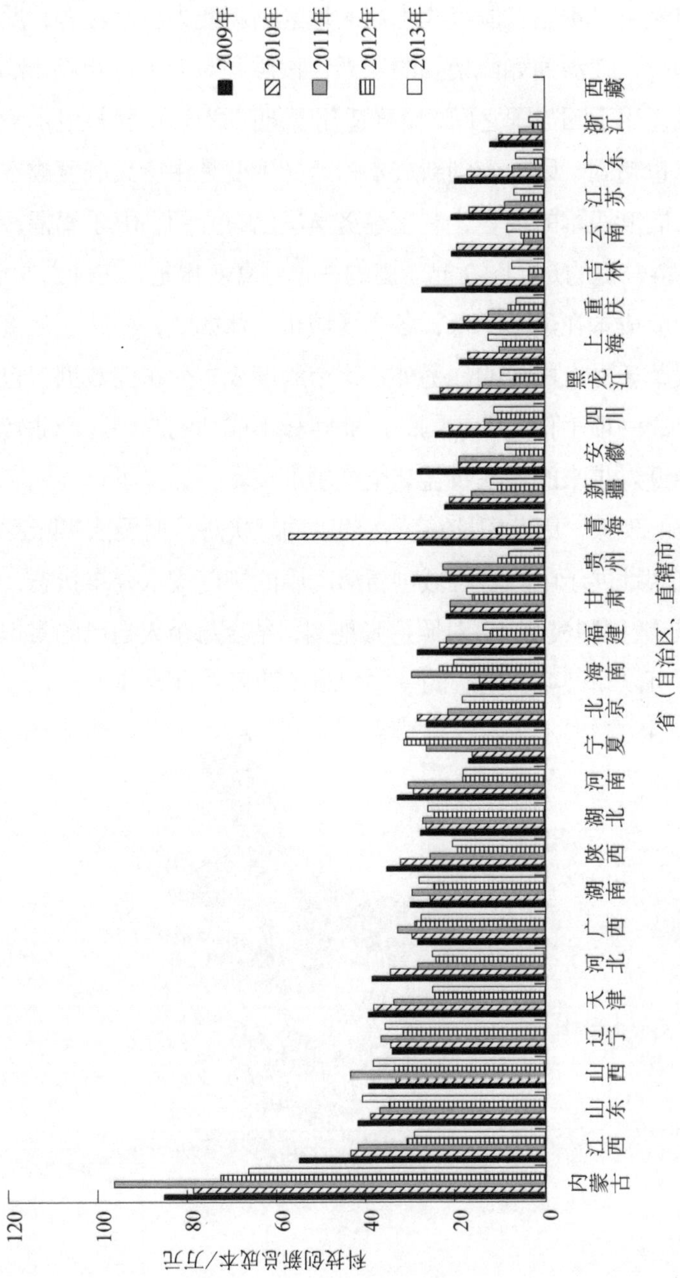

图3 2009~2013年各省（自治区、直辖市）科技创新成本中制度成本

资料来源：历年中国科技统计年鉴及公报

原因），大体上支持创新成本高的地区，究其实质是制度成本过高导致的推论。因而，自然可以推出：制度成本高的地区创新能力也比较弱，反之亦然。这很好理解，在流通如此便捷的今天，按照购买力平价测算（购买力平价测算不仅适用于国与国之间，同样适用于地区之间），材料成本渐渐趋同，人才成本也趋同，因而，创新成本的差异主要是由广义制度成本导致的。至于广义制度成本的内容，制度经济学里已有介绍，限于篇幅，这里不再赘述。值得一提的是，图 3 显示出的一个可喜变化是，在过去 5 年里，中国整体的制度成本在逐渐降低，各个区域也大体如此，由此也直接证明过去几年的改革还是有成效的。另外，这个制度成本分布的数据，也支持了我们前几年的一项工作，即中国的产业转移不成功的原因。产业转移所需要的技术梯度差带来的潜在收益完全被制度成本吞噬掉了，导致产业转移出现不经济的现象，因此只能停留在理论构想状态，而无法实际运作。

为了更直观地展示中国各区域创新活动中的制度成本分布状态，选取最新的 2013 年数据制成图 4。对照这张地图，结合每个人自己的常识、经验与直觉是否可以印证各自内心的一些判断（西藏数据除外）？

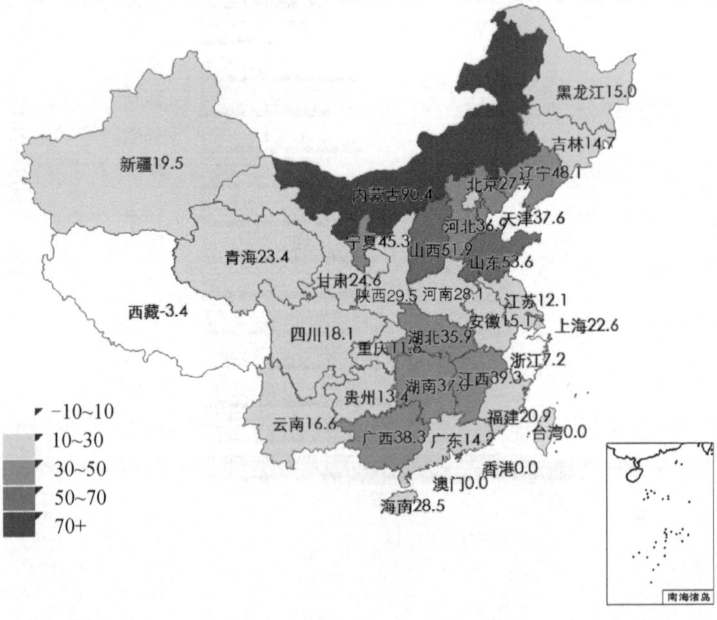

图 4　2013 年全国各地区创新的广义制度成本分布（全国平均 20.2，单位：万元/项）

从图 4 还可以引申出一些政策建议：①创新活动中的高制度成本区应该加快体制改革，逐渐降低制度成本，为实现创新扫清制度障碍；②创新永远是稀缺的，不可能全面开花，因而，基于资源的有限性，仅从效率考量应该尽早明确全国创新主导区；③不同区域在创新谱系中应该采取有针对性的创新政策（依据基础支撑条件，采取高、中、低端创新分别跟进），这样才能充分利用所谓的后发优势，而不是不顾实际一窝蜂似的搞创新，劳民伤财。

笔者更倾向于认为高制度成本区不妨加大教育投入。这是一种很务实的做法，至少为未来储备了人才资源和文化资源，而人才和文化反过来又会推动制度变革。

对于华北、华中及辽宁等高制度成本区必须坚决实施体制改革，道理很简单，这些高制度成本区，大多是行政权力缺乏有效监督与制衡的区域，在这种治理模式下不可避免地存在设租、寻租空间，导致资源使用效率低下及创新激励机制薄弱的局面。改革可以从一些微小之处开始，通过变革的积累效应，最后向低制度成本区转变，虽然缓慢，但改革阻力也比较小，更容易成功。美国经济学家德隆·阿西莫格鲁曾在分析英国为什么会率先发生工业革命时指出："工业革命在英格兰开始并实现了最大跨越是因为其独一无二的包容性经济制度，这些又都是建立在光荣革命所引发的包容性政治制度打下的基础上。英格兰发展出了多元政治制度并放弃了汲取性制度。"[①] 英国光荣革命（1688 年）到工业革命的这段历史，揭示出很多近代制度变革的细节，其实，这个努力可以从 1215 年议会为限制王权制定《大宪章》开始，经过缓慢的积累，终于收获了工业革命的果实。也许，对降低制度成本最具借鉴意义的结论在于：从汲取性政治向包容性政治转变，由此才有可能出现包容性经济制度。包容性经济制度的最大优点在于制约权力，利益共享，允许新的力量进入市场，从而推动熊彼特意义上的"创造性破坏"的扩散。从这个意义上说，制度变革上任何微小的善都是值得

① 德隆·阿西莫格鲁，詹姆斯·A. 罗宾逊. 国家为什么会失败［M］. 李增刚译. 长沙：湖南科学技术出版社，2015：151.

充分肯定的，遗憾的是，现在的治理者大多来自上级任命，对于这种权力分配模式，采取规避风险的不作为符合管理者收益最大化原则，这就造成中国的制度成本长期居高不下，创新速度严重迟滞。早些年笔者曾调侃：2000年的中国封建历史只产生四大发明，约合500年发明一项，效率实在不高。难怪历史学家黄仁宇曾说："一件基本农具600年维持不变。"创新速度由此可见一斑。

如何降低制度成本，这是一个大问题，学界倾向于选择渐进的模式，即通过诸多微小变革带来的累积效应逐渐降低制度成本。对于微小变革的形成，需要源于社会的关注力的聚焦，这是所有人都可以参与的。正如美国斯坦福大学管理学家詹姆斯·马奇所指出的："将关注力集中在社会制度中的决策方面，是集体选择行为理论的一个标准特征。产生什么样的结果，取决于何种规则被诱发，何种行动被仿效，何种价值被考虑，何种竞争者被动员，何种机会被觉察，何种问题与解决方案被联系起来，或者何种世界观被采用。"[①] 在提高公众关注力方面要克服国人长期存在的两种惰性习惯——"搭便车现象"与"公地悲剧"，前者是指人们不想付出，只想坐享其成，结果没人愿意去关注降低制度成本问题；后者是指降低制度成本是一项公共福祉，产权无法界定，大家都放任自流，结果制度成本长期维持在高位，最后大家的福祉都会受到损失。保卫社会请从关注开始，对于创新而言也是如此。

三、结论

综上所述，创新路径的选择，首先要满足最低社会基础支撑条件的判据，其次从优势条件要素切入，由此才能最大限度地降低创新成本。实证分析已经证明：创新成本的高低与创新实现呈负相关关系，影响创新成本的主要因素是制度成本，因而，为了促成创新实现，必须降低制度成本。

---

① 詹姆斯·G. 马奇，约翰·P. 奥尔森. 重新发现制度［M］. 张伟译. 北京：生活·读书·新知三联书店，2011：60.

打开政策窗口盘活智力资源*

2016年11月7日，中共中央办公厅、国务院办公厅联合印发《关于实行以增加知识价值为导向分配政策的若干意见》(简称《意见》)，政策触及了科技共同体的切身利益，引来广泛热议。增加知识在分配中的权重，以此提高科技共同体的收入，其切入点与对目标群体偏好的选择和定位无疑是非常精准的。那么，这项政策释放了哪些积极信号呢？

按照科技部副部长李萌的解读，此次分配机制改革，目标是建立三元分配体系，即基础工资、绩效工资和科技成果转化性收入。对这个分配结构进行分析，就会发现此次改革真正解决的问题不是收入问题，而是收入合法性的问题。

众所周知，科技人员收入的主体部分是由国家财政投入支撑的，即基础工资与绩效工资的大部分，所谓绩效无非是把国家投入部分从每个人那里切分出来，然后放入集体的资金池中，以此调动科技共同体内部的竞争机制。在这种内部激励下，根据业绩的不同，有的人从资金池中多分一些，而另一些人则少分一些，其结果必然是零和博弈，对于科技共同体的整体收入改善没有多大帮助。毋庸讳言，在过去的二十年里，这套体系取得的效果非常显著，但也催生了过度竞争与无节制透支、涸泽而渔而非可持久性的学术生态。

在国家整体发展愈发依赖创新驱动的背景下，如何调动科技人员的积极性显然是头等重要的问题。但是，在国家教育投入短期内无法有实质性大幅提高的背景下，要如何实现激励机制的创新突破？在此背景下，改变以往的零和分配博弈策略，就必须构建更为有效的新激励机制，必须实质性地扩大用于分配的“资金池”的规模。然而对于扩大的资金从哪里来，《意见》却语焉不详，这是否意味着，增量部分只能从市场中来，通过市场

---

* 本文发表于2016年11月14日《中国科学报》A1版。

化的方法解决知识资本的收益长期偏低的问题。可以预见，这项政策的短期收益不会太明显，它的意义在于以国家背书的形式为未来增加用于分配的各种努力提供了一种合法性认证，对于个体而言是一种解放与激励，对于社会而言则是让社会分享到这些资源，增加了社会福祉。

目前，对于该政策的理解还存在一个普遍性误区，即科研人员的兼职行为是否会影响本职工作，适度的边界在哪里？这个问题看似很关键，其实远没有想象那样严重。根据知识梯度存在的现实，知识的流动方向是从高到低，通常具有流动能力的是那些具有大于或等于行业平均知识基准线的个体，所以以往那些能够在不同科研单位间兼职的人大多是学界精英，如院士、长江学者、杰青等。此次《意见》把科研人员的兼职行为合法化，导致可以流动的人才的边界条件下移，从而释放出更多以往被违规成本阻挡的人才流动。换言之，现在可以流动的人才不再单纯是高端人才，而是可以低一级的人才，这样既可以满足社会对于知识资本与智力资源的不同需求，又可以把以往那些被沉没的知识资本与智力资源盘活，这就是这项政策所具有的可见价值。

由此可见，《意见》所释放的积极信号，并不会造成很多人所担心的那种情形：出现人员流动与兼职现象的井喷式爆发。毕竟资源硬性约束的存在，以及行业知识基准线的逐年提升，会冲抵掉政策释放的部分空间，因而，可以流动的人才总量是有限的。再加上，以往占有模式下的零和收益博弈，已经严重推高各行业科研人员的考核标准，能够完成那些逐渐加码的任务已属不易，哪还有更多精力去兼职呢？由是观之，可以预见各单位为了自己的利益不被蚕食，会全面提升科研人员的工作考核指标，以消解知识资本与智力资源的潜在流动倾向，导致政策效率出现折扣。这倒是当下需要担心的问题之一。客观地说，这项政策是一项温柔的渐进型政策，因此，目前的很多担心是不必要的。对于该项政策，真正需要认真对待的不是兼职行为的多少，而是那些借政策的模糊之处，使用于权力之间利益输送的假兼职现象合法化的趋势。市场是不好欺骗的，毕竟它是基于契约精神与公平交易来维系的。

要么改变，要么被淘汰*

2016 年 5 月 19 日，中共中央、国务院印发《国家创新驱动发展战略纲要》(简称《纲要》)。这份时间跨度长达 30 年的文件，堪称我国未来社会发展的路线图，无疑将影响深远。然而，要让政策得到管理者以及受众的接纳与履行，避免落入效率损失的陷阱，则仍面临如下挑战：这些政策与受众的需求匹配程度如何？是否具备履行政策的社会基础支撑条件？政策主导区间与受众自由裁量权的边界何在？

匹配度的问题涉及对于当今时代的整体判断，以及政策目标对受众的吸引力。客观地看，《纲要》对于国际社会发展趋势的判断合理有据，也与受众的内在需求保持一致。当今时代是一个“替代年代”，新技术的加速到来让很多行业成为可替代行业，从而产生竞争力和存在价值降低的极大风险。放眼全球，各国发展方式也在印证着这种根本性的变化，即呼之欲出的新科技革命将加剧世界各国和地区之间的马太效应——差距不仅没有缩小，反而无情地加速扩大。

没有任何国家、地区或者个人愿意被抛入劣势累积的陷阱，这也是《纲要》之所以出台并能被受众接受的理性基础。需要注意的是，任何政策目标的设置都不宜太多地超出受众的可支配能力，否则这些目标的激励作用将无法兑现。检视此次国家创新驱动发展战略对于各个节点的目标设定，无论从经济基础还是政治环境，都是符合国家发展实情且极有可能实现的。

要如何理解实现创新驱动的社会基础支撑条件？创新在任何时代都是稀缺且昂贵的资源，由此往往需要严苛的条件。这些苛刻条件就是所谓的“社会基础支撑条件”。我们曾提出一个支撑创新的五要素框架模型，即制度、经济、人才、文化与舆论五要素。前三项被称作硬性要素，后两项被

* 本文发表于 2016 年 5 月 23 日《中国科学报》A1 版。

称作软性要素。要实现创新必须满足最低社会基础支撑条件，即两项硬性要素与一项软性要素（简称“2+1”模式），低于这个最低社会基础支撑条件，创新是断然无法实现的。

各个国家和地区之间，由于社会、历史等原因，现存的优势要素条件各不相同，因此，最低社会基础支撑条件可以有六种变体，充分利用各自的优势条件，可以最大限度形成要素之间的补偿效应，从而发展出不同的创新路径。之所以强调这点，也是为了防止各地区之间不加思考地“一窝蜂”式盲从与冒进，造成资源浪费以及对政策合理性形成不必要的消解。

坦率地说，此次《纲要》提出的创新驱动发展目标，仍应该明确其主导区间。由于中国各地的发展水平存在严重的差异，一些地区并不具备创新驱动的条件：缺乏人才、经济薄弱、社会基础支撑条件滞后。仅就到 2020 年国家的 R&D 投入占 GDP 的 2.5%这个目标而言，结合现在的投入数据推测，4 年后国内仍将有一半以上的区域达不到这样的投入比例。因此，如果一味强调创新驱动，反而会出现欲速则不达的局面。

因此，创新驱动的主导区间应该集中在社会基础支撑条件比较好的区域开展，而不是遍地开花。那么，落后地区是不是就该无所事事？是不是由于条件不具备就可以因循守旧、毫无作为呢？这种理解显然也是无法成立的。落后地区对于创新驱动的自由裁量权主要体现在摸清家底，加快完善创新基础支撑条件，缺什么补什么，在夯实创新根基的基础上再对接上游的创新扩散与转移，而不至于成为被社会遗弃的发展孤岛。

在全球化与市场经济条件下，由于存在利润趋同的趋势，创新更容易发生在低成本区域。当下国家为实现创新驱动最需要解决的问题主要有两个：首先，降低创新的制度成本。其次，加快人才队伍建设，这也是助推创新实现的有力推手。

招生市场也需要“出口转内销”*

近日两则关于研究生教育的新闻颇能反映中国教育改革存在的尴尬处境。一则是：黑龙江某高校出台政策，新入学硕士研究生缴清学制期学费，享受全款的九五折优惠（中国青年报，2015-09-29）。此举成因新闻没有提及，抛开深层动机不谈，这则信息直观反映了高校目前普遍缺钱，而且已经到了不惜打折预支的窘迫境地。另一则新闻同样令人震撼，说的是美国哥伦比亚大学2015届毕业的231名统计学硕士中，有近200人是中国学生，占总数的80%以上，有人戏言，哥伦比亚大学统计系被中国学生承包了。众所周知，像哥伦比亚大学这样的著名大学学费不菲，从这里不难看出，中国拥有庞大的研究生生源潜在市场和巨大的教育支付能力。把这两则新闻连起来看，恰好能反映出中国教育体制改革的扭曲：端着金饭碗要饭吃。

中国高校的运营经费来源大体有三大块：政府财政拨款、学费及各种创收收入（著名高校还有可能获得各类社会捐赠、融资等）。而大多数普通高校的创收与捐赠收入非常不确定，真正稳定和靠谱的经费来源渠道只有财政拨款和学费。在国家总体教育经费增长缓慢及招生自主权严格管控的背景下，资金来源渠道的单一化局面短期内很难改变，这种状况直接制约了高校的正常发展。在政府与市场的错位配置中，就出现了难以克服的改革表征综合征，即中国大多数的改革仍然停留在形式层面，根本没有触及改革对象的实质结构，因而出现了改革口号震天响，改革成效乏善可陈的怪现象。彻底扭转这种雷声大雨点小的改革顽疾，需要真正触及改革实质：由政府主导向市场主导转型。对于教育体制改革而言，就是赋予高校更多的自主权。针对运营经费短缺的局面，只有适当放权，允许部分具备条件的高校自主招生，学费根据市场情况自主定价，方可极大地缓解运营

* 本文发表于2015年10月15日《中国科学报》A7版。

经费紧张的局面，从而真正实现高校运营经费来源多元化的改革构想。

依托市场解决高校运营经费短缺局面是具有现实基础的。这得益于中国公众的传统文化认知与积累的经济基础：其一，中国文化比较重视对孩子教育的投资，这种传统历史悠久；其二，中国高等教育目前仍处于卖方市场，这个基本面没有改变，即供给有限，需求巨大，尤其是优质教育资源，这也预示着中国教育体制改革具有巨大的提升空间。《2014 年出国留学趋势报告》报告显示，据测算中国出国留学市场价值约为 2000 亿元人民币，2013 年中国留学人数为 41 万，其中研究生及以上和本科生及以下的留学人数比例约各占一半，如此算来，仅研究生出国留学的市场价值就约为 1000 亿人民币。如果这些“出口”的研究生有 1/3 转“内销”，也意味着 300 亿人民币的市场份额。以上文提到的哥伦比亚大学统计学研究生为例，相信国内也有很多很好的大学可以培养统计学硕士研究生，毕竟硕士阶段还没有涉及太多的高精尖前沿问题，如果国内学校有比较充分的自主招生权和学费定价权，那么，国内高校也可以在这个市场中分得一杯羹。如果能成行，将极大地缓解教育经费不足的困难局面，同时也可以借此激励高校注重教学。遗憾的是，当下的教育体制既不能给高校比较充足的财政经费支持，又不允许高校拥有招生的自主权和学费的定价权，因而，就出现了端着金饭碗要饭吃的局面。

当下所谓的鼓励高校运营经费来源多元化的倡议，在没有实质性的结构变革之前，很难有切实性的变化。由于中国社会普遍缺少捐赠高校的习惯与偏好，因而，不是所有的高校都能从社会上获得大量捐赠，也不是所有高校都有能力从资本市场获得融资。高校所拥有的最大资源就是教育资源，一旦这个资源被体制冻结，高校也就基本丧失了任何改变的可能性。在市场经济社会，高校作为一个独立的法人，它要顺应时代的发展趋势，不断提升自我品质及完善各种软硬件设施。所有这些转变都是需要经费支持的，它所拥有的唯一能够用来换得收益并改变自身状况的资源又被冻结，稍有作为就触碰政策红线，因而，只能眼睁睁地陷入退化模式，在马太效应的放大作用下只会越来越被边缘化。从这个角度来说，此次黑龙江某高校在无法扩大经费来源的时候，通过预支未来收入来实现改变当下状况的努力，还是可以理解的，他们知道无法在短期内改变僵化结构，只能寄希望于用时间换空间的方法来解决当下遇到的困难。这种预支未来的做法会导致高校未来的抗风险能力进一步降低，实在谈不上高明，但也是别无选择的选择。

相信留学生“出口转内销”这块大蛋糕很快就会被各级管理者认识到，并达成广泛共识，最后以政策形式进行控制与分配，毕竟它的潜在收益巨大，而且又可以解决高校普遍存在的运营经费紧张的困境，对于信奉功利主义的管理者而言，实在没有理由拒绝，对此我们充满信心。现在的问题是，如果在操作层面不随之进行深入的配套改革，那么，这项改革将造成学生与老师的双重伤害，从而把一项有前途的发展空间彻底堵死。通俗点说，改革的收益如何分配？如果“出口转内销”的收益不被用于支撑学生的软硬件设施建设及提升相关服务，以及增加高水准师资、补偿一线老师的合理利益诉求，那么这项政策很快就会被市场遗弃。以往的大多数改革之所以后来遭到诟病，大多原因皆在于做蛋糕与分蛋糕的问题没有处理好。至于质量控制问题，这是一个相对简单的技术问题，容易处理，毕竟最终选择权在学生手上，如果不能提供物有所值的服务和产品质量，市场会选择用脚投票的。

我们的教育改革也应该升级换代了，不能锁定在低附加值的路线上，如前些年流行的原材料与衣服、鞋帽等类型，教育恰恰是高附加值的行业，西方高校大量吸引国外留学生的一些做法，值得我们去思考与借鉴。

流行多年的赔本赚吆喝的所谓改革可以休矣。也许更为重要的是，这种努力与尝试可以真正倒逼我们僵化的教育体制进行深层改革。一旦时机错过，选择窗口关闭，留给教育界的只能是无尽的挣扎与自救。

上海如何为创新留下更大利润空间*

上海科创中心的热度仍在发酵，可以预见在未来一段时期内，社会各界还会对此话题给予高度关注。然而，这种自上而下的推动如果没有实质性的利好举措出台，很难保证热潮不会慢慢退却，或者沦为一场豪赌。

目前，上海在创新活动中的基础条件是经济、人力与制度支撑。但是，这些优势仅是相对于国内而言，如果放诸全球，则优势并不明显。在此背景下，如何建设科创中心并使之从理论构想回归到真实实践，如何明确科创中心的未来主业，是笔者想要探讨的问题。

要明确科创中心的主业，首先要了解当代的科技发展规律，并在此基础上制定行动蓝图。

分析近代三次产业革命的大致规律可以发现：第一次产业革命遵循的是“产业、技术与科学”的路线，这是18世纪蒸汽机革命时代的典型特征；第二次产业革命遵循的是“科学、技术与产业”的路线，其特征是由科学发现带来技术变革和产业革命；20世纪中叶以后，由于科学日益技术化，技术也日益科学化，横亘在技术与科学之间的是庞大的产业链与时时涌现的产业问题，这些问题的解决既带来了经济的发展，也推动了科学的进步，这也是波普尔所谓的科学发展四阶段模型之以问题为导向的主旨所在。如果这条发展链条是正确的话，那么筹建中的上海科创中心的主业应该定位于前沿技术的研发与孵化。换言之，它应该为整个社会开辟新的技术空间，并提供社会所急需的技术，使科创中心成为整个社会的技术源头，由此形成对社会的强大吸引力。

如果科创中心的主业定位于前沿技术，那么重大基础科学发现就是研发过程中的副产品，也是不可计划的，关键是保证科创中心主业的健康发展。

---

* 本文发表于2015年6月1日《中国科学报》A1版。

从技术成果生产的外部环境来说，众所周知，技术成果的产出是要面向市场的，也是需要巨大投入的，为了使主业发展进入良性的自主循环轨道，就需要有完善的知识产权保护制度。然而仅凭一己之力要达到有效保护知识产权的效果，显然超出了上海的控制范畴。从技术成果生产的内部环境来说，要想使技术成果具有市场竞争优势，降低生产成本是必须考虑的问题。对于法制尚不健全的国家来说，降低知识产品成本的首要目标就是降低制度成本，从而为创新留下更大的利润空间，有力提升创新的存活率。未来创新成本低的地方，更有可能出现重大创新成果。硅谷不可复制的原因也在于此。这个现象不难理解，就如同中国很多企业喜欢在某些国家注册一样，无非是那里的低税率、自由等要素给企业留下了更大的利润空间而已，这与科创中心对于内部环境的要求是一样的。

最后，如果把技术定位为未来科创中心的主业，如何遴选技术就成为一个紧迫的问题。选择何种技术，与国情有很大的关系。其实质就在于如何处理技术、市场与权力之间的关系问题。例如，如果投入主要来自于政府（多渠道投入会降低此类风险），政府作为股东，总是有自己的利益与政绩偏好，代表政府的各级技术官僚将直接影响对技术的选择。已有研究充分证明：市场对于技术是最敏感的，只有市场认可的技术才具有持久的生命力。然而，现在的问题是，在技术的遴选过程中我们已经习惯于权力的介入。权力对顺从最为敏感，而现有的公共生活领域又缺乏对权力的有效制约机制。以往很多改革失败的主要教训皆在于此。

基于此，权力在未来科创中心的具体运作中，应该更多地停留在政策层面，不可过多干涉实际的运行，否则这个难题仍将难以解决。同时，技术遴选中还面临一个价值与认知定位问题。即合理的技术选择必须与现有的基础支撑条件相匹配，一味追求高大上往往会适得其反。从这个意义上说，适度先进的技术是最好的切入点，既与当下的基础支撑条件相匹配，又能快速打开局面并见到成效，同时也可以检验组织结构的合理性与完善规则，进而实现由“政策驱动”带来“技术驱动”，最后引导社会进步的目标。

关于上海科创中心的基础条件诊断与对策*

新年伊始，上海要建设具有全球影响力的科技创新中心的新闻与报道铺天盖地，这种自上而下的推动模式恰恰是举国体制的一个翻版，如果底层的基础设施与理念跟不上，这股虚热很快就会降温，最后消散于无形。坦率地说，创新的影响力在中国的语境下快速贬值，究其原因，皆在于这些年的创新表现乏善可陈，已陷入雷声大雨点小的尴尬境地，为了彻底改变这种状况，也只好拿出我们最熟悉的管理模式：权力推动型创新。创新是一项复杂的系统工程，即便按照熊彼特的“五个维度”说法，创新遍布于人类生活的几乎所有方面，那么，所有层面的创新的实现都是需要条件的，而且受到严格边界条件约束。如果仅就生产-消费环节而论：“创新是按一种可预测的方式分布于创新用户、制造商、供应商及其他对象的过程。”[①] 从这里不难看出，创新可以发生在生产-消费的所有环节，是普遍的与多元的。但我们要清醒地认识到创新是不可预测的，更是稀缺的。本文所关心的核心问题是支撑创新的基础条件的框架结构，一旦这个基础条件框架确立了，就可以为各级政府制定相关决策提供最基本的判据，而不是权力意志下的草率决定。基于此，本文主要分析三个问题：其一，支撑创新的社会基础条件的框架结构与作用机制；其二，科创中心与产业转移、产业革命之间的因果关系；其三，影响创新实现的创新成本问题。

一、上海科创中心的基础条件诊断

在科技时代，传统资源要素对于经济增长的贡献率呈现递减趋势，而

---

* 本文发表于《科学与管理》2015 年第 3 期。

① 埃里克·冯·希普尔. 创新的源泉：追循创新公司的足迹［M］. 柳卸林，陈道斌等译. 北京：知识产权出版社，2005：153.

创新要素（技术与人才）则逐渐上升为经济与社会发展的主要引擎，这已是学界的共识，因此，把城市的发展引擎定位为科创中心应该说是一项正确选择。现在的问题是，成为全球科创中心是需要严格条件的，条件不具备时，所有计划都是纸上谈兵。因此，需要客观地梳理一下上海建设全球科创中心所拥有的基础支撑条件状况。

从科学史角度来说，科学中心与创新中心是有很大区别的，前者侧重于基础研究，后者侧重于应用研究。考虑到大科学时代科技一体化进程的加快，二合一模式也是科技发展的一种新形态。创新专家理查德·R. 尼尔森曾指出："'新的技术带来了新科学'与'新科学带来了新技术'的说法，都是同样正确的。更准确的说法是，随着现代以科学为基础的技术的兴起，大部分科学和大部分技术都变得相互交融了。"[①] 因此，科创中心的提法是可以成立的，但是，不论哪种形式的中心，其基本特征都强调创新，而创新的实现是需要基础条件支撑的。对此，我们曾提出过一个五要素分析框架："即制度基础条件、经济基础条件、人力基础条件、文化基础条件与舆论基础条件。其中前三项基础支撑条件可称之为硬性支撑条件，后两项支撑条件称之为软性支撑条件。"[②] 基于上述研究，我们曾提出一个判据：一个地区要真正形成创新能力至少需要满足两项硬性基础支撑条件与一项软性基础支撑条件，否则创新几无可能。那么，成为创新中心，显然比具有创新能力的要求更高，在我们看来必须要具备全部的三项硬性基础支撑条件与至少一项软性基础支撑条件，否则就根本无法成为真正的科创中心。这里需要强调的一点是，各基础支撑条件不能孤立存在，它们之间必须存在高度的联结性，只有基于此，要素之间才会发生耦合作用，才会出现系统的突显功能。沿着这个思路，检视上海在创新基础支撑条件方面存在的问题，就是当下最为紧迫的任务。

我们曾就上海支撑创新的基础条件在国内的排序做过初步比较研究，现在简要就国际对比进行一些分析。根据目前公布的数据可以初步诊断如

---

① 理查德·R. 尼尔森. 国家（地区）创新体系比较分析［M］. 曾国屏，刘小玲等译. 北京：知识产权出版社，2012：7.

② 李侠. 科技政策：分配与规训的技术［M］. 上海：上海科学技术文献出版社，2014：106.

下：上海在创新活动中具有相对优势的基础支撑条件是经济支撑、人力支撑与制度支撑及文化支撑。但是，这只是国内的一种比较，如果把比较的范围放到世界背景下，这些基础支撑条件都还存在很大的缺陷与不足。如就经济支撑来说，上海 2013 年的 GDP 为 21 602 亿元人民币，人均 GDP 为 90 765 元人民币（在全国位居第三），而国际货币基金组织的数据显示，2013 年美国人均 GDP 为 53 001 美元，中国则为 6959 美元：即便上海的数据是中国平均值的 1 倍，也仅为美国人均 GDP 的 1/3。从这个对比中不难看出，我们能够用于创新的投入还是比较少的，在世界各种主要创新指数中，中国的创新投入指标都长期严重偏低，从这个意义上说，即便我们最看好的经济指标，与世界主要国家相比仍有不小的差距。再来看看人力支撑条件，2014 年《中国科技统计年鉴》数据显示，上海拥有 R&D 人员 226 829 人，而同期美国硅谷则拥有研究生以上学历人员 26.3 万人（总岗位数 138 万，其中研究生以上占 19%）。另外，数据还显示，2011 年美国授予科学与工程学位接近 38 万人，其中硅谷占 1.2 万余人。从这组数据中可以清晰地看出，上海的人才存量还不如硅谷多，并且已有研究显示，上海的人才存量特点是中低端人才偏多，而高端人才依然相对匮乏。我们再来看看支撑创新的制度条件，这点是最容易产生误解的，表面看来国家政策大力支持创新，但是制度系统具有庞大的复杂结构，即便顶层发出改革信号，传递到中下层仍存在巨大的政策内容损耗与折扣，结果导致政策执行的“外焦里嫩”现象。由此，不难发现，我们在硬性基础支撑条件方面优势并不明显，而且弱势相当明显。再加上，在中国这个市场经济社会中，依然有很多滞后规则对创新起着制约作用，这也间接解释了中央政府推行自贸试验区的深层原因，希望以点带面地探索降低制度成本与交易成本。

中国目前正在进行的政治体制改革可以看作由传统大政府向中型政府治理模式的变迁过程，这种变革的实质就是降低制度成本与交易成本，以此为经济与创新活动释放更多的利润空间。按照交易成本经济学（TCE）的标准说法：“制度和组织都为了实现效率，并使总的成本——不仅包括新古典学派的生产成本，也包括交易成本的最小化。”[①] 在全球化的今天，生产成本日益趋同，交易成本的降低至关重要，这也再次说明：政治失灵比市场失灵更糟糕。从这个意义上说，中国现有的很多制度规则对于创新而言，依然具有极大的掣肘作用。对于文化支撑条件来说，目前尚未出现根本性的变革，文化对创新的激励与引导功能尚未呈现，因而对创新的支撑作用有限。舆论支撑条件更是孱弱，舆论是企业获得信息的最便捷方式，而信息是有价值的，由于国内的舆论控制比较严，与发达国家相比无形中增加了企业获得信息的成本与滞后性。这不仅是上海的情况，而且是中国的通病。至此，我们对上海及中国支撑创新的一些基础条件有了大概的了解。

支撑创新的五要素框架结构显示：五要素之间必须具有更为紧密的内部联结，只有这样才能使要素之间发生耦合作用，从而带来全要素生产率的提高，正如经济学家斯蒂芬·帕伦特所指出的：“最大化产出不仅取决于给定的技术约束，而且取决于有关技术应用的政策约束。虽然各国拥有相同的技术水平，但各国的总生产函数会因政策差异而不同。政策会影响全要素生产率水平。”[②] 从这个意义上说，制度基础条件不仅仅是支撑创新的一种资源，更是把其他各项要素有机整合与实现合理配置的一种力量。对于后发国家而言，在其他基础条件短期内无法改变的情景下，改革与完善制度条件也是实现事半功倍的最佳切入点。

二、科创中心与产业革命之间的因果关系

通过对 18～20 世纪产业发展历史的考察，我们要搞清楚科技、产业与科创中心之间的因果关系。如果能找到有说服力的因果关系，那么未来的政策制定就可以按图索骥，少走很多弯路，即便得不出明确的因果关系，能够得到一个比较明确的趋势也是可以借鉴的。基于此，不妨简单梳理一

① 阿维纳什·K. 迪克西特. 经济政策的制定：交易成本政治学的视角［M］. 刘元春译. 北京：中国人民大学出版社，2009：42.

② 斯蒂芬·L. 帕伦特，爱德华·C. 普雷斯科特. 通向富有的屏障［M］. 苏军译. 北京：中国人民大学出版社，2010：67.

下，小科学时代，产业革命促成科技的发展，由此形成科学中心；大科学时代，知识梯度高的科技中心向外输出科技成果，形成技术扩散势头，由此促发产业革命，这就是美国政策专家万尼瓦尔·布什（Vannevar Bush，1890—1974）的线性发展模式的要义所在，即基础研究带动应用研究，由此引发产业发展。它的特点在于对基础研究的强调。1986 年克莱恩和罗森博格对布什的线性模型（the linear model）进行了批评，他们指出："通常，企业进行创新是因为有商业需求，而且他们通常都从对现有知识进行评估和组合开始，只有当这样的做法搁浅时，他们才会考虑投资研究（科学）。实际上在许多情况下，用户的经验才是创新最重要的源泉。其次，线性模型忽视了创新过程各阶段之间的反馈与循环。"①

发明与创新对促进经济、社会发展所具有的重要作用，已经被诺贝尔经济学奖获得者索洛的经济增长理论所证实，即技术进步对于经济增长具有直接贡献。两者共同的核心仍然是社会对新知识、新技术、新工艺、新服务乃至新组织形式的需求，这种需求就需要科学技术的进步来推动。那么，在发明与创新背后，科学、技术与产业发展三者之间的互动关系又是怎样呢？1945 年美国万尼瓦尔·布什在《科学：没有止境的前沿》一书中明确提出，科学研究可以划分为基础研究和应用研究，而"基础研究是技术进步的先行官"②，他把基础研究到技术创新的全过程概括为"基础研究—应用研究—开发—生产经营"这样四个阶段，创新主要体现在应用科学，而且后续的每一个阶段都依赖于前一个阶段推动。1988 年，埃里克·冯·希普尔（Eric von Hippel）③则认为：在很多创新中，用户作为创新者，主导了创新的过程，创新中人受益者都可以成为创新者，而且创新并不局限于基础研究或者应用研究。20 世纪 80 年代日本经济的崛起，使得线性模型的缺陷被明确揭示出来，日本依靠从国外引进、消化、吸收和再创新这一模式创立了一种全新的发展路径，并有效地推动了本国产业的

① 詹·法格博格，戴维·莫利，理查德·纳尔逊. 牛津创新手册［M］. 柳卸林，郑刚，蔺雷等译. 北京：知识产权出版社，2008：10.

② V. 布什. 科学：没有止境的前沿［M］. 范岱年，谢道华译. 北京：商务印书馆，2004：64.

③ 埃里克·冯·希普尔. 创新的源泉：追循创新公司的足迹［M］. 柳卸林，陈道斌等译. 北京：知识产权出版社，2005：28.

快速发展，而这一发展路径并非从推动基础研究开始。

基于这种思路，简要回顾一下近代三次产业革命发展过程中三者之间的关系，或许可以发现未来发展的一些端倪。第一次工业革命，其时间跨度大体是18世纪60年代至19世纪40年代，那是一个用机器代替手工劳动的时代，其中以蒸汽机作为动力机被广泛使用为标志，而其应用的最主要领域就是纺织业，后来才逐渐推广到几乎所有工业领域。

从时间上看，18世纪60年代之前，牛顿的力学三大定律和万有引力定律在100年前已经被发现，并且他和莱布尼茨同时发明的微积分也成为重要的科学分析工具。还有托里拆利和帕斯卡在大气压力和液体压力领域也有了各自的突破。但这些科学成就与当时的产业革命之间没有发生直接的关系。第一台拥有气缸和活塞的用火药膨胀力做功的机器在1608年已经被荷兰人设计出来了，此后其助手帕平发明了带安全阀的蒸煮器，到了1705年，英国铁匠纽科门制成了有活塞的蒸汽机，蒸汽机才开始在矿井中得到了普遍应用。而在纺织业中，1733年发明了飞梭，1738年发明了滚轮式的纺纱机，之后一直到克伦普敦制造了骡机，而这些机器通常是用牲畜和水力来推动的。纺织业对动力机的需要，促使了蒸汽机最后在纺织业中的应用，快速扩张的工业对能源和生产效率的需求，加快了机器制造机器的步伐，促进了新型动力交通工具的快速发展与涌现，这一切都与当时的科学成就没有直接的关系。

上述事例可以清晰地表明，在第一次工业革命期间科学与技术之间并未发生明显结合，“在工业革命中，发明和创新的高峰期的出现并不完全依赖于我们现在所理解的一般性科学概念的出现”[①]，更多的是以工匠的实践经验和努力为创新源泉。同时广大的殖民地为英国提供了大量的原材料和广大市场，导致产业对生产效率提升有迫切的需求，因此，第一次工业革命中科学、技术与产业的关系应该是：

---

① 詹·法格博格，戴维·莫利，理查德·纳尔逊. 牛津创新手册［M］. 柳卸林，郑刚，蔺雷等译. 北京：知识产权出版社，2008：349.

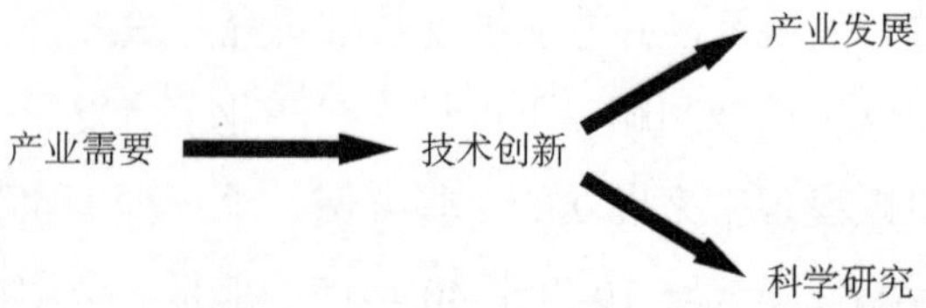

产业发展受利益的驱动，促进了生产过程中技术工艺的改进和提升，而这个改进和提升是基于工匠本身的实践经验。由于技术发展提高了生产效率，产业得以迅速发展又反向推动技术创新。科学研究则是游离于技术创新活动之外的，可以说，这个时期科学是技术创新和产业发展的衍生品。

第二次工业革命以电器的广泛应用为标志，同时内燃机也开始大范围使用。这次工业革命的发生，得益于基础研究的迅速发展和应用研究中商业化的迅速实现，其中所表现出的科学研究与产业技术之间出现越来越紧密的结合，是与第一次产业革命完全不同的发展模式。1800 年伏特发明了电池；1819 年奥斯特发现了电流磁效应，使得电可以转化为磁；1831 年法拉第和亨利发现了电磁感应现象，证明磁也可以转化为电。麦克斯韦方程以及 1887 年赫兹证明电磁波的存在，为后来的收音机、电视机技术等产业的发展留下巨大的应用空间。这一系列基础研究成果的发现，迅速转变为技术原理与技术发明，通过技术的应用和扩散，并最终达到商业化的应用，催生出各类新兴产业，可以说第二次产业革命基本符合布什的线性模型。总之，第二次产业革命遵循的路线是科学、技术与产业。其特征是先有科学上的重大发现（电），然后带来技术上的变革，最后引发产业革命，这是 19 世纪三者之间关系；

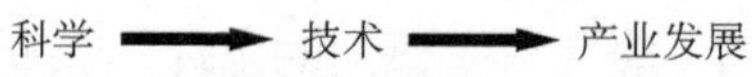

20 世纪中叶以后，科技一体化进程加快，即科学日益技术化，技术也日益科学化，这也就是理查德 · R. 尼尔森所谓的："在许多情况下，新的科学知识是尾随其后而不是领先出现的。"[①] 这就导致第三次产业革命遵循的路线发生了根本性的变革，按照目前通用的说法，第三次产业革命以原子能、计算机、空间技术和生物工程的发明和应用为主要标志，涉及信息

① 理查德 · R. 尼尔森. 国家（地区）创新体系比较分析［M］. 曾国屏，刘小玲，王程韡等译. 北京：知识产权出版社，2012：8.

技术、新能源技术、新材料技术、生物技术、空间技术和海洋技术等。即（基于前沿科学的）技术、产业，由产业发展遇到的困难问题引发科学，这相当于美国科技政策专家斯托克斯所谓的“巴斯德象限”，即由应用研究引发的基础研究。横亘在技术与科学之间的是庞大的产业链与时时涌现的产业问题，这些问题的解决既带来了经济的发展，也推动了科学的进步，这也是科学哲学家波普尔所谓的科学发展四阶段模型（即 P_1-TT-EE-P_2）之以问题为导向的主旨所在。从这个意义上说，科学的重大发现只能是科创中心的副业而不是主业，这个结论至关重要，它涉及未来科创中心的主业定位问题。

第三次产业革命的初始原动力来自 20 世纪中叶以来的科学技术的重大突破，由于基础研究的贡献（从 20 世纪初的物理学革命开始），人类的知识得以迅速扩展，并衍生出众多交叉学科，这些知识渗透到技术原理、技术发明与产品开发应用的所有环节。这里必须提到一个全新的事实，即大学教育的普及化，为知识的扩散提供了流动的传播渠道，在技术推动与市场牵引的双重作用下，创新行为成为社会生活的常态。

大科学时代，科学研究呈现出一些新特点：大投入、大团队、大问题及高风险，研究后果存在高度不确定性。这些特点决定了技术应用与发展过程中所遇到的问题往往是非常前沿的，远非个体的实践经验和知识所能解决的，必须通过科研团队所拥有的多学科知识的协同研究才有可能解决难题。随着社会的发展和科技的进步，各行各业所面临的问题越来越集中于科学的前沿问题，从这个意义上说，一个国家知识储备的数量与水平直接决定了一个国家的核心竞争力。

综上所述，第三次产业革命的发展过程大体遵循如下发展路径：

（基于前沿科学的）技术 → 产业 → 技术困境问题 → 科学

除去上述创新发展模式中的科学技术要素外，必须提到的就是在三次产业革命中制度的影响力。三次产业革命中，科技创新中心不断发生转移，第一次产业革命时，英国早已实现了资产阶级共和制，科技中心正在从法国向德国转移阶段；第二次产业革命时，科技中心开始由德国向美国转移，西欧国家基本上实现资产阶级共和制；第三次产业革命时，科技中心转移到美国，而此时美国早已是发展很成熟的资产阶级共和制国家，而且美国也是第三次产业革命的主要发源地。所有产业革命的发生都依托于共和制，这与降低制度成本有关，从没有例外，这个演变模式很值得研究。包括此后亚洲的日本和韩国的崛起，都说明了制度安排对创新有重大的深层影响。

基于此，可以发现另一个特点：小科学时代，产业革命促进科技的发展；大科学时代，由科技中心输出科技成果，由此引发产业革命。

三、创新成本与科创中心的运行

大体来说，经济比较活跃的地区，那里的市场规则也较完善，从而交易成本也比较低，由此，才能为商业活动留下更大的利润空间，也才能吸引更多的商家来此经营，市场发展又带来深层次的规范化，进一步降低交易成本。关于这种现象，经济思想史上已经有比较透彻的研究，诺贝尔经济学奖获得者道格拉斯·诺斯关于“西方的兴起”的论述也是基于这个理由，由此，我们自然会类推到创新行为，即创新行为的发生以及科创中心的形成，也有赖于创新成本的变迁，即创新成本低的地方更容易发生创新，也容易使创新成活，因而，也相对容易形成科创中心。如果这个推论正确的话，那么影响创新的成本有哪些呢？经过对科研活动的分析，我们大体上可以归纳如下：科技成果的生产成本（人员的工资、原材料等）、制度成本与交易成本。在全球化的今天，我们认为生产科研成果的生产成本在快速趋同，不同地区之间的创新成本的差异主要由各地制度成本与交易成本构成。制度成本主要体现在制度的构成要素对活动的影响上，而制度的构成按照 W. 理查德·斯科特的说法分为三种，即“规制性要素、规范性要素与文化-认知性要素”[①]。这三项要素都对人的行为产生巨大与深远的影响。举例来说，如果一项制度其规制性要素比例过高，那么制度成本也就

① W. 理查德·斯科特. 制度与组织——思想观念与物质利益［M］. 姚伟，王黎芳译. 北京：中国人民大学出版社，2010：58.

相应地提高，比如办一件事被要求盖 N 个公章，这本身就是巨大的强制性成本。另外，交易成本直接决定了知识扩散的幅度与产业转移能否实现的问题，关于交易成本，我们可以把诺贝尔经济学奖获得者科斯的交易成本观点总结如下：①调研成本；②信息成本；③成交成本；④决议成本；⑤监督成本；⑥执行成本。[①] 相信所有从事过研究的人都能知道这些成本对于创新的影响，这里不再赘述。

从科技成果生产的内部环境来说，要想使科技成果具有市场竞争优势，降低成果的生产成本是任何产业和研发中心必须考虑的问题，否则成本陷阱会扼杀众多优秀成果进入市场的脚步。对于成果生产的外部环境来说，降低制度成本与交易成本是首要问题。由此可知，如果内部生产成本逐渐趋同，那么创新成本的主要差异将来自外部成本。因而消减外部成本就是当下的首要任务，这样才能有力地提升创新的存活率，也许更为重要的是，这种低外部成本会形成创新的“漏斗区间”，从而吸引更多的创新机构与个人进入到这个低成本的“漏斗区间”，从而无形中增加了科创中心的对外吸引力。这里需要补充的一点是：创新区域完善的服务设施以及便捷的网络基础对于科创中心的形成与巩固至关重要。按照鲍威尔等人的观点：“在科技领域，从各种不同的信息和资源中积累起来的优势是相当可观的。随着知识的商业化在经济增长中的作用越来越重要，跨组织的合作也变得更加平常。组织间的网络成为各个组织共享和交换资源、共同开发新创意和新技能的一种方式。在技术发展迅速、知识来源分布广泛的领域，任何一家公司都不能拥有能在所有领域内保持领先并给市场带来重大创新所必需的全部技能。”[②] 根据我们已有的研究可以得出一个初步的结论：未来创新成本低的地区，更有可能出现重大创新成果，也更容易形成科创中心，硅谷不可复制的原因也在于此。

基于上述考虑，我们来简单分析一下国内主要地区的创新成本，本文

---

① 拉里·唐斯. 颠覆定律：指数级增长时代的新规则［M］. 刘睿译. 杭州：浙江人民出版社，2014：31.

② 詹·法格博格，戴维·莫利，理查德·纳尔逊. 牛津创新手册［M］. 柳卸林，郑刚，蔺雷等译. 北京：知识产权出版社，2008：61.

从各大区中选择最具代表性的省（直辖市）来分析中国的创新成本分布状况。各大区的代表省（直辖市）是：华北为北京，东北为辽宁，华东为上海，华南为广东，西南为四川，西北为陕西，中部为湖北。基于此，就我国区域的创新成本做一些简单的实证分析，从中不难发现一些深层次与有趣的问题。

首先创新是需要投入的，我们先看看七省（直辖市）的投入状况。图 1 是 2013 年七省（直辖市）全时当量（人年）年均的 R&D 经费，分别计算了基础研究、应用研究和试验发展三个领域全时当量的人均 R&D 经费。

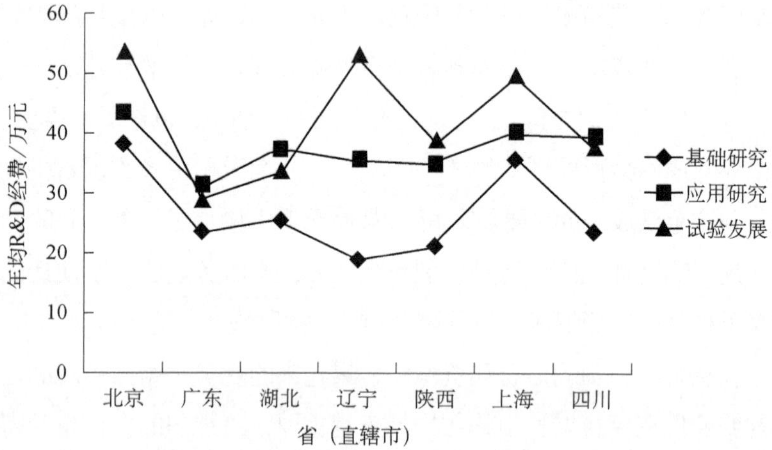

图 1　2013 年七省（直辖市）全时当量（人年）年均 R&D 经费

图 1 显示出两个特点：其一，七省（直辖市）的人均投入高点是北京与上海，人均投入低点是辽宁与陕西。其二，辽宁是人均投入严重背离的省：实验发展经费超高，这与国有大中型企业众多有关；基础研究投入在七省（直辖市）中最低，这也间接反映了辽宁省的创新成本虚高问题，以及真实科技水准的低迷状态。而广东人均科研经费居中，但由于试验发展人员和经费双高（均为全国第一）其创新成本反而居于七省（直辖市）最低。

图 2 为我们直观地展现了五年（2009～2013 年）的时间跨度内七省（直

辖市）的科学产出状态。我们把论文粗略看成科学研究的产出，单篇成本的计算是根据七省（直辖市）在基础研究和应用研究上投入的 R&D 经费除以篇数得来的。从图 2 中可以发现两个问题：其一，单篇论文成本普遍提高；其二，两个高点是广东与四川，两个低点是湖北与陕西（这与两地的高校、科研院所众多有关），北京与上海居中。

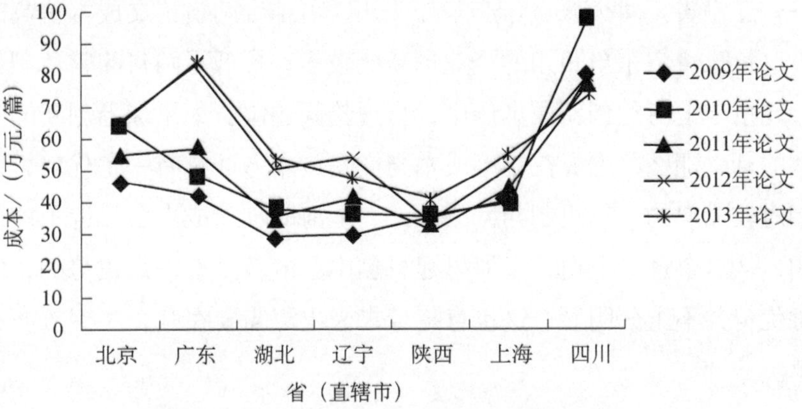

图 2　2009～2013 年七省（直辖市）被收录的论文（SCI、EI 和 CPCI-S 三大类）的单篇成本

我们把专利数粗略等同于技术产出，由图 3 可以看出如下两点：其一，专利成本的两高点是北京与陕西，两低点是广东与四川，这也间接说明陕

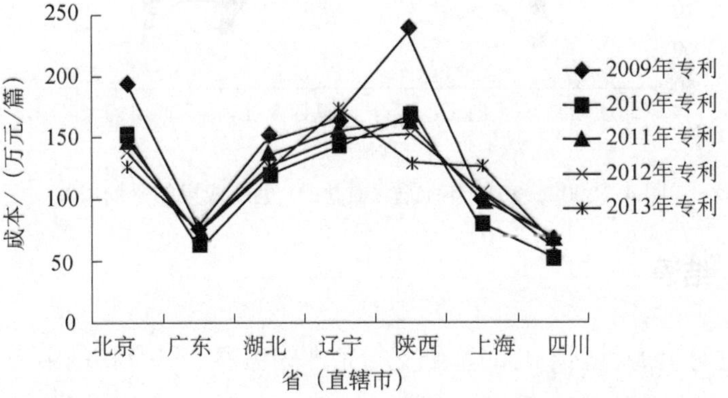

图 3　2009～2013 年七省（直辖市）国内专利授权数（主要包括发明、实用新型、外观设计三类）的单件成本

注：计算依据是各省（直辖市）的 R&D 经费除以专利数

西的产业创新能力比较弱，北京则是由于企业偏少与投入过多造成的专利成本偏高；其二，五年的数据显示，专利成本有整体小幅下降趋势，其中原因可以初步诊断为政策导向的高新技术产业的增加所致。

通过图4大体可以看出在过去的五年间创新成本普遍提高；然而其中存在一个比较恒定的现象，即七省（直辖市）的创新成本存在一个高点——辽宁省。两个低点，广东与四川，再结合两省论文成本偏高的数据，这意味着广东与四川的企业创新比较多，拉低了两省的整体创新成本。北京与上海的创新成本居中，呈现趋同迹象。如果加上创新的外部成本的话，那么，上海在制度成本与交易成本方面具有一定优势，再加上相对较成熟的市场机制与网络系统，上海的创新成本会接近于广东与四川，从这个意义上说，上海筹建科创中心应该是有一定优势的，但是这种优势并不十分明显，这也意味着未来上海需要在几个关键方面进行改革。

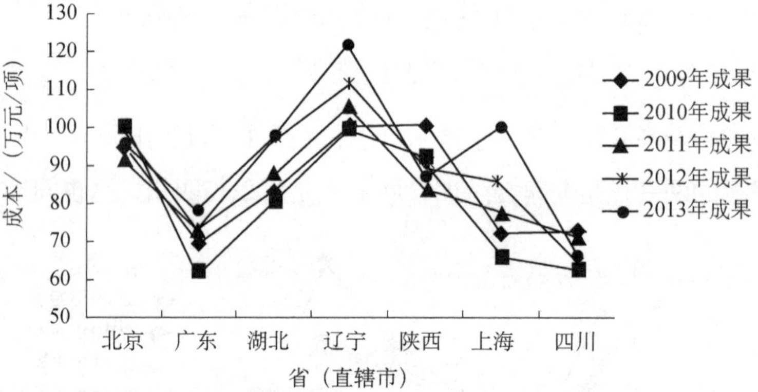

图4 2009～2013年七省（直辖市）创新成果的平均成本

四、结语

通过对上海科创中心的基础支撑条件的考察，以及科创中心、产业转移（革命）之间的因果关系的梳理，我们大体可以得出如下三个结论：其一，五要素基础支撑条件是任何创新必须具备的基本配置，由此得出创新发生的最低构成要素结构；其二，在制度安排下，要素之间存在紧密的内在关联，通过降低制度成本与交易成本，形成要素之间的耦合作用；其三，创新的发生与创新中心的形成依赖于低创新成本，创新成本的“漏斗区间”也是最具有创新活力的地区。这个研究结果对于各级政府制定相关创新政策具有很好的诊断与研判价值。

上海筹划科创中心竞争力何在*

新年伊始，上海要建设具有全球影响力的科技创新中心的新闻与报道铺天盖地，对于城市发展来说，把一个城市的战略发展目标定位为建设科技创新中心应该是一项不错的选择。在科技时代，传统资源要素对于经济增长的贡献率呈现递减趋势，而创新要素（技术与人才）则逐渐上升为经济与社会发展的主要引擎，这已是学界的共识，也是科技全球化时代的特点使然。

现在的问题是，成为全球科创中心是需要严格条件的，当条件不具备时，筹划科创中心则总会有一种无根基之感。因此，当下我们需要在喧嚣中客观地梳理一下上海建设全球科创中心所拥有的基础支撑条件的状况。

从科学史角度来说，科学中心与创新中心是有很大区别的，前者侧重于基础研究，后者侧重于应用研究。考虑到大科学时代科技一体化进程的加快，二合一模式也不算太离谱。无论哪种中心，都强调创新性，而创新的实现是需要条件支撑的。

对于创新能力的形成条件，我们曾提出过一个五要素分析框架，即制度支撑基础条件、经济支撑基础条件、人力支撑基础条件、文化支撑基础条件与舆论支撑基础条件。其中前三项可称之为硬性支撑条件，后两项称之为软性支撑条件。

根据已有研究，我们曾提出过一个判断：一个地区要真正形成创新能力至少需要满足两项硬性基础支撑条件与一项软性基础支撑条件，否则创新几无可能。那么，成为科创中心，显然比具有创新能力的要求更高，在我们看来必须要具备全部的三项硬性基础支撑条件与至少一项以上软性基础支撑条件。

---

* 本文发表于 2015 年 3 月 25 日《中国青年报》A6 版。

按照这个思路，检视上海已经具备了哪些基础条件，并找出基础支撑条件的薄弱环节加以完善，这样才可能把创建科创中心与实现经济转型建基于扎实的支撑条件之上，从而使得创新中心的建设得到实质性的推动。

目前上海在创新活动中具有相对优势的基础支撑条件是经济支撑、人力支撑与制度支撑，以及文化支撑。但是，如果深入挖掘下去会发现这些基础支撑条件都还存在缺陷与不足。

比如，就经济支撑来说，与发达国家相比，我们能够用于创新的投入比较少，在世界各种主要创新指数中，中国的创新投入指标长期偏低。

再来看看人力支撑条件。2014 年中国科技统计年鉴数据显示，上海拥有研发人员 22.68 万人，而同期美国硅谷则拥有研究生以上学历人员为 26.3 万人。另外，数据还显示，在 2011 年全美授予科学与工程学位接近 38 万人，其中硅谷占 1.2 万余人。对比可以看出，上海的人才储备还是不够的，高端人才依然相对匮乏。

还有支撑创新的制度条件。表面看来国家政策大力支持创新，但是制度系统具有庞大的复杂结构，即便顶层发出改革信号，传递到中下层仍存在政策内容损耗与折扣，导致政策执行的“外焦里嫩”现象。在创新政策运行过程中，依然会有很多滞后规则的制约。这也就是为什么中央政府要推行自贸试验区的深层原因，希望以点带面地探索降低制度成本与交易成本过高的现象。

中国目前正在进行的行政体制改革可以看作由传统大政府向中型政府治理模式的转变过程，这种改革的深义就是降低制度成本与交易成本，以此为经济与创新活动释放更多的利润空间。从这个意义上说，现有的一些制度规则对于创新而言，依然具有极大掣肘作用。

对于文化支撑条件来说，目前尚未出现根本性的变革，对于创新的支撑能力有限。

再来看看上海全球科创中心的定位问题：全球科创中心如何来建设？是靠自身力量打造一个全新的科创中心，还是搭建一个创新平台引来世界高端的智力与资源，由此形成一个具有卓越影响力的科创中心？在我们的理解中，应该是后者，即结合本土优势最大限度地吸引世界力量共同打造科创中心。在各项基础支撑条件都不是最优的情况下，拿什么来吸引世界上的高端资源来上海？又如何在现有条件下激发国内的创新潜力，卓有成效地将上海从地方科创中心演变为世界科创中心呢？

上述不足是上海科创中心筹建时需要加以改进与完善的地方，毕竟任何改革都不是在十全十美的基础上开始的。那么，上海的真正优势在哪里呢？上海筹建科创中心的最大优势在于中国已经是世界第二大经济体，并且具备强大的行政动员能力。这就可以保证在短时间内集中大量资源，迅速弥补基础支撑条件中的两项不足（经济与人力）；再加上中国拥有庞大的潜在市场和比较完善的基础产业结构、相对成熟的市场机制及大量人才储备，这五个优势对科创中心的主营业务——研发、产业升级与转移具有重大的引领作用。

为了使上海的科创中心能够真正运行起来，短期内，借助于上海自贸区的实践，可以大幅降低影响科创中心竞争力的制度成本，给科创中心预留下更大的利润空间，设计更合理的金融政策与人才政策，以此吸引国际人才、资本与技术的流入。从长期来看，应该鼓励创新文化的建设和发展，以此强化文化支撑条件和舆论条件。必须强调，人才是创新的核心要素，就世界范围来说，上海乃至中国在高科技领域仍具有相对人才低成本优势，这也是上海科创中心的核心竞争力所在。

如何建设科创中心*

2015 年上海首次提出建设全球科创中心的设想，这是一个很有想象力的战略安排，在社会发展越来越依赖科技的今天，这个构想的深远意义是值得充分肯定的。那么，与城市的布局安排相类似，我们自然想知道中国仅有一个科创中心够吗，这种安排是否还存在一些先天性的结构缺陷。

一、中国需要多点分层科创中心

区域间由于历史原因存在明显的知识梯度差。在各区域间应该存在一个知识梯度的金字塔，这种布局可以很好地带动当地经济与社会的发展，这就要求在各个知识梯度上存在多个科技创新中心，并可以很好地起到知识传递与扩散的桥梁作用，从而把整个社会有机地联系起来，否则将造成区域间在知识传递上出现断裂以及潜在技术与文化扩散的失灵。基于这个设想，自然可以得出这样的结论：在中国仅有一个科创中心是远远不够的，科创中心的布局必须是分层的与多方位的。现实的做法是，根据各地知识资本存量，按照知识梯度分成四层：最顶端的是国家层面的科创中心，中间层面的则是分布多个区域的科创中心（如东北中心、华南中心、西北中心等），然后是省会层面的科创中心，再往下就是部分经济条件比较好的地市级中心。这种结构可以很好地起到中心节点与次中心节点的连接与辐射作用，从而为知识、技术、产业与文化的扩散和转移提供一条畅通的渠道，而不会出现知识传递的断层。在数量上，顶端的科创中心有 2～3 个即可（如北京、上海、广州），第二级是区域中心（如全国七大区域的节点城市），第三级则是各个省会城市，这样就为知识的扩散与传递提供了一条层次分明的主干道网络，然后就是如毛细血管一般的地级科技中心，至此，一个知识扩散与传递的网络得以

---

* 本文发表于 2016 年 8 月 22 日《学习时报》A7 版。

形成，且可以在区域间形成真正的竞争，如果哪个区域的渠道不畅，就会导致资源与人才向其他网络传递平滑的区域流动。

二、为什么科创中心要多点分层

之所以提出科创中心的多点、分层结构，是由于知识传递与接收是有条件的。如果区域间知识梯度差过大，就无法实现知识的有效传递与扩散，整个社会的协同发展将是不可能的。经济学家们的研究已经指出：在城市规模与经济效益之间存在一个比较明显的倒U形结构，换言之，城市规模在达到U形顶点之前，随着规模的扩张，会带来明显边际收益递增现象。就世界范围的比较而言，中国的特大城市远没有达到其应有的经济规模，仍存在经济收益递增的空间，此时，由于城市规模的扩大及分工的进化，会带来资源利用效率的提高，以及各种公共服务成本的降低，反之，则是不经济的。基于这种理解，盲目扩展小城市是不经济的，也是难以持续的。在科技领域同样如此，隐藏在人们头脑中的社会治理的计划经济思维模式已经严重阻碍了社会的发展。

就科技领域而言，我们的规模远没有达到规模经济所需要的倒U形的顶点，因而仍然存在边际效用递增的空间，这部分潜力不去挖掘对整个社会就是一种巨大的浪费。比如，在一些研究基础比较好的大学与研究机构，每位老师的研究生招生名额都奇缺，导致出现了僧多粥少的局面。是什么原因造成的这种局面呢？是整个社会缺少人才，还是制度安排出现了故障？显然不是前者，这一切都是计划经济治理模式导致的必然结果。区域创新中心的存在就现实层面而言，其作用有两点：其一，使技术与文化扩散更容易发生与实现。联想到国内前些年一直倡导的产业从东部向中西部转移，之所以效果很差，就是因为当地缺少一个合适的创新中心，导致产业转移成本与当地接收成本都非常高昂，从而出现转移不经济现象。其二，多点、分层的各区域创新中心的涌现有助于缓解特大中心城市的诸多压力，并且借助于区域创新中心实现本地的快速发展。想想那些承担巨额出行成本不远千里到大城市求医的人们，不难理解这种作用。反之，如果存在一个有活力的区域创新中心，那么这些巨额出行成本就会转变为当地的收益，并助推区域创新中心的繁荣与发展，这一进一出，将对整个社会的发展格局产生重大的影响。

三、科创中心如何形成

那么，如何才能形成分层的区域创新中心呢？根据五要素结构模型，各地区应该根据自己的优势条件促成创新中心的实现。五要素中最重要的基础支撑条件是制度要素，制度既作为基础支撑条件，又作为其他要素实现耦合机制的协调者，所以，一个地区能否出现创新中心与制度环境密切相关。我们前期的研究得出一个结论：计划经济思维浓厚的区域很难出现创新中心，反之，市场经济活跃的区域，更容易吸引到资金、人才，以及形成公平的契约意识，从而有助于创新中心的形成。当下国内经济比较活跃的区域（如北京、上海、广州、深圳），大多是偏好市场经济的区域，相反，那些计划经济思维根深蒂固的区域也多是经济落后区域，很难形成创新中心。

观念落后是要付出惨痛发展代价的。我们前期的研究已经证明：落后区域的创新成本比发达地区的创新成本要高。这主要是由于落后地区的制度成本严重偏高，以及各种基础支撑条件不足，尤其是人才的匮乏，导致人力资源昂贵，严重阻碍创新的实现。因而，形成区域创新中心意义重大，就可见价值而言有二：其一，降低创新成本，为社会发展留出更多的利润空间；其二，有利于形成人才集聚效应，从而为当地发展储备最具活力的知识资本资源。这两点已经是整个社会的共识，这就要求地方管理者要有极大的政治勇气与智慧，为区域创新中心的形成大力改革，否则，在知识经济时代，落后的代价就是被整个社会彻底边缘化，而且很难翻盘。如果陷入退化陷阱，所有的资源都将采取用脚投票的方式从当地撤出，流向成本低、利润空间大的区域，这种局面一旦形成，当地就会处于“马太效应”的劣势累积轨道，从而陷入不可救药的退化境地。这种趋势绝非危言耸听，而是正在临近的现实。

基于上述分析，整个中国仅有一个科创中心是不够的，必须建立一个立体的、分层的、多节点的区域创新中心，只有这样，顶层的科创中心才会有坚实的基础，而次一级的创新中心才会形成吸收与扩散能力，并以后发优势去倒逼顶层科创中心必须加大发展的步伐。这是一种良性的创新生态，否则，由于缺少竞争与支撑，顶层的科创中心将是无法维系长久的。

缩小知识梯度靠人才流动*

2015 年 3 月下发的《关于深化体制机制改革　加快实施创新驱动发展战略的若干意见》(简称《意见》) 涉及科技体制与机制改革的方方面面，改革深度与广度均属空前，不仅标志着中国科技体制改革已经从理论层面走向实践层面，其丰富内涵亦对今后改革突破点的选择具有路标作用。

其中，关于鼓励科研人才流动的表述尤为引入关注。《意见》指出：“建立健全科研人才双向流动机制”，进一步细化为“科研人员可以带着项目成果到企业或自创企业；或高校研究所可以吸纳企业科技人员兼职等”两类。简单的两句话，揭示了未来人才政策变革的巨大空间与变革路径。

在传统模式下，户口与人事关系是人才流动的两大制度性绊脚石，而跨界（跨学科、跨部门）流动不仅面临制度制约，还面临来自管理者关于学术定位的认知误区的羁绊。只有对人才跨界流动的理论基础与实质有了真正了解，并被公众认同以及成为群体共识，此次人才制度改革的巨大意义和效能才能凸显出来。

人才通常的流动方向是从知识水平梯度高的地方流向知识水平梯度低的地方。这个由知识梯度差带来的收益就是人才流动的经济学基础与实质。

从宏观上看，人才流动的结果带来了两种变化：其一，知识的扩散，其最终结果就是“世界是平的”，各处知识水平趋于均衡化；其二，随着人才跨界流动，各种不匹配的闲置智力资源得以合理配置，起到盘活闲置智力资源并使之效率最优化的效果。

从微观层面上看，人才流动给局部地域带来了竞争的氛围，“鲶鱼效应”得以发挥作用；对于个人而言，流动激活了个人在原单位不具优势或者不被认同的能力的释放，从而有助于个人价值的实现。

---

* 本文发表于 2015 年 4 月 20 日《中国科学报》A1 版。

这项人才政策反映了政策制定者对于人才内涵理解的加深。美国心理学家斯坦伯格认为，人的智力由分析、创造和实践三种能力构成，由于自身特点，每个人或许只具有其中某一方面的强项，而其他两项比较弱。在一个综合评价体系下，这个人的能力就被总分掩盖了，从而造成个人部分智力资本被闲置。而对整个社会来讲，这类人的智力资源相当于被浪费了。以往的人才政策大多是基于对人才的综合评价指标来分类，这种综合指标无法区分人才的能力优势区域，只能笼统地分类，基于这种综合指标制定的人才政策就是粗线条的人才政策。由于信息不对称以及鉴别成本的限制，造成整个社会人才智力资源的巨大浪费。

英国著名人力资源专家肯·罗宾逊认为：消除或削弱部门界限并不是最终目的，社会管理的目的是为了激发思想交流与鼓励实验的氛围。只有如此，一种有利于创新的混合经验才能出现。创新过程既源于知识与专业技能，也源于推断力与想象力。当已有知识以全新的方式相互结合，来满足新环境的需求时，新观念就会出现。科技体制改革正是需要从机制上保证这种现有库存知识与经验的新组合，由此才能真正推进创新驱动的经济社会发展愿景。

只要存在知识梯度差就应该允许人才自由流动（少数事关国计民生的涉密人才除外）。只有如此，才能带来知识的扩散与全面创新的实现。

反观有些地方，在人才流动上层层设限，观念仍停留在计划经济时代的管卡压模式，严禁人才流动，希望用这种方式绑定人才。这种模式多年来已经造成整个社会宝贵智力资源的巨大浪费。正确的选择应该是了解本地或本单位的知识梯度定位，有针对性地吸引适合的所需人才。同时，在人才政策运行中，目前还存在一种政治正确的炫耀性消费现象，即管理者从追求政绩出发，不考虑当地实际情况，不计成本地盲目引进“高大上”型人才，完全摧毁了市场对于人才的调控机制。问题是，这些人才与当地的知识储备与库存并不匹配，造成引进者与被引进者的双向损失与浪费。坊间所谓的“人傻、钱多、速来”的游戏需要改改了。

至此可以作一个推论，大到整个世界，小到局部地区，都存在人才梯度，如果允许人才的跨界、跨领域流动，很多地方将从多个渠道吸收到适合自己的人才，而且这些人才更符合本地区的知识水平。这种流动带来的知识进步是渐进的、全局性的，也更符合市场规律，更有利于使本地各种层次上的创新驱动发展链条得以完善。

这里可能会隐含另一种担忧，即我们自己的人才是否也会随之流失？完全有这个可能，但是总体来讲，我们流入的人才要多于流出的人才。即便那些最优秀人才流失了，对于整个社会来讲也是有益的。对人类而言，这何尝不是一种进步！

各地为了应对这种潜在的流失危机，需要做的就是打破各种封堵的藩篱，为人才流入营造好的软环境。毕竟，诗意的栖居与实现自我超越是所有人与生俱来的偏好。

科技体制改革弹性有多大*

时至今日，科技体制改革面临的最大理论问题就是变革的弹性，即集中与自由是以二元形式存在，还是集中为主，自由为辅？或者反之，自由为主，集中为辅。其实，这个问题也是国际科学界长期以来没有根本解决的问题。个人和组织常常会陷入某种既有的观念框架中，以至于无法想象出其他的选择模式，这就是典型的“认知路径依赖现象”。人是自己所拥有的观念的奴隶，作任何决策时我们都不应该忽略认知模式所施加的影响。

回首即将过去的一年，新一轮科技体制改革的大幕已经徐徐拉开，一些关键信号已经释放出来。例如，在今年由科技部、财政部共同起草的《关于深化中央财政科技计划（专项、基金等）管理改革的方案》中，最引人关注的就是方案提出的“科技计划体系主要包括国家自然科学基金、国家科技重大专项、国家重点研发计划、技术创新引导专项（基金）、基地和人才专项 5 个方面”。这 5 个方面的科技计划都要纳入公开统一的国家科技管理平台，中央财政加大支持力度。这则信息内涵丰富：一方面，其界定了未来研究类型的划分；另一方面，明确提出了资源的重新集中化。这实在是近年来科技体制改革少见的大动作。

资源的集中管理解决了前期宏观管理上的“九龙治水”局面，在微观实践层面则解决了个体重复申报等问题。但现在的问题是，未来政府将不再直接管理科研项目，那么资源集中后将由谁来管理？按照 2013 年的科技统计公报数据，这笔中央财政拨款达 2728 亿元之巨，即便 5 个平台均分也各有约 540 多亿元。这无疑是一个庞大的资源平台。就目前口碑最好的国家自然科学基金委来说，它的资源总量也就 200 亿元左右。很难想象 500 多亿元的平台要拥有怎样的气概？如果仍用原班人马、原有管理模式，那

---

* 本文发表于 2014 年 12 月 29 日《中国科学报》A1 版。

些曾经的973、863换个名义重新出现在新的机构里，那么这些平台的权力实在太大了，完全有可能演变为霍布斯意义上的新的“利维坦”。如果这种可能性不能得到有效防止的话，那么只能说此次改革未来将充满不确定性。而且，如果试验失败的话，其后果将是灾难性的。举国科研被SCI牵引的局面就是一个典型例子，终结一项有问题的政策的成本将是巨大的。

其实，资源配置方式从分散到集中，只解决了表面问题，而未触及科技体制改革的实质，即“状态-结构-绩效”的根本性改变。集中是我们所熟悉的管理模式，并且凸显了权力的自信，而分权恰恰是我们所不熟悉的。对于以往的“集中型分散”模式带来的问题，国家作为委托人的极度不满是可以被体会到的：投入与期望的产出严重不对称，同时各种不端行为发生，这种状况必须得到改变。历史的吊诡之处在于，当改变成为所有人的共识时，恰恰意味着谁都不知道该怎么改。但是“变”又成为双方可化解尴尬局面的唯一出路。改革的潜在陷阱在于，我们所解决的问题远远不及我们所带来的新问题多。那么，如何预防这些潜在的风险？这就是我们所关注的改革的弹性问题，即收与放的问题。

在决定放与收的边界时，要考虑到科技事业的固有特点：科学与自由探索有关，而技术与目标导向与关。前者的产出具有公共物品的属性，适合国家支持，而后者的产出具有商业价值，因此与市场机制匹配。如果完全被市场模式主导，就会出现遏制科学发展的情形。另外，两者的研究属性也不同，前者崇尚自由，后者则是集中约束下的目标定向行为。这些特点决定了科技体制改革的弹性问题，而改革弹性约束了改革的潜在边界。基于此，科技体制改革就是要解决好实践层面的资源分配与激励机制。只有如此，才能带来国人期盼的“状态-结构-绩效”的根本性改变，否则片面追求绩效与状态只能是缘木求鱼。

在具体措施方面，我们不妨把资源的竞争性分配与保障性分配区分出来。以往的项目申报都属于竞争性的分配模式，这方面已有很多研究，不再多谈。这里只谈保障性供给模式的建设。科技界不能搞平均主义，保障性供给如何避免吃大锅饭并实现激励机制？笔者曾建议，中国科技界应向国际体育界学习，对各领域的科研人员实行排名制，而排名是定期动态调整的。该项工作可由行业协会与第三方独立机构完成。只有进入排名的才可以申请保障性供给，这样就解决了吃大锅饭与激励机制的问题。

客观地说，如果完全采用竞争模式，其危害主要有两点：其一，带来整个科技界的急功近利与浮躁气息；其二，落后的管理体制无法有效分配资源，只能靠简单地增加资助额度来化解新增资源带来的日益增大的评审成本，从而导致资源的边际效用递减。实行各学科人才排名制，其优点有二：其一，管理部门能时刻掌握人才家底的库存，便于关键时刻解决国家之需；其二，排名制提供的激励机制，最大限度地集聚了当下的智力资源，并能永续地成为国家储备人才的蓄水池。

中国科技已到了从量的扩张到质的提升阶段，如何提升质恰恰是当下破题的关键所在。众所周知，知识产品的生产是有周期的，让科技工作者安静下来，有时间打磨自己的知识产品，就需要从制度层面入手，塑造群体的质量偏好。美国政治学家盖伊•彼得斯曾说：市场模式的胜利只是意味着市场取向的解决方法已经取得了合法性。问题在于大科学时代，科技内在结构是非常复杂的，任何单一模式都不是包治百病的万能胶囊，我们必须在集中（举国体制）与分散（市场体制）之间寻找一种建设性的均衡。

“穷科学”奔“小康”*

“研发投入还要大方一点!”澎湃新闻最近发表社论，从宏观层面对国内外的研发投入情况作了一次扫描，并委婉地提出上述观点。加大研发投入，对于中国的未来至关重要。笔者也赞同这一观点。仅就经费投入而言，要获得整个社会的认同与持续支持，当下亟待厘清中国科研经费配置结构中存在的主要问题。否则，加大投入的诉求只能沦为一个空洞口号。这意味着，科技界要想真正实现结构转型，仍有许多工作要做。

中国科研经费的配置结构存在三个根深蒂固的问题。一是科研经费投入总量不足。按照投入最多的 2012 年计算，科研经费投入仅占当年 GDP 的 1.98%，与世界主要发达国家平均 2.5%的比例尚有一段距离。

二是经费投入的配置结构不合理。首先是投入领域的结构安排不合理，导致科技与当下社会的需求、发展相脱节，从而制约了科技对于社会的巨大引领作用。同时，资源配置方式不合理，带来资源严重浪费与低效，当前重大项目过多、过滥是这一问题的集中体现。

除了上述宏观、中观两个层面，在微观层面，由于我国人均科研投入仍处于边际产出递增阶段，加大投入就会促成知识扩散的“肯辛斜坡”现象。目前，在创新扩散的初始阶段，中国社会的中低阶层比中上阶层具有更强的创新精神。

要破解这三个症结问题，就需要重新明确国家对科研投入的真正意义。

首先，科研成果的产出是有成本的，它需要巨大的人力、物力投入。由于知识具有公共物品的属性，它的产出必须由政府提供而非个人热情维系。经费投入相当于国家为未来的成果预付订金，一旦知识产品生产出来，就具有巨大的知识溢出效应，从而带来整个社会福祉的增加。很难想象，没有高

---

* 本文发表于 2014 年 9 月 29 日《中国科学报》A1 版。

度发达的科学，中国将怎样处理所面临的诸多挑战。因此，加大科技投入不仅要成为我们毫不动摇的决心，还必须以立法的形式确定下来，防止被个人或团体的偏好影响。

其次，对于资源的配置结构，未来应该坚持“重大项目瘦身、中小项目扩容、增加科研保障性供给”的方向。这种结构安排是对“短板理论”的修正，少量重大项目维持水桶长板的继续发展，而保障性供给与中小项目的扩容是加快提升水桶短板的必由之路。由此，才会出现“田忌赛马”的最优博弈结果。

最后，按人均支出 R&D 测算，世界主要发达国家几乎保持在 600 美元/人的水平。以 2011 年的数据为例，美国人均 R&D 支出为 1276 美元/人，中国为 218 美元/人，韩国为 1111 美元/人，日本为 1260 美元/人。这些数据揭示了为何有些国家的创新表现较好。中国人均 R&D 支出严重偏低，说明中国的科技共同体正处于边际产出率递增阶段，此时极易形成创新的“肯辛斜坡”现象。如果以稳定的经费支持作为支撑，其未来产出的大幅增长将不可限量。

需要提及的是，目前我国的 R&D 投入水分仍然太大。以《2012 年全国科技经费统计公报》披露的数据为例，当年全国各类企业经费支出为 7842 亿元，占全年 R&D 的 76%，已超出美国等工业发达国家的水平。反观中国企业的现状（按规模行业的分布来看），这个数据值得怀疑。可以解释这种现象的一个现实因素是，按照现有政策，企业研发投入可以税前计提。换言之，多报 R&D 投入可以达到避税的目的。由此观之，中国实际的 R&D 投入应比公布的数据小得多。因此，加大投入已成为中国科技持续发展的一个瓶颈性问题。

科研投入，不仅仅是投入规模与资源分配结构的问题，还涉及科研环境与科研品相。笔者曾打过一个比喻：中国的科学正在经历从“穷科学”到“小康科学”的转变。20 世纪 90 年代中期，我国 R&D 投入仅占 GDP 的 0.5% 左右；二十年后的今天，这一数值已接近 2%。这是非常大的进步，使中国科学完成了从“穷科学”向“小康科学”的华丽转身，全社会也分享了科技进步带来的福祉。但科技投入不仅影响了科技产出的量，也在塑造中国科研大环境的质。一个科技资源丰裕的地方，自然会像吸铁石一般吸引更多的人才和资源，从而形成科技集聚效应，由此自然会演化出一种恪守职业伦理的学术氛围。这种有尊严的科研环境会成为一种新的无形资源，助推科技发展。人们经常诟病中国的科研质量不高，其实这是经济学规律在起作用：一分价钱一分货，投入与产出的边际收益必须大于零，否则科技活动是无法持续的。毕竟，科技活动是一种知识产品的生产过程，它同样遵循这个规律。

由此，加大投入，科技规模将在原有基础上继续扩大，这必将带来中国科研结构的转型与科研品相的全面提升。科研品相则是充分竞争和营造良好环境的必然回报。由此，中国科技界才能实现“状态-结构-绩效”的全面提升。“仓廪实而知礼节”，在科技界同样如此。

文化需要的是开放与公平而不是特设性保护*

汪品先院士在《汉语被挤出科学，还是科学融入汉语》一文中，提出了一个非常有价值的问题，即如何看待文化的生存环境问题。汪先生的很多提法和观点也是当下社会，或者说是整个华语乃至世界都很关心的问题，其中有些观点笔者也是深有同感，如文章题目中展示的汉语在当下科学与教育事业中所遭遇的尴尬处境等，的确已经到了很严重的地步，但汪先生文章更多的是强调造成汉语危机的果，属于文化子系统层面的表现，笔者希望借着这个契机谈点造成这种现象的宏观原因，以此深化关于当下汉语文化困境的讨论，即如何客观地评判文化的宏观发展环境问题。

当下国内学界的一个主要关注点是汉语在某些领域的式微，是否会导致一场毁灭性的“去中国化”现象的出现，以及由此引发的很多猜测与担忧，如话语权之争或者文化霸权等很多吓人的话题。如何厘清与看待这些问题，就是当下急于梳理的问题，否则会引发很多棘手的深层精致的伪问题。鉴于此，笔者想谈点关于文化的生存环境与进化问题。

在世界文化的大系统中，中国文化是一个子系统，那么子系统的生存与发展的条件问题就是本文关注的基础，把这个问题弄清楚，那些漂浮于社会思想表层的认知混乱现象也就迎刃而解了。

在笔者看来，一个文化子系统的生存与发展至少需要如下三个基础性条件：其一，文化的受众规模。换言之，如果一个文化的受众规模很小，那么它在整个文化体系中的地位就会处于比较边缘的地位（以色列现象可以看作是其文化产出率比较高的特例）。其二，文化的生产力问题。如果一个文化子系统不能持续地产出优质的思想成果，那么这种文化的影响力就会逐渐衰落下去，从而影响它的扩散与传播，更有可能危及它的传承与发

* 本文发表于2015年3月5日《文汇报》A10版。

展。试想如果我们的文化没有在历史上产生四大发明及其他众多优秀思想成果，我们还会被认为是世界文明古国吗？其三，文化系统的存在模式，它事关文化子系统的发展与未来的命运。

文化系统有三种存在形式：孤立系统、封闭系统与开放系统。按照耗散结构理论的说法，如果一个文化子系统是孤立系统，它与外界没有任何交换，那么这个系统的最终命运就是灭亡，在全球化时代，已经不太可能存在完全孤立的文化系统；如果是封闭系统，即该文化只从外界吸收物质与能量，而不吸收信息，那么这个文化子系统就是一个退化系统，它的最终命运就是被淘汰；相反，如果一个文化子系统是开放系统，它不仅从外界获得物质、能量和信息，那么在自组织机制作用下它就会发展出一个进化系统。

结合上述三项基础条件，可以初步对中国文化的现状给出一个简洁的诊断：中国文化受众规模巨大、文化生产力一般，系统的存在状态是半开放系统，由此观之，中国文化的体检表总体来说应该是处于“亚健康”状态，远没有到“去中国化”的阶段，因此，当下对于中国文化未来的担心大可不必。

但是，我们要清晰地认识到随着时代的发展，文化存在的三项基础条件的权重在发生变化，过去那种单纯依靠受众规模大来维系文化的生存与发展的模式，是文化发展低级阶段的策略。在文化发展到高级阶段（后工业化社会）后，体量规模因素在文化发展中的重要性在显著降低，相反，文化生产力表现在文化的发展与影响力指标中的权重在逐渐加大，这是竞争时代的重要特征。为了维系文化系统的持续生产力，系统的开放性的作用已成为文化进步的必要条件，由此，新的文化发展条件权重的过渡期排序是：生产力、体量规模与文化系统的存在状态。结合这个模式，不难发现解决当下中国文化式微的出路：提升文化的生产力与保持文化系统的开放性。

提升文化生产力与保持文化系统的开放性之间又是一个明显的因果关系，换言之，如果没有文化系统的开放性，文化生产力的提升是没有保证的。开放性之所以重要，是因为开放提供的信息在各子文化系统之间自由流通以及各子系统之间形成有效竞争，竞争是文化进步最重要的驱动力。而封闭不但无法形成有效竞争，反而造成信息单向输入的亏损，这样岂能提升文化生产力。这里又涉及一个老话题，即是否存在文化战争问题。

其实，根据已有的研究，当两个文化子系统相遇的时候会发生三种情况：冲突、濡化与同化。如果一个文化子系统的硬核是封闭的，那么两种文化相遇时会发生冲突，当今世界上的那些极端原教旨主义文化在遭遇其他文化时，经常会发生这种情况；对于中国文化来讲，其文化硬核具有包容性与弹性，因而不存在这种情况。再加上中国文化体量之大，是任何其他文化无法完全同化的，这方面中国历史上存在诸多案例，仅就还不算久远的清朝来说，满族文化最后被汉族文化完全同化，而不是发生冲突。所谓文化的濡化现象是指两种文化相遇时相互吸收，从而达到你中有我，我中有你，而这种情况就是中国文化在遭遇其他文化时最有可能出现的情况。汉语中逐渐增多的外来词现象，以及汉语词逐渐走向世界的过程，已然说明这种濡化现象。文化是有结构的，其最核心之处的价值规范层次很难被完全替换，更有可能在交流中被丰富与完善，从这个意义上说，有关“去中国化”的担忧基本上可以判定是一个精致的伪问题。这不是一个主观自信问题，而是一个客观事实问题。

毋庸讳言，当下的中国文化发展的确面临一些新的困境，这个困境总的来说就是文化生产力长期处于产出贫乏状态，如何提升文化生产力应该是当下最应该关注的核心所在。从宏观层面来讲，任何文化都兼具三种功能：对群体提供认同感，给社会提供秩序安排，为人类创造丰富的精神产品，满足群体的需要。基于这种考虑，中国文化提升自己的产出率和影响力的首要问题是：保持开放系统，让文化在竞争中快速进步，而不是一遇到异质文化的挑战，就以危机方式处理，并就此提出特设性保护措施。换言之，如果一种文化不能在竞争中完善和丰富自己的激励功能，只能靠特设性保护来维系生存，那么这种文化也不值得被保护，甚至保护都是无法维系其长久存在的。文化是自然进化的结果，中华文化能历经千年而不消亡，足以证明其自身拥有强大的吸纳学习能力，因此，只要保持系统与群体心态的开放性，自然会在竞争中强大起来。中国历史上的“胡服骑射”之所以能流行起来，以及近代以来有关正义、自由、平等、契约等理念的输入，恰恰证明开放与学习能力是文化生命力的体现，这种变革不但没有削弱原有文化，反而丰富了文化体系及其生产能力。抛弃那些“三寸金莲”等扼杀人性的封建理念，并没有削弱中国文化，反而使中国文化呈现出勃勃生机。反观历史，中国文化的大衰落、大退化时期大多与闭关锁国等狭隘的特设性保护政策有关。

开放性只解决了文化进化的动力机制问题，能够让进化真正得以实现的制度保证就是公平机制。汪先生文章中提到的印度现象是一个很好的视角。印度的高端科技都是用英语表达的，但印度在国际上的影响力并不是特别大，那么中国会不会在文化上成为第二个印度呢？这个问题提得好，要解决这个问题只需要制度设置体现公平原则即可。

中国科技界目前的评价体系在制度设置上就缺失公平，甚至是存在明显歧视性的政策安排，从而导致用中国纳税人提供的科技投入所得到的最好成果最先获得思想启迪的却是外国人，相当于在变相地丰富另一个文化子系统的影响力。原本这些思想产品是最应该先让中国人获益并实现群体思想激励的，然而，现实却是我们需要把这些最新的知识产品再通过转手贸易输入进来，从而带来双重损失的局面。

汪先生所担心的“汉语挤出科学，还是科学融入汉语”只要对汉语和英语成果公平对待即可，相信印度现象就可以避免。这种厚此薄彼的扭曲制度安排之所以能够畅通无阻，除了反映出我们对自身的评价体系不相信之外，它还满足了一种政治虚荣的需要：我们急于想让世界承认我们。影响力是文化产出的绩效问题，当你的文化总是能够给世界提供最多的新思想与最高端的科技产品，并极大地提高了整个社会的发展水平与群体福祉时，你的文化影响力自然会提升。如果缺少这些优质的文化产出，以及拿得出手的高端产品，片面依赖于宣传，虚弱的本质很快就会被发现，这也是我们近年来实行大外宣效果不理想的深层原因。想想神州大地上那一列列飞驰而过的高铁，比什么宣传都更能展现文化的影响力。

最后，再来说说文化的话语权与文化霸权问题。文化的话语权是以文化的优质产出为基础的，而不是简单争来的，没有大量的优质文化产品与高端科技产品作支撑而幻想话语权，那无异于缘木求鱼。

联想近年来美剧，以及以韩剧为代表的“韩流”的盛行，无一不是以它们的产品的比较优势实现的，反观我们生产的诸多浪费钱财的“抗日神剧”，基于此怎么会有话语权呢？其实，回顾30多年波澜壮阔的改革，我们的进步已经让世界开始关注我们，我们的努力使亚洲避免了非洲化，已经为亚洲争来了一份荣誉，但我们原本应该做得更好，这其中留下的众多经验和教训也为我们提供了大量素材，如果不是诸多潜在的无形限制，相信我们可以做出更多、更好的产品，而非沦落为土豪盛行的文化沙漠之地，思想的贫困比精神的贫困更难于处理。只要看看30年来港、台、大陆三地歌手的表现，不难发现，我们缺的不是有天赋的歌手，而是缺好的作品。为什么好的作品少呢？这才是问题的关键。文化霸权主义是一种很糟糕的文化异化现象，也是文化沙文主义的体现，其实，那种自负恰恰扼杀与违背了文化的自由竞争精神，有些类似于文化垄断，这不可取。总之，产出是硬道理。

回到科技界，科学史的研究已经证明，世界近代史上的五次科学中心的转移，每一次背后都有文化变革先行的影子，如文艺复兴、宗教改革、启蒙运动等，由此带来整个社会思想观念的变革与社会的巨大进步，这体现在思想产品的繁荣与成果产出的快速增加方面。中国的文化变革应该本着开放、公平与自由的精神，在文化领域设置最低思想基准线，主动去除各种制约思想自由发展的障碍与藩篱，相信拥有庞大受众的中国文化会释放出长期被压抑的创造力，并焕发出勃勃生机。我们有过诸子百家，有过新文化运动，那时的繁荣都与文化的开放、公平、自由有关。

贫血的创新需补文化之气*

每年 10 月，都是中国科技界很纠结的时刻：当年是否有中国人获诺贝尔奖？毕竟，诺贝尔奖是当今世界上公信力最高的科技奖项，它间接地证明了一个国家的科技创新成就。遗憾的是，中国人在科学领域里经历了年年希望、年年失望的尴尬局面。如果追踪溯源的话，诺贝尔奖注重的是科技活动末端的原创性的科技成果，就因果分析而言，这相当于果，那么对于一个国家的科技发展体制来说，寻找它的运行失灵过程则是因。基于这个思路，我们想知道中国创新到底在哪个环节出了问题，由此才有可能找出有针对性的解决办法。

一、“贫血的创新”原因何在

笔者在几年前曾撰文，提出一个具有普遍性的关于创新的社会基础条件的模型，这个支撑条件模型由五个要素组成，分别是制度支撑基础条件、经济支撑基础条件、人力资源支撑基础条件、文化支撑基础条件与舆论支撑基础条件。前三项基础支撑条件是创新的硬性基础条件，而文化与舆论基础条件则是软性支撑条件。硬性基础支撑条件对短期创新行为具有高度敏感性，而软性基础支撑条件则对长期与原始创新具有敏感性。

反观中国近二十年的创新之路，不难发现，我们所营造的创新环境仍然停留在硬性基础条件的改善上，这是初级创新的基本标配，一旦创新模式升级——从模仿式创新向原创性创新转变，这种硬性支撑条件就无法发挥其所预期的效果了。仔细检视这些年的创新历程，不难发现：国家把创新列为基本国策，这意味着从制度上提供了充分的基础支撑条件保障；再有逐年加大的科技投入，尽管有限，但这相当于从经济上为创新提供了必

* 本文发表于 2014 年 11 月 14 日《文汇报》A7 版。

要的经济支撑条件；以及从上到下的各类人才政策的出台，相当于为创新营造了一个层次多元化的人力资源支撑条件。然而，这些硬性基础支撑条件逐一试验过后，我们发现创新效果与预期并不相符，那些渴望已久的重大原始创新仍未出现。就目前的科技管理体制来说，能够用于支撑创新的各种手段都用了，然而运行结果并不令人满意，重大原始创新仍未出现，而且还出现了更难于治理的功利主义问题及科技界整体创新乏力的困境，我们称之为“贫血的创新”。那么，造成这种局面的原因何在？

如果把创新过程看作一个复杂的有机系统，那么，可以把造成中国式创新贫血现象的原因归结于缺少软性基础条件支撑，这就是本文所要表达的为创新活动补上文化之气。

二、需建立新的支撑创新的文化

在缺少一种文化基础支撑条件的背景下，期待源源不断地涌现出重大原始创新成果，那几乎就是一种缘木求鱼式的幻想。为什么文化基础支撑条件在创新中具有如此重大的作用？这个问题一直没有得到清晰的阐述，导致人们总是认为文化的问题太虚，在科研活动中起不了多大作用，这种观点目前已经成为一种具有普遍性的短视的共识。

我们认为文化在创新中的作用，是以构筑创新者的内在概念框架为己任，换言之，文化在创新者的概念框架中以三维的形式体现，即真理之维（解决人与自然的关系）、伦理之维（解决人与社会的关系）、审美之维（解决人与自我的关系），如果三维的发展不匹配，那么行动者的创新能力将受到制约。

中国传统文化包括当代文化，从骨子里讲是一种实用主义文化再加上一些当代盛行的物质主义文化的拼盘而已，它侧重于真理之维，捎带伦理之维，由此，我们逐渐养成一种习惯：只相信可见的有形收益，而不屑于无形的远见与召唤。如果再通俗点说，看看构成我们文化的哲学基础，其贫乏已到无以复加的程度，在这样的背景下如何能有创新精神呢？笔者以前曾撰文探讨：世界观落后了会怎样？其实，我们都是通过我们头脑中所拥有的概念框架去认识世界的，如果我们头脑中的理论框架是一种退化的纲领，那么，我们看到的世界就是退化的模样。这也就是哲学家汉森所谓的“观察渗透理论”的深意所在。

同样，哲学家波普尔和库恩也曾指出：拥有不同的理论你看到的世界是完全不同的，这一点在看之前就已经存在了。西方学者常用开普勒和第谷一同在山顶看夕阳的例子来说明拥有不同概念框架看到的世界是完全不同的情形：对于开普勒来讲，他相信哥白尼的日心说，夕阳美景对于他来说，只是地球自转的结果；而对于相信托勒密地心说的第谷来说，夕阳美景则是太阳绕地球转的结果，这是上帝创世的荣耀。由此不难明白，拥有一个进步的文化纲领对于创新来说是具有根本性意义的，这也就是笔者这几年来一直在说的话题：哲学之眼与科学之根的用意所在。翻翻科学史的众多案例，不难发现那些取得伟大成就的科学家大多具有比较先进的自然哲学，鲜见例外。

现在回到一个热点话题，如何看待中国传统文化与创新的关系。在国学热日益泛滥的今天，如何看待国学不仅仅是一个学理问题，更是一种影响深远的战略选择问题。儒家文化充其量提供了一种解决人与社会关系的伦理之维，它内在缺少自由要素与公平要素，而这两点恰恰是维系创新的根本所在。从实践后果来看，在儒家文化主导下的两千多年的时间里，我们仅仅出现了四大发明（相当于原始创新），平均500年一项重大发明，可见其效率与创造力的贫乏。因此，儒家文化作为农耕时代的产物在工业化时代就是一种退化的纲领，它不能为创新提供有力的支撑条件。对于当下的中国来讲，我们面临的任务就是建设新的支撑创新的文化，而文化的形成是缓慢的自生自发秩序的结果，好在世代的更迭与观念更新都很快，只要时刻保持开放与包容的心态，一种新的支持创新的文化的形成还是可能的，这也就是本文所期待的文化补气之路，尽管开始很难，但会越走越好走，反之，有些路刚开始看起来好走，但会越走越难。此刻，任重道远绝非戏言。

科学文化能否支撑起创新的思想屋顶*

每个时代都有自己的关切热点，而我们这个时代的关切热点就是创新。这是中国五千年的历史中从未有过的现象。上至国家政策，下到街谈巷议，“创新”一词已成为全社会具有最大认同交集的概念。然而，吊诡的是：一方面举国上下都在谈创新驱动发展战略；而另一方面，整个社会的创新表现实在是乏善可陈。在这种知行分裂中，到底哪个环节出现了问题？尤其是在整体经济运行下滑的趋势已经无可逆转的今天，出路选择的共识又都聚焦在创新上。如果按照通常的理解——“知”指导“行”，那么我们有理由认为在这个因果链条上，问题出在“知”的环节上。至此，探究创新的文化支撑就成为破解当下困境的一种必要的思想梳理。因此，本文力图解决两个问题：其一，创新稀缺与管窥心态对认识的影响；其二，科学文化能否激活创新精神。

一、创新稀缺与管窥心态的形成及影响

我们日常生活中理解的创新大多是狭义的创新，一般情况下多指某项技术发明、创造及科学发现等，如果把创新仅仅局限在这个范围内，客观地说，科技界的表现与公众的期望相差甚远。但这种认知落差需要客观地分析：首先，当下中国的创新能力与水平是几千年历史上表现最好的时期，虽然我国科技的发展时刻没有停止追赶的脚步，但是由于科学在中国的起步较晚（中国人全面接触西方科学知识是在第二次鸦片战争以后），历史欠债太多，时至今日我们也无法成为科技的领导者，仍然只能处于跟随者的地位；其次，公众的期望值提升的速度远远超过科技进步的速度，这个速度差被不加分析地固化；最后，在信息化时代，通过互联网可以便捷地在

* 本文发表于《长沙理工大学学报（社会科学版）》2016 年第 1 期。

国家之间进行比较，尤其是与发达国家的比较，这种落差对于公众造成的印象非常直观。这些因素整合起来，使社会与公众对科技发展做出不公正的判断。遗憾的是，这种不公正的评判往往会在双方之间造成理解的障碍及认同的危机。更为严重的是，这种认知定势一旦固化下来，我们就会出现一种特定的心态——稀缺心态，即由原始重大创新持续稀少引发的不满心态，这就是创新稀缺状态。而这种心态一旦形成，就不可避免地影响人们在做决策时下意识地呈现出管窥心智模式。这种认知模式的特点在于，它挤占人们的认知带宽，从而无暇顾及其他，因此后果十分严重。正如美国经济学家塞德希尔·穆莱纳森所指出的那样："稀缺会俘获我们的注意力，并带来一点点好处：我们能够在应对迫切需要时，做得更好。但从长远的角度来看，我们的损失更大：我们会忽视其他需要关注的事项，在生活的其他方面变得不再那么有效。"①

因此，为了避免这种认知上的稀缺进一步加剧认知评判的退化状态，我们应该跳出既有的思维模式，以一种开放的心态去重新审视创新问题，这也是一条解决全社会的认知带宽问题的路径。其实，整个社会的认知从一开始就缩减了创新的外延，这才导致了我们对创新的理解出现了严重偏差。不妨回过头来看看创新提出者熊彼特关于创新的最初界定，熊彼特认为创新包括五个方面的内涵，即产品创新、技术创新、市场创新、管理创新与组织创新。而当下中国社会所理解的创新范围大多停留在产品创新与技术创新层面，而恰恰是这两者与科技本身息息相关，其他三种形式的创新却与科技没有直接关联。自然，人们把批评的目光锁定在科技上，这样就不加区分地把创新乏力的责任完全归咎于科技。经济合作与发展组织（OECD）推出的《奥斯陆手册》中明确地提出创新的新分类，即技术性创新与非技术性创新。而非技术性创新包括市场创新、金融创新与管理创新等，是当代最主要的创新形式。退一步讲，即便按照熊彼特最初的创新构成标准来看，我们对创新的理解从最开始处就存在偏颇。基于此，客观地

① 塞德希尔·穆莱纳森，埃尔德·沙菲尔. 稀缺——我们是如何陷入贫穷与忙碌的［M］. 魏薇，龙志勇译. 杭州：浙江人民出版社，2015：17.

说，科技对于整体创新乏力只应承担部分责任。因此，即便科技表现欠佳也不应该对创新乏力负全责，充其量负有重要责任。因而，找出另外的隐而不显的责任者恰恰是当下全面激活创新的必要准备工作。

在找出匿名责任者的旅途中，首先要搞清楚是什么原因造成了人们对科技的稀缺心态。其实，整部近代世界史都在演绎着科技变革社会的宏达叙事，可惜在这幕伟大的剧作中很少有中国人的声音与形象，而对于近代中国人遭遇科学的经历而言，这次变革伴随着深深的屈辱与伤痛走进了近代世界的舞台。洋务运动时期以“中体西用”为基本政策硬核，在此基础上沿着“师夷之长技以治夷”的社会阻力最小的改革路径前行，并辅以实用主义的理念来从事科技实践。中日甲午海战的结果，直接宣判洋务运动的改革失败，此败非船不坚炮不利，而在于维系改革的体制出了问题。此后，民国初年则奉行“德先生”与“赛先生”并举的纲领，这可以看作国人对科技发展纲领的一次根本性变革。

纵观 1860～1950 年的九十年间，我们初步接受了科技发展的二维发展环境模型，即从单纯的“科学”之维到“科学与民主”二维共举的发展结构模型，这是一次伟大的认识上的进步。新中国成立后，我们的政策又回到了一维状态：以意识形态禁区的名义，提倡单纯科学（“文化大革命”期间更是蒙昧主义盛行，不要科学）。改革开放之后，我国又开始以谨小慎微的方式重新进入 1.5 维的状态，即既要有科学，还要有适当宽松的科技发展环境（1978 年被誉为“科学的春天”）。现在的问题是这 1.5 维的环境模型对于中国的科技发展而言是足够的吗？正如美国历史学家伊曼纽尔·沃勒斯坦所指出的：“十九世纪科学的崛起，成为合理知识产品的主要形式，这体现了时代思潮的转型。事实战胜了价值。也就是说，宣称知识产品系由某人的价值观有意识地指引并且应该有意识的地受指引这一说法是很不合理的。客观知识可能具有了现代性，学者应该像政府官员那样公平公正。”① 沃勒斯坦敏锐地意识到知识在当代的一种深刻内在变化：其一，知识本身具有内在的客观性，并不受各种外在价值观的影响；其二，知识的

① 伊曼纽尔·沃勒斯坦. 知识的不确定性［M］. 王昺译. 济南：山东大学出版社，2006：76.

生产者是现代意义上的公民，他们具有独立人格与平等自由的权利。前者容易出现争议的问题是人文、社会科学知识是否也具有内在客观性。这点需要简单论证方可：人文、社会科学知识所针对的对象是人（类）与社会，对作为个体的人而言，在生理学上几乎毫无差异，对构成人格的动机（需求）也几近相同，那么基于共同人性所得出的知识，当然是客观的。这里还需进一步强调，客观的并不等同于科学的。所谓的客观，只是尽量排除各种社会、文化和历史等因素对判断的影响，这类似于哲学家罗尔斯提出的“无知之幕”的要义所在，即通过技术悬置各种影响判断的因素，基于此才能实现作为公平的正义。另外，心理学家皮亚杰也一再通过对人类认知的研究提示我们：客观性是一个社会建构的过程。由此，我们可以很有把握地说：人文、社会科学知识也是客观的。那些肆意否定此结论的言说大多包藏私心，先天地具有潜在的风险。对国人而言，此类教训多是惨痛的。试想，美国好莱坞大片之所以能穿越各种不同的文化藩篱征服世界并取得可观的经济收入，其所依据的不就是人文、社会科学知识的客观性吗？因此，包括人文、社会科学在内的广义科学都是客观的，也都是具有普适性的。

之所以强调知识的生产者必须是现代意义上的公民，是因为政治权利的平等符合知识生产的内在本性要求，否则断然没有真正的知识可以存活的空间。换言之，如果政治权利不平等，知识的客观性就无法得到保证，这也是破解权力胁迫真理联姻的有力举措。哲学家波普尔曾说：“如果科学成为一个封闭圈子中的专家所独有的财产，那么一个开放社会（这个社会建立在不仅宽容而且尊重异己之见的思想基础之上）与民主（它是致力于维护开放社会的政府形式）就不能繁荣。”[①] 对此，中国社会有过数不清的惨痛经验和教训，翻翻中国近现代史不难看到屡屡出现的知识败于权力的闹剧，个别权力的肆意妄为，导致全体国民被迫承担这些荒唐决策带来的后果与代价。从这个意义上说，如果权力没有被有效制约，那么科学就没有自由生长的机会。权力和真理哪个大就成为横亘在世人面前的无解问题。

① 马克·诺图洛. 波普［M］. 宫睿译. 北京：中华书局，2014：146.

德国哲学家布莱希特认为："真理是时间的孩子，不是权威的孩子。"不难想象，在唯权力马首是瞻的氛围下，知识将以怎样的形态存在。如果知识沦落为权力的婢女，那么知识的产出率也将是极低的。遍观世界，可以发现一个有趣现象：凡是民主机制贫乏的地方，知识的生产也将处于极低水平甚至萎靡不振；与此相反，知识产出率比较高的地方大多是民主机制比较健全的地方。由此，我们可以做出一个推论：民主机制是保证科学发展的必要条件。

对于科学的认识所经历的曲折历程彻底形塑了中国人对于科学的认知：一种被阉割的科学，再配合实用主义与功利主义的混杂文化的熏陶，公众基本上仅认可了科学的实用价值，而很少去思考科学的精神价值，由此促成了对于科学发展的过于简单化和实用化的认识。客观地说，科学在中国的一个半世纪的发展轮回中，我们在认识与理念上的进步实在不多。由此，自然而然就会引申出导致创新成果匮乏的那个匿名的责任者：制度。所以，当下急需清理的一个隐而不显的老问题就是：科学发展是需要一维环境，还是二维环境，或者更多维的环境，当下的 1.5 维的科学发展环境是否是充分的？如果我们并没有真正找到这个问题的答案，那么，中国的科学事业仍将背负更多额外的压力与负担，这些压力与负担将进一步阻碍科技的发展，国人对于科技的稀缺状态与管窥心态就无法破解。为了破除稀缺心态，我们需要解决两个问题：其一，创新的发展需要哪些因素支撑；其二，科学文化在创新中的作用机制是怎样的。

众所周知，"知识并不是在缺乏社会联系的真空中被创造、培育和传播的，而在本质上与特殊的、适当的社会资本相联系，它必须与新组织形式的出现相联系"[①]。基于这种考虑，这几年笔者一直在构建与完善支撑创新的五种要素框架模型，即任何创新的实现都需要五项基础支撑条件，它们分别是："制度基础支撑条件、经济基础支撑条件、人力基础支撑条件、文化基础支撑条件与舆论基础支撑条件。只有当这五种要素存在并且要素之

---

① 阿莫德·波尔弗，利夫·埃德文森. 国家、地区和城市的知识资本［M］. 于鸿君，石杰译. 北京：北京大学出版社，2007：2.

间发生耦合作用时，才能催生创新。”[①] 其中前三项基础支撑条件可以被称作硬性基础支撑条件，后两项基础支撑条件被称作软性基础支撑条件。要想实现创新至少要具备两项硬性基础支撑条件与一项软性基础支撑条件，这是实现创新所需的最低基本配置要求，否则创新活动是无法实现的。这个框架模型直接解释了有些地区一直在强调创新的重要性，但创新表现却乏善可陈的深层原因。这也为各级地方政府提供了快捷的创新能力测评与诊断的方法，对于本文而言，我们更关心的是第二个问题，即科学文化在创新中发生作用的内在机制问题。

二、用科学文化激活创新精神

如果说创新是一种观念在社会基础条件支撑的帮助下得以实现的过程，那么，创新的实质就在于先有观念，然后再补齐实现观念所需要的物质性的基础支撑条件，最后创新就具有了实现的可能性。随着社会与经济的发展，物质性的基础支撑条件已经基本满足创新的要求，现在面临的难题是缺少新观念与新想法。就中国而言，自 2013 年以来，用于研发的 R&D 投入已经占到 GDP 的 2%，全时当量科研人员的总量也位列世界第一。从这些基础性支撑条件来看，我们的准备已经达标，但为什么我们的创新仍然乏力呢？从这个意义上说，创新理念是最为重要的创新构成要素，也是各种创新活动的种子与源头。那么，创新理念是怎么产生出来的？这就是科学文化存在的价值所在。

按照科学哲学的经典说法，进步的研究纲领能发现新问题并会产生超量的经验内容。相反，退化的研究纲领则很少能主动地发现新问题，只能事后说明，新内容的产生率严重偏低。我们每个人都要在头脑中接受一定的研究纲领，并以此作为我们解决问题时的一种手段。这也就意味着，如果一个人头脑内的研究纲领处于退化阶段，那么接受这个研究纲领的群体的知识生产率就会处于快速下降的阶段，也许更为重要的是无法产生新观念。现在整个世界基于文化而产生的知识分布地图可以很好地证明这一

---

① 李侠. 科技政策：分配与规训的技术［M］. 上海：上海科学技术文献出版社，2014：106.

点。近代科学会在欧洲兴起并蓬勃发展至今，完全得益于自16世纪起在欧洲掀起的广泛的宗教改革运动，这是一场欧洲的新文化运动，它带来的后果就是马克斯·韦伯在《新教伦理与资本主义精神》中所揭示的欧洲资本主义的兴起，它带动了欧洲物质产出的增加与效率的提高；同时，在精神层面，美国社会学家默顿在《十七世纪英格兰的科学、技术与社会》一书中直接指出：清教伦理直接催生了近代科学的兴起，这就是著名的默顿命题（Merton's thesis）的深意所在。相反，那些没有经过文化纲领变革的国家仍然停留在人类进步的慢车道上。

前些年流行的所谓李约瑟问题，即为什么近代科学没有在中国发生，完全就是一个伪命题，因为：占据中国人头脑的文化纲领两千年来没有发生实质性与革命性的变化，又何来革命性的知识与观念的产出呢？基于这种思路，我们还要回答一个老问题：为何“五四”先辈们要坚决反对儒家文化呢？基于进步与退步研究纲领理论，我们不难明白，“五四”先辈们无非是在做一件事情，即为新思想的确立扫清障碍，从而为人们腾出宝贵的心智空间，然后再为人们输入新思想。虽然他们的做法有些偏激，但心情实在可以理解。其效果也是非常明显的，中国近代科学所取得的短暂荣耀应该归属于他们，我们今天还在热议的一群大师都是这个进步纲领的产物。也许一百年后的今天，我们再来评价这个事件，或许会更为深刻一些，即儒家文化与科学文化是完全不相容的两个纲领，按照哲学家托马斯·库恩的说法，这两个纲领系统是不可通约的。进而再推进一步：支撑儒家文化的是农业逻辑，而支撑科学文化的则是工业逻辑。基于上述分析，“五四”先辈们之所以不成功，皆源于观念的更新是一项缓慢而艰难的工作。这里最悲伤的事情是，新观念不是通过说服被人们接受的，而是因为相信旧观念的人都死去了，相信新观念的一代成长起来而得以实现的。这就是社会学上著名的“普朗克定律”。其实，也不用这么悲观，转变人们的观念无非三条路径：其一，强制性的转变，这种路径的缺点是运行成本比较大；其二，自愿转变，任何时代总有一些先知先觉者，能够发现事物背后的规律，这类人喜欢主动接受新观念，由他们的成功带来群体的模仿效应，这种路径的缺点是转变的时间较长，或者时间不确定；其三，就是占人群数量最大部分的随大流者，他们在观念的选择上采取盲从行为。所有观念变革的行为都是通过先知先觉者来影响那批随大流者，这就是所谓的“羊群效应”。现在余下的问题是：观念是如何影响人们的认知的？

美国哲学家汉森早已证明：观察渗透理论。这是20世纪50年代的一个伟大哲学发现。它意味着我们头脑内所拥有的背景知识直接决定了我们能看到什么。如果我们头脑内的理论纲领是进步的，那么这套纲领将引导我们看到更多的新问题；反之，我们将什么新问题也看不到，因为新问题在旧纲领的指涉范围之外。从这个角度上说，用科学文化来替换我们头脑中所拥有的落后的文化纲领，将带来我们对世界的全新认识。现在的认知心理学的研究成果已经证明了“文化模式”影响人们的认知水平。历史学家黄仁宇曾在《中国大历史》中提到：“六百年来基本的农具仍是一模一样。”[①] 这看似一个玩笑，实则是文化纲领落后所导致的创新乏力的直接体现。我们所启用的科学文化，不是狭义的自然科学文化，而是包括人文、社会科学知识的新科学文化。放眼世界，大凡文化有活力的地方，其创新能力也是非常旺盛的，反之亦然。中国的创新状况已经陷入瓶颈期：万事俱备，只差临门一脚。这关键的一脚就是改造传统的“窄内容”的科学文化，使科学文化从狭义的小科学文化升级到广义的大科学文化。创新具有丰富的内涵，因而，激活创新的文化也应该是广义的。只要改变人的观念，创新想法会源源不断地产生。如果说支撑创新的物质性基础条件不足，这只是创新乏力的低级原因，正所谓凡是用钱能解决的问题都不是真正的重要问题；如今科学文化孱弱则是导致创新不足的高级原因。考虑到科学文化在中国所具有的良好声誉，推行起来所受到的社会阻力会较小，从而用科学文化激活创新精神是当下最为紧迫的长期任务。

综上，为了破解创新乏力的困境并消除由此产生的稀缺心态，我们提出三种可行性建议：第一，我们应该回到广义创新的语境中，重新去认识创新的多元化取向及支撑创新的多维条件；第二，分析创新发展的一维环

① 黄仁宇. 中国大历史［M］. 北京：生活·读书·新知三联书店，1997：257.

境、二维环境及 1.5 维环境对于创新的影响，在此基础上，建议构建多维环境，克服中国当前所遭遇的创新障碍；第三，建议用广义的科学文化替换人们头脑中的传统观念，从而使潜在的创新主体的观念从退化纲领转向进步纲领。由此，科学文化才可以肩负起支撑创新的思想屋顶之重任。

文化基准线决定创新潜力*

众所周知，创新在任何时代、任何地区都是一件好事，但是，即便从功利主义的角度来看，有着广泛社会需求的创新却总是很少出现，这里肯定存在一个收益、社会能力与需求之间的鸿沟。考虑到现实生活中创新的普遍稀缺性，由此引申出一个基础性问题：创新是否存在一个门槛？如果存在这样的一个创新门槛，那么这个门槛是由什么组成的？

为此，我们前几年提出一个支持创新的基础支撑条件框架模型，这个基础支撑条件模型由五要素构成，分别是制度要素、经济要素、人力要素、文化要素与舆论要素，前三项被称作硬性基础支撑条件，后两项被称作软性基础支撑条件。

通过对众多区域创新表现的研究与考察，我们提出一个快速便捷的创新能力诊断标准：要实现最低限度的创新需要满足如下两个基础支撑条件，即两项硬性基础支撑条件加一项软性基础支撑条件，至于是哪项硬性基础支撑条件与软性基础支撑条件构成了这个创新的最低门槛，要根据当地的具体优势要素而定，各地区之间是存在很大差异的。但低于这个最低标准，创新是无法实现的。必须强调的一点是：五项要素之间存在密切的耦合机制，并非是把五项基础条件简单堆积在一起就能自然而然地涌现创新，否则世界上的土豪国家都成创新中心了。

抛开硬性条件不谈，我们谈点软性因素对于创新的支撑作用。我们有一个基本预设，即文化水准高的地区创新能力也比较强。由于文化是一个非常宽泛的概念，为了论证的方便及可计量性，我们提出一个简洁的判据，即文化基准线，以此来粗略代表各个地区的整体文化水准。

所谓的文化基准线，我们选取一个地区所有人群的平均受教育年限

---

* 本文发表于2016年2月2日《中国青年报》A11版。

为标志。

从世界范围来看，每年各类全球创新指数排名靠前的国家，其文化基准线也普遍比较高，由此也可印证我们的这个说法。对于中国而言，我们同样需要测评各个地区的文化基准线，由此制定有区别的创新政策。

换言之，按照这个标准，文化基准线过低的地区，不适合采取统一的指令性的自上而下的创新政策，反而适合根据比较优势采取自下而上的创新，反之亦然。在创新与基础支撑条件之间的因果关系理顺的背景下，我们还需要梳理出文化基准线与创新之间发生作用的内在机制，换言之，文化基准线是如何影响创新的。

首先需要明确的是：创新是一种源于知识的突变反应所带来的结果。没有知识是断然不可能有创新出现的，尤其是在当代，基于知识的创新已经成为创新的常态。而一个地区的文化基准线则代表了当地的整体知识水准，如果文化基准线过低，则会导致知识的突变反应很难发生，即便发生了也很难存活。创新的实现要经历一个漫长的展开链条：从最初想法的提出到最后的实现，这期间所有的环节都与当地文化基准线有关。

简单来说，包括群体对于新观念的认同、接纳、参与、消化、吸收再到扩散，每一个环节的延续与拓展都需要当地文化基准线的支撑。

也许更为重要的是，新观念、新想法的产生与知识之间的竞争存在密切关系，文化基准线高的地区容易在群体之间达成共识、形成协作，从而更容易推进知识之间的分工与专业化，最终在更大范围上促进了知识的生产与扩散。

只要回顾一下已有的世界科学中心的形成与转移规律，不难看出这种向文化梯度高的地区逆流转移的现象。牛顿所谓的站在巨人的肩膀上，已然揭示了文化基准线的作用。美国创新能力的卓越表现不仅仅在于它拥有大量的诺贝尔奖获得者，更在于它拥有远远高于世界平均水平的文化基准线。同理，好的想法能够被接受与传播而不至于流产或夭折，同样需要较高的文化基准线做保证，至此，文化基准线对于创新发生作用的内在机制已经得到比较清晰的阐明。

基于上面的分析，我们再来看一下国内文化基准线的实际分布情况。根据图 1 可以清晰地发现，文化基准线最高的北京也仅有 11 年的人均受教育程度，最低的西藏只有接近 5 年的教育水准。这种文化基准线肯定无法支持全面开花式的创新。

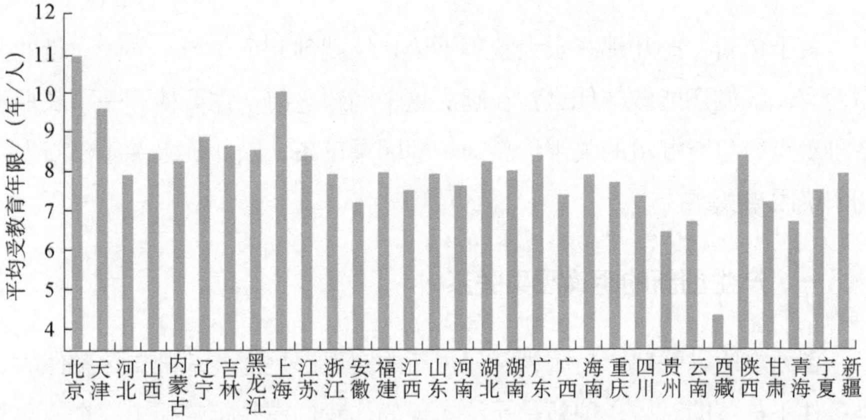

图 1　第六次全国人口普查各省（自治区、直辖市）平均受教育年限

基于此，我们大体可以把国内的文化基准线分为四个区域，他们分别对应着创新领导型区域、创新跟随型区域、中等创新型区域及创新追赶型区域。对于前两类区域可以采取自上而下的创新发展战略，对于后两类地区则可以采用自下而上的创新发展战略。资源应该向前两类地区配置，后两类地区则需要慢慢提升文化基准线。

这样的资源配置模式更符合经济学原则，而不至于出现各地区不顾实际条件的创新大跃进。创新永远不可能遍地开花，真正的创新都发生在文化基准线较高的地区，因为只有那里才容易形成要素之间的耦合机制，我们所熟悉的人才集聚效应也是源于这个道理。

把创新的种子种在文化高地上*

关于创新，抛开那些宏大叙事不谈，仅就创新个体与小环境建设的关系而言，我们还能做些什么？在解决这个问题之前，需要梳理一下长期被各种观点纷争所混淆的关于创新的长程因果链条，以此确立关于创新发生的明确因果关系。

一、产生创新的明确因果关系

创新之所以稀缺，是因为任何创新的实现都是需要基础支撑条件的。当条件不具备的时候，创新是无法实现的。我们前些年曾提出一个五要素基础支撑条件框架模型，其中前三项被称作硬性基础支撑条件（制度、经济与人力），后两项被称作软性基础支撑条件（文化与舆论），能够实现创新的最小基础支撑条件是“2+1”模式，即满足两项硬性基础支撑条件及一项软性基础支撑条件。

这个“2+1”模式有六种变体，各地可以根据自己的优势条件选择创新路径。基于这种分析，再来看看创新过程背后的因果关系，我们前期的研究显示：当地的政策环境、经济情况，直接制约当地的文化状况，而文化状况则形塑了当地人们的认知结构，人的认知结构以认知图式的方式影响人的思维与行动，因此，一个人的认知结构直接决定了其创新的潜力。在这个四阶因果链条上，可以清晰地发现，创新的涌现只是众多上游原因导致的结果而已，任何一个环节出现问题，都会阻碍创新的实现。如果这个推论正确的话，那么，寻找培植青年创新活力的路径也就随之明确了。

我们曾用两年时间研究全国连续五年（2009～2013 年）的创新成本排行榜，得出的结论非常明确：大凡创新成本低的地区，也是创新活力比较

* 本文发表于 2016 年 9 月 19 日《中国青年报》A2 版。

强的地区。根据对创新成本构成的分解，又可以进一步发现：导致创新成本低的主要原因在于制度成本比较低，而制度成本比较低可以简单理解为，当地市场经济发展较为充分，自由与公平逐渐成为一种习惯，契约精神具有更高的接受度与践行度。

而且，由于制度成本比较低，行政干预相对较少且较为规范，这间接为创新留下了更大的利润空间，这种态势反过来又进一步巩固当地的包容性文化，而这种文化的流行带来的福祉让当地所有人都受益，整个变化轨迹符合帕累托最优的变迁模式。

随着这种文化的扩散又进一步降低制度成本，从而推动市场经济日趋活跃，这种良性循环的局面会以润物细无声的方式形塑人们的认知结构，而一旦新认知结构形成就会影响人的行为，因而，创新的出现也就是这一系列变化的自然结果。

反之则是完全相反的情况，创新成本高的地区，也大多是传统的计划经济区域，那里的制度成本严重偏高，蔑视规则，唯行政命令马首是瞻，市场经济有效运行所需要的条件无法生根与立足，从而导致市场经济得不到充分发展，久而久之，这种情况造就了当地文化的封闭僵化特性，这种退化的文化形塑了当地人的认知结构，而这种退化的认知结构注定带来退化的行动纲领，由此也就无法形成创新。

二、创新的文化环境至关重要

在上述创新与环境条件之间的因果链条中，我们预设了一种简单的因果关系，即创新是由人头脑中的认知图式把接触到的外界信息作为输入，经过转换作为输出而带来的结果。

那么，这里就会产生两种情况：其一，一个行动者如果在某种文化氛围下形成一种认知结构 P_1，其比在另一种文化下形成的认知结构 P_2 产出更多的创新成果，我们就可以说前一种认知结构 P_1 比后一种认知结构 P_2 更可取，那么往上追溯，导致第一种认知结构的文化就比造就第二种认知结构的文化更为可取。

基于此，我们就可以把前一种纲领 P_1 称作进步纲领，把表现欠佳的纲领 P_2 称作退化纲领。同样的人由于拥有不同的认知纲领，导致创新表现呈现出泾渭分明的差别，我们有理由判断造成两种认知纲领差异的文化是存在先进与落后之分的。

这种情况从世界范围到区域之间屡见不鲜，从国家层面来看，如韩国的民众就明显比朝鲜的民众具有更高的创新能力和热情，而两国在资源禀赋及民众的生理差别可以忽略不计的情况下，造成这种情况的原因只能是，韩国的文化环境比朝鲜的文化环境更适合于创新，因而，韩国文化塑造的认知图式是进步的，而朝鲜文化所塑造的认知图式则是退化的，由此也可以解释世界各地在创新表现上呈现出如此巨大差异的深层原因。

仅就中国的情况而言，东部和中西部在创新能力和热情上所表现出来的差距，同样可以用这个道理来解释。无数研究已证明：创新是自由之树上结出的果实。这个具有普遍性的现象的意义在于为我们指明了：培育创新的文化环境是至关重要的事情。

至此，我们大体可以给出一个比较明确的改革路径——加强创新文化建设，以此形塑当地民众的认知结构，而一旦认知结构形成，一种新的认知图式自然会涌现，此时，自由的环境、公平的交易原则及对于契约精神的捍卫将成为支撑创新的标准配置，自负的计划模式将被竞争的市场模式所替代，而竞争是创新的最大外部驱动力量。也许更为重要的是，一旦这种新的文化被认可与接受，就会形成对退化纲领的拒斥与抵制，从而出现倒逼制度成本降低的趋势，这种变革会为创新要素的集聚预留更大的生存空间。

三、降低制度成本是最大的创新环境建设

文化的变革历来都是缓慢与艰难的，但在公众偏好与认同有达成一致基础的时候，变革已经具备了实现的可能性。这里遇到的最大思想障碍就是我们耳熟能详的“物质决定意识”，由此衍生出一系列的懒政思维模式：张口闭口基础不好，因而无法有所作为。这几乎成了一种万能理由。

如何破解这个难题呢？好在经过 30 多年的改革，各地已经具备了一定的物质基础，基本上已经能够解决最基本的生存要求，此时需求升级是人们的一种普遍共性偏好，对此，全社会已有充分的共识。

道理很简单，只要想想普通中国家庭的策略安排：不论家里多么拮据，也一定要让孩子读书，这种投资结构转向的意义深远，一旦这个孩子将来读书有出息了，那么，整个家庭的状况会有根本性的好转。对于各级地方政府而言，也是这个道理。经济的匮乏是短暂的，文化的贫穷才是长久的贫穷。还有一个问题也是需要加以警惕的，即当下甚嚣尘上的文化复古主义思潮。客观地说，儒家文化本是农耕文明的产物，它的主要功能是伦理规训，这套体系无助于创新的实现，毕竟现代意义上的创新是基于市场与工业文明而来的产物，开错药方是要延误病情的。

大体来说，改变当地文化的路径有两条：首先，加大本地投资与培养力度；其次，通过制度安排，吸引外地人才的流入。

那么，如何才能吸引外来人才呢？只要看看人们移民选择的落脚点，不难发现那些被选之地大多具有如下特征：市场环境完善、法制有效运行、公平、遵守契约精神，以及随之而来的低制度成本。这不是什么秘密，只要管理者具备一份改革勇气与担当，大胆学习与调试即可，更为重要的是降低制度成本本身就是最大的创新环境建设内容之一。

随着全球化进程的深入，所有资源都会从高制度成本区域流向低制度成本区域，这是大势所趋。由此不难想象，这轮竞争过后有些区域将彻底沦落为创新的荒漠地带，从这个意义上说，创新的种子永远都是生长在文化高地上的。

Master 终于引起人类对未来的担忧*

此次机器人 Master 以 60∶0 完胜顶尖围棋高手的人机大战，带来的宏观效果有三个：其一，具有全球性的娱乐价值；其二，所有专业棋手开始感到存在的危机；其三，引发人们对以 Master 为代表的人工智能的未来的好奇。

一、围棋行业的萎缩已不可避免

这场人机大战的直接结果就是无情地宣告：很多曾被认为不可替代的工作，只是因为人工智能尚未涉及而已。由此可以推断，围棋行业的萎缩已不可避免，因为机器比人做得更漂亮，何必还要维持一个庞大的可替代机构呢？相信围棋界的同人对此会有更深的体会。按照德国社会学家马克斯·韦伯的说法，科技的最大神奇之处就在于其巨大的祛魅功能，让以往的诸多奇迹与神话在科学面前毫无余地地现出原形。今天的很多热门行业与专业，未来都将被人工智能取代，相信这个绝非危言耸听的前景会让人们重新思考人工智能与我们自身的关系。

二、无根据的骄傲与自负

这场人机大战引发的第二个层次的问题，是人的尊严问题。这次 Master 对高手们的“血洗”，让人类整体感觉很没有面子。

20 年前，当深蓝战胜国际象棋世界冠军卡斯帕罗夫之后，人们就把赌注压在围棋上，认为那是机器人无能为力的领域，如今这个赌注在人工智能面前同样弱不禁风。人类曾引以为荣的诸多价值标的，在新技术面前一个个倒下，这让人类情何以堪？

* 本文发表于 2017 年 1 月 16 日《中国青年报》A2 版。

冷静下来，我们不得不思考：这次 Master 赢了什么？而人类又输了什么？仅就后者而言，人类输掉的不是尊严，而是无根据的骄傲与自负。何谓尊严是一个非常复杂的问题，英国哲学家迈克尔·罗森曾把尊严分解为三个部分：一种社会地位；一种恒久的内在价值；一种可以被尊重的行为，是性格或者能力的体现。暂且不论尊严概念有多么复杂，必须明确尊严所针对的对象一定是人类。在这个基础上，我们看不出，输棋后棋手的尊严有何损失。原先九段还是九段，以前拥有的道德律还在，社会地位也没有随之发生变化。改变的只是，经此一役，那些曾经虚妄的骄傲、自负与认知模式开始发生改变，而正是这些要素曾构成人类的价值标的。

历史经验无数次表明，人类的骄傲与自负大多是被夸张建构的。破除人类内心根深蒂固的虚妄性的骄傲与自负，恰是本次人机大战的重要收获之一。

三、机器有一天会不会突然产生意识

此番 Master 获胜带来的最伟大意义在于：它让更多的人开始意识到人工智能对人类未来所具有的颠覆性作用。对于人工智能的朴素乐观与悲观态度，都是不足取的。

仅就笔者这几年从事心灵哲学研究的粗浅体验来看，以阿尔法狗（AlphaGO）为代表的人工智能会引发两个严肃问题：其一，从学理上看，机器是否有智能，需要新的判断标准。1950 年提出的图灵测试过于简单，已经无力去评判机器是否有智能的问题。现在的研究显示，智能包含多维度内容，远不是当下所能实现的可计算化（形式化）的一种。而在计算能力方面人类早已不是机器的对手；智能中的其他维度一旦可以部分形式化，人类自然也不是对手，未来深度学习甚至可以做到更多。如果这一天到来，人不仅仅面临被全面替代的问题，还将涉及自身存在的意义问题。其二，时至今日，学界也没有彻底搞清楚意识到底是怎么产生的，只能笼统地说是神经系统在进化过程中产生的一种现象。谁能保证，随着硬件与软件的进一步发展，以及神经网络、算法技术的突破，机器不会突然产生意识呢？

到那时，这就涉及难以处理的复杂伦理问题。

笔者本人比较相信认知理论中的计算主义，单就计算来说，人类的计算面临三大制约：其一，速度制约，即大脑皮层的计算速度远赶不上电脑芯片的计算速度，这也是人类喜欢经验的原因，借助于经验可以减少计算量；其二，能量制约；其三，计算通道的制约。对于这些人工智能都比人强。

笔者也曾参与过一些相关论坛的讨论，与会观点呈现出一种具有普遍性的对立：科学家一方往往认为，人工智能离真正的应用还很远，它目前还很“傻”，其危险远不足虑；而人文学者一方则往往比较担忧，认为孩子总会长大，随着技术的蔓延与扩散，一旦有某些关键技术的突破，人工智能所引发的链式反应就会出现无法控制的局面。到那时，我们千百年来所形成的用以维持社会秩序的规范（善恶、正义与价值等）都将面临崩溃的局面，那是人类无法承受的代价。对于寻常大众而言，在好奇心的引领下，则片面寄希望于一旦人工智能取得新进展，或许会给我们的生活带来改善并提升社会福祉。

四、制定最低限度的规则

笔者以为，这次变革与以往任何一次技术变革的性质是完全不同的，它涉及将出现新的思考物体，而思考曾是人类所独有的能力。如何与之相处，我们似乎并没有准备好。

遗憾的是，人类在道德判断上容易出现一种对未来风险折现缩小化现象，即如果眼前的潜在利益大于未来不确定性风险的代价，人们更倾向于对遥远的风险进行打折，毕竟危险尚远，而且还不一定出现，故而会从内心纵容自己的选择，对当下收益放大，而对未来风险则进行打折，从而造成决策失误。潘多拉的盒子一旦打开，就再也关不上了。没有任何国家或机构愿意放弃这个崭新的机会领域，鉴于人工智能所具有的高度不确定性前景，在竞争的循环刚刚开始的时候，需要制定最低限度的规则。当下唯一可做的就是多方代表坐下来协商，给它的发展套上缰绳。否则，我们追求来的将不再是期盼中的救星而可能是无情的掘墓人。

更多的科学普及才能提升社会的免疫力与文明*

最近的新闻热点是“大师”王林因命案被警方捉去。王林品牌的诸多奇迹又在人们的笑谈中成为打发无聊时光的谈资。回想 20 世纪 90 年代，“神功”遍地，“大师”云聚。这几年“大师”们行走江湖的身影少了许多，已经变成隔几年出一个的寥落状态，是否我们可以自豪地说：我们今天的民众有了更多的辨别能力？如果这么认为，那就大错特错了。

黑格尔曾说：我从历史中知道人们从历史中什么也没有学到。此言屡屡应验，虽然王林与 20 世纪 90 年代的“大师”们采用了完全不同的营销策略，但仍然非常“成功”，如果不是涉及命案，可能至今都会逍遥自在。90 年代的那些“大师”们走的是低端路线，靠信众数量取胜，薄利多销。当下的“大师”们选取的是高端路线，采取专卖店模式，精准销售，它所关注的潜在消费群体是明星与达官贵人。这部分人虽然数量少，但消费能力惊人，因而，两代“大师”在不同的营销战略下取得的收益是旗鼓相当的，而且专卖店模式更加隐蔽安全。相信经过这次事件的曝光与持续深挖，明星政要们的市场会出现萎缩现象，而“大师”们所提供的虚假产品仍有广大市场，毕竟社会需求仍在，因而，我们有理由担心，那些潜在的各路“大师”们会重新把目光转向那些曾被冷落的公众。

公众由于眼界与知识储备的有限，上当受骗的门槛更低，因而，他们再次遭受蒙骗的可能性仍然巨大。防范这种潜在危机唯一的途径就是加大科普工作的力度，在“大师”们再次转向民众的行动之前，科普率先行动。通过倒逼机制，提升公众的整体知识基准线，增加未来“大师”们行骗的难度。

---

* 本文发表于 2015 年 7 月 31 日《文汇报》文汇教育版。

一、综合征导致科普未老先衰

客观地说，经过半个多世纪的发展，中国的科普现状并不理想，虽然有着“高大上”的名头，却仍然敌不过各类粗俗的邪教，其真实境况可想而知。那么是什么因素造成了中国科普事业的未老先衰呢？只要简单看一下科普传播的结构就可以发现其中的问题，通常来说，狭义科普的运行结构是这样的：科普内容的制作者、传播渠道与受众的需求。

造成中国科普传播效果不理想的原因是“科普综合征”，即中国科普效果不理想不是单一主因导致的，而是所有的环节都存在严重的缺陷，由此，才导致科普事业的未老先衰。把造成中国科普综合征的原因拆分出来就是如下三类：其一，高质量的科普内容严重不足；其二，传播渠道单一化；其三，单一供给与公众的多元化需求无法匹配。

抛开传播环节不谈，仅就科普内容的制造者与消费者之间的偏好差异而言，双方之间就缺乏真实的相互了解，由此形成的供需矛盾比较特殊：所供之物无需求，所需之物无供给。科普综合征就是当下这种科普模式不可避免的结果。

在提出具体的解决措施之前，需要对科普内容做一点简单分析。我们的科普内容选择严重背离市场的多元化需求，而真实市场需求是巨大的，这应该是不争的事实，否则怎么会有各种邪教的流行以及各路大师层出不穷的现象呢？由于市场的真实需求得不到精准关切，科普也就沦落为自说自话与孤芳自赏，最后造成科普的从业者失去信心。

究其原因，皆在于我们的科普内容选择大多是权力部门的意志体现，经常无视，甚至不知消费者的真实需求，往往偏重于狭义的科技内容，枯燥乏味，与实际需求相距甚远。久而久之，自然造成双方的相互漠视，在这种相互不理解中，需求空间被劣质精神产品轻松填充，结果整个社会都输了。因此，在重塑科普结构的过程中，首要任务就是把以往的“窄内容”科普，向包含人文社会科学内容在内的“宽内容”科普转变，以此呼应社会对于多元化精神产品的迫切需求。理顺了这个链条的基本结构之后，问题就聚焦在由谁来制造这种“宽内容”的科普产品。

笔者认为，在中国当下的语境中，为保证科普质量，科普作品要由以下三类科技工作者来提供：其一，承担重大前沿项目的科技工作者。这些科技工作者能够获得重大项目，直接肯定了其学术水准，这就为科普工作的可信性提供了初始保证，因此，他有责任以通俗的方式回馈社会的资助与关切。从长远来讲，科学家们必须尽早意识到向公众介绍自己工作的深远影响，这也是科技界为未来实行公共财政时所要做的未雨绸缪式的准备。其二，那些已经告别科技前沿的老科学家，他们既有知识、经验又有闲暇时间，完全可以发挥知识的余热。第三，改变当下扭曲的承认与收益不对称现象，加快扶持与培养一批专业的科普人才，这也是改变科普困境的治本之策。

二、用众创思维做科普不可取

现在的问题是没有人否定科普的重要性，但是也没有人喜欢去做科普，这就出现了一个很纠结的场面：宏观上很重要的事情，在微观层面却无人问津。因此，解决科普困境的出路在于把科普的公共重要性以制度安排形式分解到科学共同体内的相关个体成员身上。为了实现这个目标，我们需要搞清楚，科学家们为什么不愿意去做科普工作。

科学家之所以不愿意做科普，原因有三：其一，中国的科技评价体系重视科技共同体的内部承认，无形中把研究活动分为高级与低级，从事科研被看做是高级科研活动，相反，那些把已有研究成果向社会成功推广并被社会所承认看做是低级科研活动，因此，大多处于科研活跃期的科学家不能忍受这种选择带来的机会成本以及同行的蔑视，故而放弃做科普这种无用功；其二，科研活动是一种工作，科普活动也是一种工作，同样需要投入大量的时间与精力，但两者之间在收益方面存在严重的不对称现象，故而没有人愿意作这种赔本的买卖。其三，高质量的科普工作也是需要较高知识准入门槛的，不是谁都能做的。

那么如何解决优质科普作品供给不足的现状呢？答案显而易见：增加

科普作品的生产规模。但这里要警惕一种降低科普门槛的思路。曾有学者提议：科普“脱困”不妨多点众创思维。对此，笔者坚决不同意。问题的根源在于用众创思维去做科普，虽然能短期内解决市场供给不足的问题，但面临一个更难处理的质量问题。参与众创的“草根”们水平参差不齐，他们做出来的科普作品质量谁来把关？而且一些错误观念一旦散播出去，很难清零。从这个意义上说，我宁愿高质量的科普作品少一些，也不愿看见那些漏洞百出、错误频发的劣质科普作品危害社会。因此，科普作品必须由专业科技工作者来完成，这是社会分工造成的必然结果，没有歧视的意思，这是专业精神的要求，也是科技工作者对于社会的责任。

三、公众是科普链的最终环节

科普的生产只要解决承认与收益的不对称现象，科普内容供给短缺的矛盾很容易解决。毕竟中国有世界上最大的科技队伍，只要调动起积极性，这不是难题。现在需要说一下科普结构链条中的最后环节：作为消费者的公众。每当看到公众被江湖骗子、邪教蒙蔽，造成财产损失以及人身伤害，所有人都深感惋惜，抛开骗子们狡猾之外，公众也需要检讨自己并为此承担一定的责任。正是因为自己不努力提升知识储备、认知眼界与判断力，总是幻想捷径，因此，很容易成为骗子们的猎取对象。为了防止被欺骗，必须加强自身的学习，努力从正规渠道获取问题的解决之策，这才是最基本的防范措施。哲学家康德早在二百多年前就说：人必须提高自己，这是人对自己的不完全义务。

如果我们每个人都努力提高自己，通过各种正规渠道获取知识，而不是妄想奇迹与捷径，那么就相当于提高了自身的免疫力，同时，这些努力也构成了整个社会的文明坡度。文明是一种公共资源，它的积累需要我们大家共同努力，而不能只享受文明，而不为文明贡献自己的才智。文明对于所有人而言都是一种福祉，也是社会进步的表现。当文明失去了，所有的人都将是受害者，所谓危邦不入，乱邦不居，说的就是这个道理。另外，一个社会如果充斥着各种邪教以及各类江湖大师，那么这个社会一定是愚昧落后的，由于挤出效应，文明很快就会撤出，最终沦落为蛮荒之地。现在的研究早已证明，越是文明的地方，越容易接纳文明，从而带来普遍的繁荣和幸福，反之亦然。利用科普的力量提升社会的免疫力，培育文明，然后再用文明赶走骗子，这是我们每个人的责任与使命。

科学家的科普陷阱——承认与收益的双重不对称*

中国科协主席韩启德重提科普，又一次让一个老话题重新换发生机，这本身就是一次很好的另类科普。现在的问题是没有人否定科普的重要性，但是也没有人喜欢去做科普，这就出现了一个很吊诡的场面：宏观上很重要的事情，在微观层面却无人问津。这是搭便车行为的另一种变体，换言之，公共问题的权责无法界定，究其原因，宏观层面上的公共重要性无法有效转换成微观层面上个人的重要性。因此，解决科普困境的出路在于把科普的公共重要性以制度安排形式分解到科学共同体内的相关个体成员身上。为了实现这个目标，我们需要搞清楚三个问题：其一，科学家为什么不愿意去做科普工作；其二，科普的难度在哪里；其三，如何有效激发科学家去做科普。

在市场经济社会，每个理性人都是按照经济人原则去安排自己的行为，而经济人的最大特点就是寻求利益最大化。基于这种预设，我们自然可以推测到科学家在行为选择中也是要追求利益最大化的。科学家是如何在自己的日常工作中实现收益最大化的呢？那就是充分利用现有的科技评价体制，使其行为与现有评价体系之间实现最大的契合度，换言之，就是让自己的工作以最大限度的可计算性为主。在现有的科研评价体系中，激励种类琳琅满目，诸如项目、经费、文章、影响因子、顶级期刊、各种学术荣誉称号等，唯独没有科普成就一项。既然如此，科学家们又何必去做科普呢？对科学家而言，时间是自己唯一可以控制的资源，当下，种类繁多且日益精细复杂的评价体系已经实现领域全覆盖，让人身心分裂无处可逃，那些疲于奔命的科学家们哪还有时间去做科普呢？如果把宝贵时间拿出来去做与评价体系无关的科普，这是非理性的行为。另外，科技界是一个彰

---

* 本文发表于《科学家》2015 年第 7 期。

显智慧和骄傲的地方，它所推崇的是不求最多，只求最少。即只有很少人能做到和理解的工作才被看作一个人能力的体现。这点直接决定了科学家们的心理偏好是追求稀缺性研究而非二手性介绍工作，这也印证了美国科学社会学家默顿所揭示的道理：承认是科学界的硬通货。在为获得承认的激烈角逐中，必须放弃浪漫的理想主义温情，并时刻保持心无旁骛的冲刺状态，正是研究中的这种对于罕见与稀少的迷恋，极大地形塑了科学家探索科学的内在动机。

关于承认的兑换关系如果不公平，同样会导致群体行为选择的变化。通俗地说，承认有两种：外部承认（主要指社会公众）与内部承认（科学共同体内部）。这两种承认模式在现实中有三种组合模式：外部承认为主、内部承认为主与内外部同时承认。两种承认模式的来源、激励机制与收益也是按照完全不同的路径运行的。从来源来讲，外部承认主要是通过大众媒体获得社会公众的承认，比如科学家所做的科普工作、演讲、上各种新闻媒体及参加相关社会活动等，通过现代的传媒手段让公众最大限度地了解自己的工作，并以此获得来自社会的承认，它的激励机制是由于明星效应带来的荣誉感、满足感与收益；内部承认主要是在科技共同体内部的通过发表论文，以及获得基金、项目、各种学术头衔、荣誉称号等来获得科学共同体内部的承认，它的激励机制是由创新性研究所带来的自我实现、骄傲感与收益。对于两类承认在科技共同体内部的价值认定主要基于该项承认和其所带来的声誉与收益总量的对比关系。如果一项承认的全部或主要收益与声誉来自科技共同体内部，那么内部承认就是群体行为选择的主要驱动机制；如果来自外部的收益也是可观的，甚至仅就有形价值而言与内部收益趋同，那么就会造成科技共同体选择的分流。如果外部收益与内部收益严重不对称，那么追求外部收益的群体规模就会快速缩小，毕竟这种行为不符合利益最大化原则，同时也是不经济的。就以科普为例，当下中国的稿费制度如此低廉，以及知识产权制度不完善，靠科普写作换来的收益根本无法维持正常生活，更别说体面生活了，在这种背景下谁又会真的愿意花费大量时间与精力去获得那点如鸡肋般的毫无实际意义的虚名呢？美国著名的科普作家卡尔·萨根（Carl Edward Sagan，1934—1996）之所以无法模仿，主要原因就是科普收益。再比如传奇科普、科幻双料作家阿西莫夫（Isaac Asimov，1920—1992）在20世纪60年代初直至1963年，每个月平均做2～3场演讲，每次固定收费1000美元，而20世纪60年代初美国职员的年收入也仅为4500～5000美元，因此，这个收入在当时是相当可观的。试问，今天中国科学家中又有几人的演讲可以有这个收入回报？从这两个案例中不难发现中国科普困境的一些内在原因。为了更深入地剖析这个现象，需要从科普结构入手对上述三个问题给出一种解释。

从完整的科普结构来说，它是由三部分组成的：科普传播者、科普渠道、科普接受者。这个传播结构中，任何一方出现问题，都会导致科普失败或者低效。现在社会上多是质疑科学家为何不愿意做科普，其实，这么说有失公允，毕竟科学家充其量只是整个科普传播结构中的一环而已，科普效果不好有多种原因，也许是传播渠道不畅、传播平台匮乏或者传播受众出现问题等，因此，把板子都打在科学家的身上是不公平的。笔者这几年一直在研究这个问题，发现其中有一个环节在很多时候被有意或无意地悬置起来，那就是传播渠道问题。众所周知，科普内容对社会公众而言，其远不如八卦新闻吸引人们的眼球，因此，各种传媒与平台也多是嘴上说重视科普，真要让他们拿出宝贵的版面空间、播出时间来安排科普，其艰难度也是不可想象的，相信写过科普的科技工作者大多有此体验。那么这个责任应该由科学家来负吗？显然不合理。再来说说科普的受众问题，他们是科普内容的最终消费者，他们需要科普吗？从长期来看，当然需要，就短期而论则未必。公众大多是秉承实用主义与功利主义的理念，他们出于切实需要或是个人谈资兴趣才去读科普。因此，判定他们是否会主动喜欢科普，管理者在很多时候往往都是凭主观感受做判断，认为公众需要这种高大上的科普，问题是这种主观判断往往缺乏事实根据。笔者曾在给中国科普研究所的微信公共账号撰写的一篇文章中提到过这个问题，即当下公众的需求是多元化的，而科普内容仅仅是公众精神需求中很小的一部分，我们甚至可以说，当下科普内容的供给相对于当下的真实需求而言即便不是饱和的也绝不是短缺的。为此，笔者曾建议科学传播进行变革——从窄内容向宽内容转变，就是想解决科普受众的多元化需求问题。虽然目前中国公众对科普内容的需求并不旺盛，但就社会发展阶段的整体要求而言，我们提供的优质科普内容远远不够，因此，在优质科普内容短缺的危机爆发之前，为整个社会与未来储备充足的优质科普存货，就是一个渐趋成熟的社会必须提早做准备的基础性工作。因为，任何优质的科普内容都是经过长时间辛勤努力才能做出来的，一旦短缺出现是很难在短时间内高质量做出来的。而且，科普内容相当于一个社会的知识蓄水池，没有人知道这池知识之水到底滋润了多少干旱的心灵。社会的文明程度就是建基于这些隐而不显的知识储备之上的。想想我们自己有多少次在遇到疑难问题时到网上去寻找答案的场景，相信不难明白这个道理。从这个意义上说，维基百科就是非常成功的知识普及典范，分散化的知识，不仅方便大众的查找，也为创造者提供了知识传播的可靠平台，极大地满足了社会中多元化的精神需求。因此，创建一个由国家组织的免费网上知识百科，其价值不知要比所谓重大项目的意义大多少倍。

有了上述对科普运行机制的分析，我们来回答文章开头时提出的三个问题。科学家之所以不愿意做科普，原因有三：其一，中国的科技评价体系重视科技共同体的内部承认，无形中把研究活动分为高级与低级，从事科研发现未知（以真理的名义）被看作高级科研活动，相反，那些把已有研究成果向社会成功推广并被社会所承认被看作低级科研活动，因此，大多处于科研活跃期的科学家不能忍受这种选择带来的机会成本以及同行的蔑视，故而放弃做科普这种无用功。其二，科研活动是一种工作，科普活动也是一种工作，同样需要投入大量的时间与精力，但两者之间在收益方面存在严重的不对称现象，故而没有人愿意作这种赔本的买卖。其三，高质量的科普工作也是需要知识准入门槛的，不是谁都能做的，因而即便有一些科学家想做一些科普工作，也往往苦于无法有效表达出来，即便表达出来了效果也差强人意。只要回忆一下几个月前记者柴静所做的关于雾霾的视频，其所达到的科普效果就是很多科学界人士达不到的。中国的教育体系是一个长期轻视人文社会科学的无脑知识传送带体系，这就不可避免地造就一批拥有丰富科技知识的匠人，而不是大师，更谈不上多少人文关怀。在这种缺失的教育模式下培养出来的科学家，对于科普就面临一种尴尬处境：非不为也，实不能也。这是我们长期畸形教育导致的必然结果，也是我们不得不为荒谬付出的代价。有如此三条原因，科学家如何还愿意从事科普呢？

那么，科普的难度到底在哪里呢？完成一项高质量的科普工作并不像人们想象的那样简单，套用翻译界前辈林纾先生的“信、达、雅”标准，科普作品同样有此要求，排在首位的一定是内容的可信性，这是所有科普作品的生命线。把高深的前沿科学问题非常清晰准确地表达出来并不是一件容易的事情，这就涉及在保证内容准确性的前提下的转译工作，即把艰深、晦涩的科学内容转译成能被公众接受的通俗易懂的语言而又不丧失其核心内容，并流畅地表达出来，这可不是简单的工作。至于“雅”则是一种更高的审美要求。笔者曾对科普作品的质量进行过分类：三流科普作品仅具有“信”的最低品质要求；二流科普作品能够满足“信、达”的品质要求；一流的科普作品则要求“信、达、雅”三种品质同时兼备。我们市面上的科普作品的品相大多在三流与二流之间，鲜有一流的科普作品，究其原因皆在于，这要求写作者既具有高深的专业知识，又具有很好的艺术修养功底，基于此，才能创作出“信、达、雅”品相俱佳的一流科普作品。具备这些能力的科学家又有多少呢？即便有这份能力，花费大量时间和精力创作的科普作品既不能获得应有的承认（内部承认），又不能换得匹配的收益回报，选择这种行为是非理性的，也是得不偿失的。在目前的评价体系下科学家不喜欢从事科普工作其实是可以理解的。

那么如何解决优质科普作品供给不足的现状呢？答案显而易见：增加科普作品的生产规模。难点在于谁来生产优质科普作品呢？曾有学者提议：科普“脱困”不妨多点众创思维。对此，笔者是不同意的。问题的根源在于用众创思维去做科普，虽然能短期内解决市场供给不足的问题，但面临一个更难处理的质量问题。由于参与众创的“草根”们水平参差不齐，他们做出来的科普作品质量谁来把关？而且一些错误观念一旦散播出去，很难清零。就比如，医疗方面的科普，这是人们日常生活中经常要用到的知识，它的撰写必须由专业人士来完成，否则一旦出现错误，会造成严重后果。从这个意义上说，我们宁愿高质量的科普作品少一些，也不愿看见那些漏洞百出、错误频发的劣质科普作品危害社会。因此，我们必须明确，科普作品必须由专业科技工作者来完成，这是社会分工造成的必然结果（没有歧视的意思，这是专业精神的要求，也是科技工作者对于社会的责任）。

既然科普作品要由专业科技工作者来提供，而科普工作又面临承认与收益的双重不对称困境，那么到底该由谁来提供呢？笔者认为，在中国当下的语境中，在保证质量的前提下，科普作品要由以下三类科技工作者来提供：其一，承担重大前沿项目的科技工作者。因为项目经费是由纳税人提供的，所以他们有责任以通俗的方式回馈社会的资助与关切。这些科技工作者能够获得重大项目，直接肯定了其学术水准，这就为科普工作的可信性提供了初始保证。为了督促这些科技工作者履行这份契约，需要改变当下的考评体系，采取连带制，即获得重大项目必须提供一定比例的科普工作，由此才能结题。因为重大项目的获得者已经获得了共同体内部的承认及可观的收益回报，所以必须完成这项附带任务。从长远来讲，科学家们必须尽早意识到向公众介绍自己工作的深远影响，这也是科技界为未来实行公共财政时所要做的未雨绸缪式的准备。否则，公众凭什么资助你的计划并对你的项目进行投资与投票呢？其二，那些已经告别科技前沿的老科学家，他们既有知识与经验又有闲暇时间，完全可以发挥知识的余热。其三，改变当下扭曲的承认与收益不对称现象，加快扶持与培养一批专业的科普人才，这也是改变科普困境的治本之策。

从历史上看，科学是一项年轻的事业，它必须能够把当时最聪明的人群吸引到这个行列，这样才能保证这项事业后继有人并总是充满激情与朝气；另外，科普工作也是科学争取获得社会认同与支持并提升社会整体福祉的工作，积极培养与营造公众理解科学的环境，才是科学可持续发展的最有力保障，从这个意义上说，当下，科普工作已经到了成为科学家们职责所系而非友情客串的阶段。哲学家杜兰特曾说：只要有贫穷，就会有神灵。同理，没有高质量的科普，就会有花样繁多的垃圾科学，从而危害真正的科学的长远发展。

关于科普供给激励机制的一些思考*

引言

众多证据显示，当下中国的科普工作并不理想。从宏观层面上看：一方面，市场对精神产品有旺盛的需求（反观近20年来各类拙劣的邪教、伪科学在中国都有广泛的信众，可以佐证这个判断）；另一方面，高质量的科普作品乏善可陈，科普的供给与需求之间的鸿沟清晰可见。从微观层面上看，当下我们既没有涌现出杰出的科普作者，又没有多少真正有影响力的优质科普作品。是什么原因造成了这种尴尬局面？基于这种追问，本文力图揭示两个问题：其一，当下科普领域存在的主要问题是优质科普作品供给不足；其二，科普产业的激励机制需要重建以助推优质作品的供给。

一、当下中国科普供给的现状与问题

就中国科普现状而言，目前遭遇的总体情况是：科普供给侧的供给严重不足，而市场需求非常旺盛。仅就当下科普供给的情况还可以挖掘出如下两个问题：其一，优质科普产品的供给总量严重不足；其二，现有科普供给内容严重单一化、狭窄化，与市场需求的多样化要求严重不匹配。这导致这些僵硬、八股式的科普产品不被市场认可。这种情况进一步遏制了科普生产者的工作热情，由于与市场脱节，再加上现有的评价体系里又无法获得应有的承认，导致原有的资源与人员陆续撤出，这种情况造成科普产出进一步萎缩，这就是我们当下遭遇的科普现状。

显而易见，解决这一矛盾的关键在于增加高质量科普产品的供给。增加供给固然是解决需求旺盛的根本举措，但这里要澄清两个问题，即需要

---

* 本文发表于《科学教育与博物馆》2016年第4期。

（need）与想要（want）之间的区别。需要的宏观表现就是需求，而想要只是需求的子集。这就要求未来的科普供给出路在于找准公众的“想要”，在满足这个缺口后，再来补足需要的缺口，否则，按照现有的粗放模式，科普生产是不经济的，也是无法持久的。科普产出的增加是一个系统协同合作所带来的结果，远非几个口号或呼吁就可以解决的。为此，我们简单地把科普生产的流程图展现出来，从中不难发现问题之所在（图 1）。

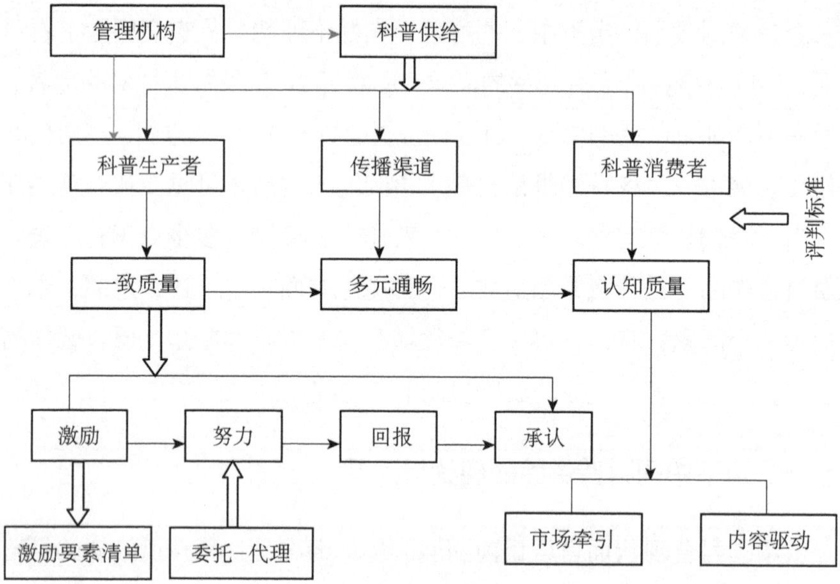

图 1　科普供给侧激励机制示意图

如图 1 所示，在提升科普供给的链条上，存在许多制约产出的关键环节，这就是大家都意识到问题的严重性，而改变的进程如此缓慢的原因所在。按照对产出影响程度来排序，影响科普产品产出的因素主要有四个：①管理机构；②科普生产者；③传播渠道；④科普消费者。对此，简单分析一下：首先，由于中国并不是一个完全的市场经济国家，因而它的市场供给受到管理机构的极大影响。对于科普产出而言，管理机构通过政策安排，决定资源的投放、科普内容的选择及对发行渠道的控制，这些都会影响到科普产品的产出规模与产出方向。如果管理机构对市场需求不敏感，在这种背景下，出现产出与需求脱节是很常见的管理失灵现象。这种现象按照美国科学哲学家菲利普·基切尔（Philip Kitcher，1947—）的说法就是："制度性纠缠的根源可以追溯到两种问题，首先是在实际的研究实践与良序科学间存在差距，其次是民主承诺在更宽的范围内的失败。"[①] 造成制度性纠缠的原因大体有两个：其一，管理者对科技与市场需求信息的不对称，导致把自己对科技的判断与偏好等同于市场的偏好；其二，管理者出于自身利益最大化的考虑，在政策安排中携带私货。

现在还有很多管理者憧憬着《十万个为什么》当年的盛况再现。其实，这个神话产生的原因有两点：其一，整个时代的精神产品市场供给严重短缺，而需求则是刚性的；其二，精神产品质量过硬。这两条缺一不可。一旦市场摆脱匮乏、短缺状态后，这种神话几乎是不可复制的。饥饿营销策略，通过别无选择造就热销，只会造成科普产品的低品质生产模式，在当今时代，这个模式已经破产。

其次，任何产品供给的增加都需要人力资源投入的增加。对于科普产品而言，要增加供给必须要有更多专业科技人员进入到这个领域，果断改革各种落后评价体系对人才进入所设定的束缚，使科普产品的供给模式能够与市场需求有效对接，这样才会从根本上解决科普供给与需求之间的矛盾，并达成最终的供需平衡。问题是，在市场经济社会，人作为理性的经济人角色，自然要在市场中追求自身利益的最大化。然而，由于当下的科技评价体系，从事科普所获得的收益远远赶不上从事科研的收益，同时还会遭到同行的轻视，这个大环境导致从事科普所获得的物质利益与精神满足都无法得到公平的对待，因而从业者从这个领域撤出是理性的选择。这里需要补充一点：科普工作绝非科研人员所想象的那样容易，它不但要求从业者准确把握专业知识，还要有很好的语言表达能力，这种能力能够保证从科学文本到大众文本的转译中科学内容的准确与不丢失，而且还要兼顾到读者的认知能力与阅读趣味。

就科普生产者的选择而言，这里还有两个问题需要澄清：一方面，科普

---

① 菲利普·基切尔. 科学、真理与民主［M］. 胡志强等译. 上海：上海交通大学出版社，2015：235.

工作必须要由专业科技工作者来完成，只有这样才能保证最基本的科普质量，由此否定全民科普的设想；另一方面，在科普繁荣计划的初期，应该通过政策导向作用，由国家提供资助，这是短期见效的重要举措——此举成果可以预期，而且运行比较稳定。之所以不提倡当下热议的众筹模式，是因为其运行充满不确定性。所有这一切皆源于科普产品作为准公共物品的性质。

最后，关于科普消费的需求，要有一个整体提升计划，即逐渐改变消费者的需求偏好：从想要型向需要型提升。由于知识与眼界的问题，消费者的需求偏好不一定都是合理的，这就需要从科普管理者到生产者都有意去塑造新的消费偏好，这对于提升整个社会的文明程度非常重要。如果一味去满足消费者的偏好，虽然可能短期内符合经济原则，但不符合提升社会文明的长期目标，而且很容易被消费者抛弃，毕竟市场是无情的。但是这么处理需要面临一些短期内经济效益不好的风险，这里涉及一个经济学界的观点分歧，即合理需求来自何方。按照萨伊定律的说法“供给创造其自身的需求”，而经济学家凯恩斯则认为“需求创造其自身的供给”。那么，在这种矛盾中该如何解决科普产品的供需问题呢？美国经济学家蒂莫西·泰勒认为：“短期看需求，长期看供给。”[①] 仅从经济学意义上讲，泰勒的说法是合理的，但是，由于科普产品的性质，它直接影响人们的精神世界，因而，我们更倾向于认为采取萨伊定律的模式更为合理，即特定的供给创造特定的需求。比如，苹果手机等高科技产品都是通过创新赢得需求的，而且这种设定与我们后面要谈的技术推动型激励机制相匹配。

二、关于改善科普供给激励机制的三维结构

基于上述科普供给流程图，我们自然会发现增加科普产品供给的激励机制主要针对链条中的三个环节：其一，科普管理机构；其二，传播渠道；其三，科普产品的生产者。

首先，对于科普管理机构的激励应该采用委托-代理机制，具体做法就是放权，让市场的作用突显出来。按照法国经济学家让-雅克·拉

---

① 蒂莫西·泰勒. 斯坦福极简经济学［M］. 林隆全译. 长沙：湖南人民出版社，2015：157.

丰（Jean-Jacques Laffont）的观点："当委托人只具备有限理性，并且只能接收很有限的信息时，尽管委托人和代理人的目标是矛盾的，也不难看出，利用所有信息的分权或许会比运用有限信息的集权更有优势。"[①] 这点很好理解，管理部门对于市场需求、消费者偏好及科普生产者的需求同时处于信息不对称状况，为了避免市场出现失灵现象，放权是最明智的做法，管理者只要制定好规则，并严格执行规则即可，一切交由市场去处理，从而实现资源的有效配置与绩效的提升。我们以往的缺陷就是管得太多、太死，结果出现南辕北辙现象。管理太多也增加了产品的交易成本，从而压缩了产品的利润空间。

其次，对于传播渠道的激励，由于科普产品具有准公共物品的特性，在有效消费市场形成以及消费者偏好引导初见成效之前，可以通过税收减免等政策工具来给予产业扶持，随着市场的完善，逐渐减少扶持，直至最后完全取消扶持和优惠。

最后，对于科普生产者的激励是当下的首要任务。众所周知，在科普生产端的激励瓶颈在于摆脱科普陷阱，所谓的科普陷阱是指激励失灵的状态，即从外部激励（制度层面）到内部激励（荣誉感与满足感）都无法起到有效的激励作用。当下从事科普工作存在既得不到来自体制（科技共同体）的承认，又得不到来自市场的经济回报，个人很难从这个事业中获得满意的荣誉感和满足感。

所有的激励理论都在无数次证明，作为复杂的人，既有物质的需求，又有强烈的精神需求。因而科普工作的激励机制应该从人性的角度切入，这样才能发挥作用。另外，科普还承担一项重要的社会使命：启蒙民众，开启族群的文明之门。因此，科普工作的激励理论还要考虑到：不能仅仅满足于市场牵引（market pull）模式，还要开启内容推动（content push）模式。如果完全被市场牵引，科普工作会很被动，而内容推动则会塑造群体的认知偏好与提升社会的文明基准线。内容推动的关键在于新知识、新技术的同步转换，人类的好奇心永远是一种内在的驱动力量。从这个意义

① 让-雅克·拉丰. 激励与政治经济学［M］. 刘冠群，杨小静译. 北京：中国人民大学出版社，2013：214.

上说，科学家有责任向社会介绍自己的研究工作，这也是对纳税人的回报与尊重。

关于科普质量，有两套标准，在市场牵引模式下，以消费者需求为导向，此时的质量依据则是来自社会消费者的认知质量（一味盲从、顺从市场的偏好，对于科普的未来不是什么好事）。众所周知，消费者的认知水平参差不齐，故而，这种评价质量不是科普生产的长期评价标准。相反，以内容为导向的科普产品依据的质量标准则是科技共同体的质量标准，以一致同意为原则。由于消费者与生产者的认知差距，这又会影响到消费者的理解与接受，因此，两种质量标准要进行适当的整合。遗憾的是，这方面的工作还少有人关注，因而也就无法从根基上培养科普大师和产出优秀科普作品。再有，还要关注一种极端情况，即不当激励问题（perverse incentive）：政策工具的不当引入导致制度性供需逆转，这同样是一种浪费。更有甚者会出现产生的问题比解决的问题还多的麻烦现象，如转基因主粮问题的泛政治化趋势，已经让这个问题无法进行有效普及。

对于科普生产端的激励机制，无论市场情形怎样变化，其贯彻的最基本原则应该简单明了：给予生产者公平的承认和收益。规则越简明扼要，其激励效果越明显。诚如美国社会学家戈夫曼（Erving Goffman，1922—1982）所言："那些最容易实行的规章制度和秩序，就是那些会留下遵守或违背的确凿证据的规章制度和秩序。"[①]如果未来某一天中国学术界出现了科普类的"杰青"和"长江学者"等荣誉称号，相信那个时候将是中国科普最繁荣的时刻。

三、结语

综上，国家之所以从政策层面大力支持科普事业，是因为这与推进整体的创新驱动战略的布局有关，希望通过科普工作：一则，在短期内快速提升整个社会的文化基准线，毕竟任何创新都不是在荒漠上实现的；二则，从长期来看，这也是建设文化软环境的基础性工作。遗憾的

① 欧文·戈夫曼. 日常生活中的自我呈现［M］. 冯钢译. 北京：北京大学出版社，2014：37.

是，目前，满足社会多样化需求的优质科普供给呈现严重不足的局面，因而，提升科普供给就是当下急需解决的工作，而这种工作的切入点就是重建科普的激励机制。这种激励机制是全方位的：从生产环节到流通环节再到消费者环节。仅就科普生产者而言，当下急需启动的就是彻底改变承认与收益的现状。

科普不应忽视老年群体*

如果把科普事业比作一种产业，就需要在生产者生产的产品与消费者的需求偏好之间实现精准的对接与契合。遗憾的是，当下科普的现状呈现出产品总量不少，市场反应冷淡的景象。究其原因，就在于对潜在消费群体的定位不准确，出现了重视过度与重视不足的不对称布局，甚至出现了对某些群体的遗忘与忽略，如老年群体。

对于科普产品的有效消费需要两个基本条件：其一，有独立消费能力；其二，有可支配的闲暇时间。老年群体满足科普消费的两个基本条件，但市场上却鲜有满足老年人消费偏好的科普产品，这个领域成为科普谱系上的荒芜之地，导致老年人的科普产品供给严重不足。

2015 年全国 1%人口普查数据显示，我国老年群体数量庞大，2015 年 60 岁以上的老人就有 2.12 亿人，占人口比例高达 15.5%，而且这个数字在未来还将继续增加。有研究预测，我国到 2020 年将有老年人口 2.48 亿（占 17.17%），2025 年老年人口将达到 3 亿，2040 年老年人口达到峰值。另据全国老龄办数据显示，2010 年我国老年人口消费规模达到 1 万亿元，预计到 2020 年将达到 3.3 万亿元，2030 年达到 8.6 万亿元，2040 年达到 17.5 万亿元。由此可见，任何忽略老人存在的计划与愿景都是存在缺陷的。

同时，将老年群体作为科普对象，也具有极其重要的现实意义。这不仅仅是为了避免老年人上当受骗，更具有需求的弹性与迫切性。需求的弹性越大，需求的迫切性也就越低，可替代产品也越多，反之亦然。对于大多数的普通老年人而言，曾经的工作不仅仅是养家糊口之需，更是获得意义的一个渠道，这也是哲学家阿伦特所谓的人的活动从劳动到工作转变的积极生活模式之一。一旦退休，那就意味着获得意义的主要渠道被堵死。

---

* 本文发表于 2016 年 12 月 23 日《光明日报》A10 版。

接受科普知识，恰恰是补充意义库存不足的最好策略。

抛开老年人接受科普会获得意义这种宏大叙事不谈，仅就日常生活而言，获得了知识，也能给个体带来尊严、快乐和成就感，至少获得了相应的知识，生活会很充实。而且有研究显示，阅读、下棋或其他脑力活动可以预防阿尔茨海默病，也许更为现实的是那些曾经百无聊赖的难熬时光会因为知识而重新绽放出光芒。最不济，获得知识还能减少那些本可以避免的上当受骗的概率。现在各类保健品推销机构专门找老年人作为目标群体，除了了解老年人生活寂寞的原因外，主要还是看准了老年人知识不足的短板。17 世纪英国哲学家培根说过："知识就是力量。"今天看来，这话仍然没有过时。

当下科普工作主要集中于人群中的"青年坡"阶段，导致这个群体遭遇知识供给的过度饱和状态，从而呈现出科普效果不理想的局面，然而人群中的"老年坡"阶段则处于供给严重不足并被忽略的地位，而这部分群体处于对知识产品的需求弹性较小、迫切性较高状态（这些被遮蔽的偏好需要挖掘与培养）。因而，为了盘活这个年龄区间的智力资源，需要科普工作者结合老年人的阅读偏好从事科普创作，比如，调查老年人的科普内容偏好，以及产品的排版、设计、字体、印刷等环节都针对老年人的身心特点进行有针对性的生产，最大限度地提升老年人的科普体验。老年人一旦获得了科普知识，既可以增加其自身的存在感，同时还能提升整个社会的福祉。

科学传播的变革：从窄内容到宽内容*

21世纪初，一些学者（刘华杰、田松等）率先提出科学传播理念，并希望以此替代中国运行达50年之久的科学普及。应该说，学者们对于问题的聚焦是准确的。然而，这些年过去了，时至今日，科学传播的效果如何呢？换言之，在过往的生活中曾涌现出的重大事件中，科学传播可否起到应有的作用？客观地说，成功的案例与亮点并不多。在大众需求日益多元化的今天，科学传播的效果并不乐观。在过去的15年里，学者们从理论上解决了科学传播的一些基本结构与理念问题，如传播主体、传播渠道与传播受众之间的关系，并力图形成一种有针对性的科学传播范式，这些努力，对于一门新兴学科而言都是基础性的重要工作。但仅仅止于此显然是不够的，毋庸讳言，科学传播在中国除了传播知识的狭义功能外，还肩负多重使命：启蒙、去蔽与填充。这项使命要求科学传播从内在机制结构上满足中国人的多元化精神需求，也只有基于此，科学传播才会呈现出对于时代的敏感性，以及开拓出新的生长点，从而带来传播效果的“状态-结构-绩效”的真正改变，否则，科学传播之路会越走越难，最终消失在人们的关注视线之外。

一、人类认知框架的四维结构

现代的认知科学及科学哲学的研究成果已经充分证实，人类认识事物是通过头脑内已有的认知框架来完成的，认知框架内的运作机制则是通过认知图式来实现的，而认知图式是由各种理论构成的。我们是通过自己头脑内的理论来认识世界的，没有理论也就无法认识世界。关于这点，哲学家汉森在“观察渗透理论”的经典命题中已有很好的论证。由于观察是被

---

* 本文发表于2015年5月20日微信公众号“科学媒介中心”。

理论绑架或者污染的，那么，就存在另一种情况，即如果我们头脑内的理论是退化的，那么我们看到的世界也将是退化的。既然理论影响我们对于世界的观察，那么选择正确的理论就是每个人都面临的紧迫任务。笔者认为人类的认知结构是四维的：真理之维，解决人与自然的关系，它关涉真假问题；伦理之维，解决人与社会的关系，它关涉善恶问题；审美之维，解决人与自我的关系，它关涉美丑问题；信仰之维，解决人与灵魂的关系，它关涉意义与存在的问题。正是这四维的存在决定了人的精神生活的广度与深度，人类同时具有两种生活，即物质生活与精神生活，两者缺一不可，这是人与动物的本质性区别。物质生活需要消费物质产品，精神生活需要消费精神产品。对于物质产品的生产来说，只要社会环境稳定，在科技的帮助下，解决物质生活的需求是可以做到的，改革开放的 30 多年已经充分证明了这个问题。同理，精神生活的需求也是须臾不可少的，一旦精神产品的生产由于种种原因出现中断或者低质产品盛行，同样会出现群体精神生活匮乏的局面。想想各种低劣的伪科学、伪宗教之所以能在中国大地上盛行，无非是反映了两点：其一，人们的精神生活需求无法得到有效满足，精神产品的生产出现了问题，导致出现制度性短缺与匮乏；其二，伪科学、伪宗教等文化现象的出现弥补了精神产品市场供给不足的真空状态。随着社会的进步，人们的精神需求越发强烈，在缺少优质精神产品的背景下，即便劣质产品也比什么都没有要强，这就是伪科学、伪宗教等在中国盛行的原因。试问，在我们这里兴风作浪的这些东西为何在文化发达国家无法流行呢？因为，那里的精神产品的质量比起这些低劣的产品高明许多，在那里根本没有市场。毕竟所有人都是理性人，没有人会去花费时间和精力选择劣质产品。

如果笔者提出的认知框架的四维结构成立的话，那么我们来看一下当下国人认知结构中缺少什么。我们传统的做法是加强公众的科技教育并给予政策扶持，从这个意义上说我们的科技传播内容并没有出现短缺现象，甚至出现相对于公众需求而言的供过于求的现象。问题是科技知识并不能解决人类的所有精神需求。与之并行的是在精神生活领域，我们采取严格限制的做法，这就是我们大家都比较熟悉的“泛意识形态化”，结果导致正常的精神产品供给不足或者质量低劣，公众出现群体性厌倦，由此出现了大范围的精神生活匮乏现象。想想我们推行多年的伦理之维之所以失灵，就是由于这套体系不符合人性，结果出现很多人间悲剧。现在问题是，以儒家文化为代表的伦理之维是基于农耕文明建立起来的伦理体系，在工业化时代，这套体系的不足显而易见。毕竟工业化时代要遵守工业逻辑，它在人与人之间倡导自由、平等、独立的精神气质，这是基于劳动分工带来的深刻社会变化，儒家文化只适合变化很小的私人领域，由此就导致伦理链条出现了一个致命的缺口，即在私人领域之外儒家文化无法有效统领社会领域与公共领域，这是农业文明与工业文明两种文明内在的逻辑矛盾导致的，这就是儒家文化在公共领域的失灵问题。从宏观上看，“亚洲四小龙”的崛起说明了这个现象。在微观领域，如安乐死问题、黑客问题、转基因问题等，这些都是技术时代的产物，传统的儒家文化根本无法处理，必须有新的伦理结构来弥补这个缺口，否则社会的运行会出现问题。

再比如审美问题，传统的界定仍处于政治意识形态的附属阶段，导致那些树立起来的审美形象与习惯在遭遇市场的时候无一能幸免，究其原因，审美是主体对自我的关怀，然而，我们的审美标准依旧是对权力的无反思性的遵从，其结果自然是无法满足群体对自我关怀的需要，因而会被毫不留情地抛弃。比如，几十年前我们对邓丽君歌曲的批判，在今天看来都是笑话，为什么今天当我们听到邓丽君的歌曲仍然会感动，那是因为它以美的艺术形式彰显了人性的东西，它是对心灵的自我抚慰，相反，那些被强制推行的歌曲及艺术作品很快就淡出人们的视线，原因皆在于它是违背人性的。

再来看看信仰之维，这个领域一直被严格管控，几乎所有信仰体系都令我们紧张，我们提供的信仰体系又过于宏达叙事，导致公众逐渐厌倦那些虚无缥缈的乌托邦，反而寻求对于寻常巷陌里卑微而琐碎的真实存在的意义之诉求，通过对意义的追问，我们要为自己的琐碎生活寻找一个确定的理由或者合法性。这一块又怎么可能被省略呢？毕竟我们每个人都要生活于这个不可逆的世界中，我们每天都要与那些卑微的生活照面并筹划种种超越的可能性，由此，才有每个人希冀的在大地上诗意栖居的希望。毕竟古希腊哲学家亚里士多德早就说过：灵魂的本质是某种类型的身体的完善性和目的。遗憾的是，我们多年的教育以及奉行的理念是无灵魂哲学，由此，也堵住了对于在世行为的未来回报问题，所谓社会的失范现象皆与此有关，相信这个严重的后果我们在转型期都领教了。论述至此，已无需再多述，结论是相当明确的：当下我们精神产品供给存在严重的不平衡与不匹配现象，这种状况已经无法满足工业逻辑下人们精神需求多样化的需要。如果这个结论正确的话，科学传播必须要在这个大的时代背景下以新的姿态开始新的思维与行动，去占领那些精神空白领域，这是机遇也是挑战。

二、科学传播从窄内容向宽内容转变

基于上述分析，我们认为，当下国人精神生活正处于需求旺盛而高品质精神产品供给严重不足的阶段，这正是科学传播遇到的最好机会。以往的科学传播恰恰忽略了这个大背景，导致这些年的传播努力事倍功半，现在我们需要做的工作就是拓展科学传播的内容，我们以往的科学传播过于囿于科技知识的传播，而忽视了对其他知识的传播，这被称作“窄内容”传播。它的问题在于，我们国家原本就很重视科技知识的引进与扩散，并有多项相关政策的扶持，说句不太严格的话，这方面知识产品的供给相对于公众需求而言已经处于相对饱和状态，因而也就解释了为何这些年来我们的科学传播效果不理想。根据上面提到的人类认知的四维结构，科技知识只是充分满足了人们对于真理之维的需求，而其他三维则是科学知识传播与覆盖有限的地方，那里需求旺盛而供给又严重不足，那才是真正的供方市场。从这个意义上说，科学传播的内容要及时扩容，要把其他人文社会科学知识也纳入到科学传播的领域内，这样才能给科技传播事业提供新的增长点，并满足社会对精神产品的多元化需求。我们称这种模式的科学传播为“宽内容”传播。

现在的问题是扩容后的传播是否还能叫科学传播。这就需要我们改变传统的保守观念。当年英国物理学家贝尔纳在给科学下定义的时候曾意味深长地采取了五维度的模式，而不是武断地下一个简单的所谓严格定义，这就是基于科学的生长特点。而且引入宽内容后也有利于科学对于自身的纠偏作用，时刻提醒科学其自身不是万能的，那些人文社会科学成果同样是经过确证的有效的知识。这样一来就解决了长期精神产品供给不足的困境，毕竟经过这些年的发展，科技传播事业已经拥有了比较完善的队伍与建制，这些专业工作者提供的精神产品相信会比那些伪科学、伪宗教等提供的产品具有更高的质量，由此，也就实现了科学传播的三大功能：启蒙，用各种先进知识唤醒公众的理性；同时这些宽内容知识的传播也给人们带来了解放与自由，这就是去蔽作用；另外，这些新内容也替换掉了人们头脑内的退化理念，并带来对世界的全新认识与理解，价值共同体得以确立，整个社会的文明程度也随之提升。

高等教育改革能否跨越“马太效应”陷阱*

2016 年 6 月 30 日，教育部官网宣布一批规范性文件失效，其中包括《关于补充高等教育“211 工程”三期建设规划的通知》《教育部 财政部关于继续实施“985 工程”建设项目的意见》等。这个信息引发教育界的广泛猜测，很多人认为这是教育部明确废除形塑中国高等教育的两大工程。教育部在随后的解释中明确指出，所有这一切的改革，都是为了贯彻党中央、国务院于 2015 年提出的《统筹推进世界一流大学和一流学科建设总体方案》，基于这个新的战略目标的安排，将过去 20 多年间主导中国高等教育格局的 985 工程大学、211 工程大学、优势学科创新平台及特色重点学科等重点建设项目，统一纳入世界一流大学和一流学科建设的轨道，这就是当下国人热议的高等教育“双一流”战略目标。

在探讨“双一流”建设的远景之前，我们需要对以往的高等教育改革的成败得失做一些回顾，由此才能避免：过去不再启示未来。

一、中国高等教育布局结构与现状

当下中国高等教育的结构，如果粗分是四层结构，从最核心向外扩展分别是 985 高校、211 高校、普通本科院校及高职高专，如果再细分下来就是六层结构，新增加的两层都发生在 985 高校层面，即 2+7 模式（2 是指北京大学与清华大学，7 是指余下的浙江大学、复旦大学、上海交通大学、南京大学、中国科学技术大学、哈尔滨工业大学、西安交通大学），这就是所谓的 C9 联盟。中国高校的金字塔结构的形成，既有历史积累的原因，也是制度安排的结果。这期间起到决定性作用的就是 211 工程与 985 工程的实施。211 工程缘于 1993 年党中央、国务院提出在 21 世纪建设 100

---

* 本文发表于《财经年刊：2017 预测与战略》。

所重点大学的构想，实际建设了 112 所大学；而 985 工程则是 1998 年江泽民同志在北京大学校庆时代表党中央和国务院提出的建设若干所具有世界先进水平的一流大学的设想，前后两批共有 39 所大学入选。2011 年以后教育部已经明确宣布两大工程关门，不再新增设学校。至此，中国高等教育的顶层结构布局彻底固定下来。

根据教育部统计数据，截至 2016 年 5 月 30 日，中国大陆目前共有各类高等学校 2879 所，其中普通高等学校 2595 所（含独立学院 266 所），成人高等学校 284 所。具体区域分布见图 1。

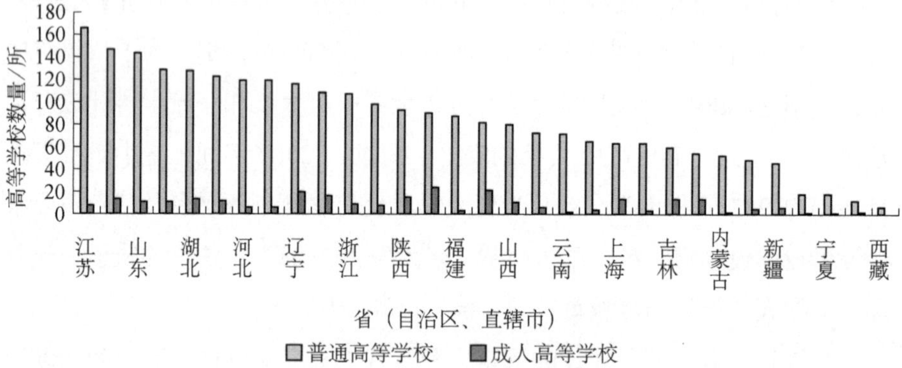

图 1　中国高校地域分布图

资料来源：根据教育部数据统计整理

这些高校的地域分布大体上能反映出两个现象：其一，高校数量分布与区域经济发展状况直接相关；其二，高校质量的分布存在结构性失衡。

重点大学与非重点大学的区分，可以作为代表高校质量的一个硬性指标，为了突显中国高校在质量分布上的这种区域性结构失衡，我们再来看看由国家认定的重点高校（211 高校）的区域分布（图 2）。

图 2 显示的数据很惊人，即 211 高校存在高度集中现象，而且这种集中现象并不与区域经济发展状况直接相关，造成这种过度集中的原因有二：其一，北京、上海、江苏等地历史上就是传统教育发达之地，也是中国现代高等教育的起源之地；其二，这种分布结构直接呈现了制度安排的结果，而且一旦确定，就很少有变更的可能。没有入围的高校再怎么努力也无法

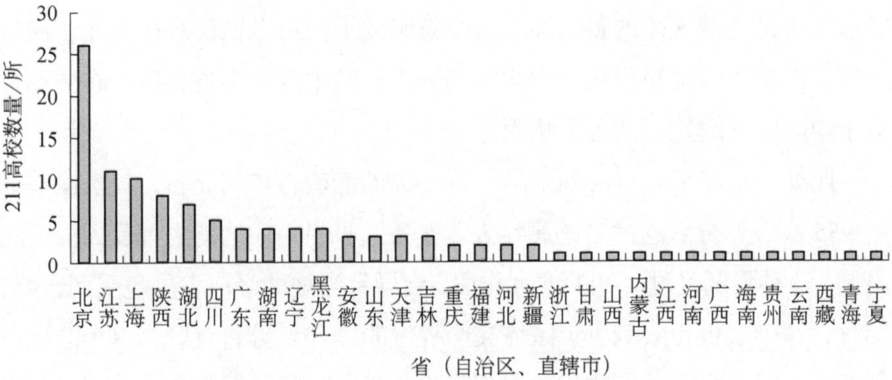

图 2　中国 211 高校地域分布图

资料来源：根据教育部数据统计

进入，因为它把准入的大门制度性地关闭了，反之，那些入围的高校，不论多么无所作为，也仍然被称作重点大学，享受着特殊的经费分配原则，仍然吸引着优秀学生的报考。这种僵化的制度设置是存在严重弊端的。高校质量分布最严重的结构不平衡之处在于最顶端大学的结构分布，即 985 大学的区域分布（985 被称作重点大学中的重点）（图 3）。

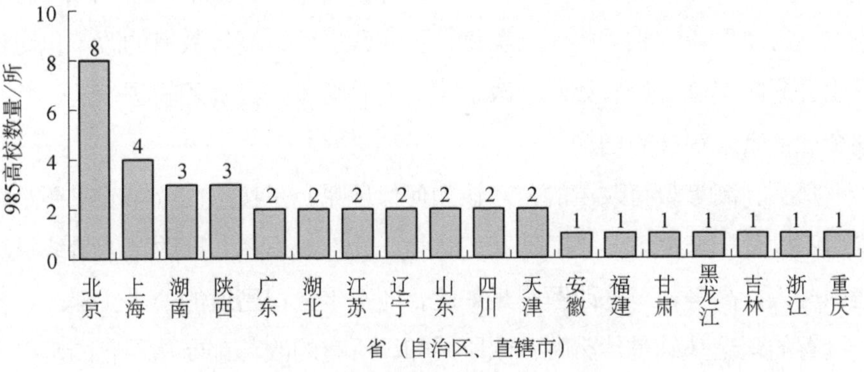

图 3　中国 985 高校地域分布图

资料来源：根据教育部数据整理

从图 3 中可以清晰地发现：中国的一流高等教育资源分布结构严重不平衡。造成这种局面的原因主要有两个：其一，传统的因素，如大多一流高校都分布在历史文化悠久、经济条件比较好的地区；其二，一流大学的这个分布结构还与制度安排有密切关系，如湖南省与陕西省。众所周知，重点大学是高端人才的蓄水池，这个蓄水池不但可以留住高端人才，而且还可以源源不断地吸引优秀学生的到来。从这个意义上说，这个布局结构对于中国区域的知识储备影响深远。

比如，加起来人口占到中国人口 1/7 的河南省与河北省，竟然没有一所 985 高校，导致这两省的高端人才储备及吸引人才的能力都受到很大的限制。这种限制经过时间的放大作用，会导致当地的经济发展也受到影响，同时，这个短板也限制了该区域文明程度的提升。毋庸置疑，这个区域已经事实上陷入马太效应的劣势累积陷阱，经过时间的累积放大作用，如果不从结构上改变，这种认知偏差会越来越大，而且影响深远。

二、衡量高等教育改革的两把尺子——公平与平衡

衡量高等教育改革可以有很多视角，但是具有根本性意义的尺度却是从制度美德的角度出发的，这是所有改革的最基本伦理基准线。按照柏拉图在《理想国》中的经典表述就是：城邦的最大美德是正义。把正义理念落到实践层面那就是公平。而教育体制只是众多制度设置中的一种，因此，它的运行也要遵守相同的正义美德，在实践层面，高等教育的改革也应体现出公平的美德。只有如此，改革才能沿着帕累托最优的轨迹变迁，并给整个社会带来福祉的增加。

那么，高等教育改革的公平该如何体现呢？是按空间分布公平还是按人口密度分配来兑现公平呢？我们认为，显然是后者，即改革的最终目标是服务人，高等教育的改革更是如此，即基于人口密度的公平。那么，整个设置的理论基础是什么呢？众所周知，所有的改革都要从现有的基础上起步，为了深入探讨改革的公平基础，我们需要对当下高等教育的资源配置基础做些简单梳理。

按照财政部和教育部的最新统计口径，教育经费的来源大体有五个来源，国家财政性教育经费、民办学校举办者的投入、社会捐赠、事业收入及其他教育经费。其中，主要部分是国家财政性教育经费，约占教育经费总量的 80%，为了简化分析，我们以国家财政性教育经费的投入与配置作

为分析的基点。2013 年全国教育经费投入总量为 30 365 亿元，其中用于普通本科教育 6523 亿元，占总教育经费投入的 21.48%，即总教育经费中的 1/5 多一点用于高等教育；总教育经费中，国家财政性教育经费投入为 24 488 亿元，其中普通本科教育经费为 3973 亿元，占国家财政性教育经费投入的 16.22%，换言之，国家财政性教育经费投入中，只有约 1/6 的经费投入高等教育，考虑到中国大陆有 2879 所高校，平均下来每所高校也就 1.38 亿元。由此可见，各所大学都处于经费严重紧张状态。因此，来自国家财政性的教育经费的配置才是体现公平的主要着眼点。

高等教育的发展时刻离不开各种资源的支撑，其中最为重要的是经费资源，没有适当的经费支撑，高等教育的改革很难有大的作为。然而，中国高等教育经费的分布在区域之间存在很大的差距（图 4）。一些传统经济发达地区有更充足的经费支持，由此可以预见，那些有较强经济实力的高校更有能力、意愿及可能性去改变高等教育的面貌，同时，这组数据也预示着一些区域的高校在下一轮竞争中的处境将更加艰难。

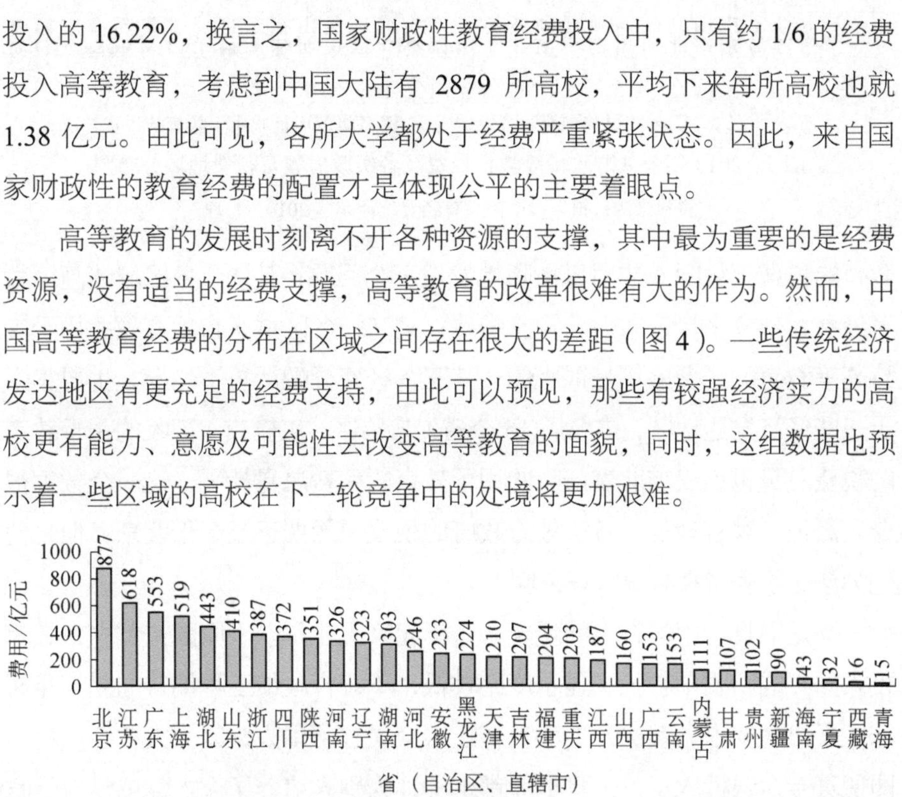

图 4　2013 年各区域高等教育经费投入总量分布图

资料来源：根据《中国教育经费统计年鉴 2014》整理

这里存在一个“抽水机”现象，发达地区会从不发达地区把优质资源抽走，比如人才的逆向流动，如果无法阻止这个现象，欠发达地区的高等教育的处境将会更加边缘化，从而陷入进退维谷的境地。面对这种可预见的结局，我们还需要细分各区域教育经费的构成，只有如此，才能发现问题所在。

中国高校的主要经费收入来源于政府公共财政预算经费，而公共财政教育经费主要包括两部分——公共财政预算教育经费与各级政府征收用于

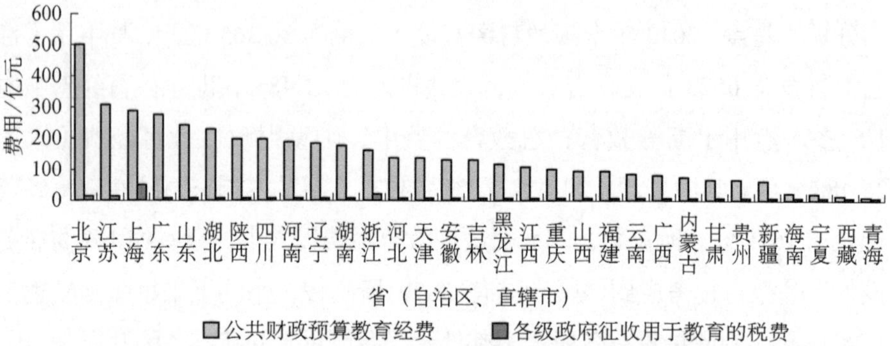

图 5　2013 年公共财政预算教育经费及各级政府教育税费地域分布图

资料来源：根据《中国教育经费统计年鉴 2014》整理

教育的税费。从图 5 中可以清晰地发现三个问题：其一，各区域的高等教育经费大部分来自公共财政预算经费；其二，各区域来自地方税务用于支持高等教育的经费比例是很小的；其三，经费分配严重不均衡，主要集中于一些经济发达地区，排名后 15 个省（自治区、直辖市）征收的用于教育的税费总量也仅仅与北京征收的用于教育的税费总量持平，这一个数据很令人震惊。客观地说，各级地方政府的税收总量要远远高于北京，但是他们为什么不舍得在教育上投入呢？

这是很具有中国特色的现象，分析起来无非是以下原因：首先，教育投入回报的回收期较长、显示度比较低，不符合政绩工程期待的立竿见影和短平快的要求；其次，担心教育投入会便宜了别人，因为人才会流动，即便真金白银投入了，一旦毕业都走了，为别人培养了人才，感觉自己吃亏了。这就是区域管理者对高等教育特有的短视性偏见。

管理者很少意识到：高等教育是当地最大的人才蓄水池，如果投入了经费，改善了当地教育的存在状况，这种改变会吸引更多的人才来此工作和学生来此求学，从而形成人才的局部集聚效应。反之，你不舍得投入，现有的人才会流失，优秀的学生也不愿意来，从而陷入人才的荒芜之地。从长远来看，人才的丰裕程度直接标度了当地的文明基准线的高度及制度成本的高低，而这些都是经济持续发展所必需的条件。

抛开教育体制僵化不谈，仅从公共财政的预算分布来看，北京获得的经费总量相当于后 10 个省（自治区、直辖市）的总量。这一数据显示的意义巨大，即北京从公共财政中获得了 584 亿元的经费，是全国区域中获得最多的。北京征收的地方税务中用于高等教育的经费也达到了 14.2 亿元，在全国位列第四（仅次于上海、浙江与江苏），排名第一的是上海，征收的税费中用于高等教育的达到 51 亿元。这组数据也恰恰反映了各级地方政府对于高等教育的真实态度，很多省（自治区、直辖市）仍然沿袭了自己不出钱，一味伸手向国家索要份额的策略，这是很不负责任的行为，长此以往，高等教育在这种地方只会在马太效应的陷阱里越陷越深，无力自拔。

就目前情况而言，中国高等教育的马太效应现象非常明显，马太效应的弊端在于资源过度集中，从而遭遇边际产出递减的硬性约束，此时，为了化解马太效应的弊端，只要有相应区域仍处于边际产出递增区间，就会起到一些分流作用，从而实现资源的最优配置。那么，在各区域间哪里有更合适的发展空间呢?

要使高等教育改革能够获得成功，需要两个必要条件：其一，这个区域要有一定的经济规模，换言之，要有投资于教育的能力，画饼充饥是无济于事的；其二，这个区域必须要有一个适度的人口总量，因为教育改革最终是要落实到最大多数人的头上的，只有如此，改革的现实收益和潜在收益才能得到最大限度的彰显与认同。

基于这两个硬性条件，图 6 中显示的是 2015 年全国各区域 GDP 的排名情况，从中大体可以发现满足第一个条件的区域分布状况，排名前 14 名的省（自治区、直辖市）都已经进入到 2 万亿元俱乐部（第 14 名安徽省的 GDP 为 2.2 万亿元），这个经济体量可以满足第一个条件。因此，可以明确地说，这 14 个省（自治区、直辖市）更有能力加大高等教育的投入，并进行高等教育改革。但这 14 个省（自治区、直辖市）里只有河南和河北两省没有 985 高校，而两省的经济总量达到 6.68 万亿元（相当于世界上一个中等体量的国家，2015 年墨西哥产值 11 614 亿美元，世界排名第 15 名），更为重要的是两省拥有庞大的人口基数，2015 年数据显示，两省拥有人口达 1.67 亿人（相当于世界排名前 10 的国家，孟加拉国人口 1.64 亿人，排名世界第 8)。因此，这个既有进行教育改革的经济实力，又有改革的现实紧迫需要的区域，应该有一到两所一流品质的大学，如果两省能够实现教育改革联盟，那么此举对于中国未来的样貌改变意义巨大。

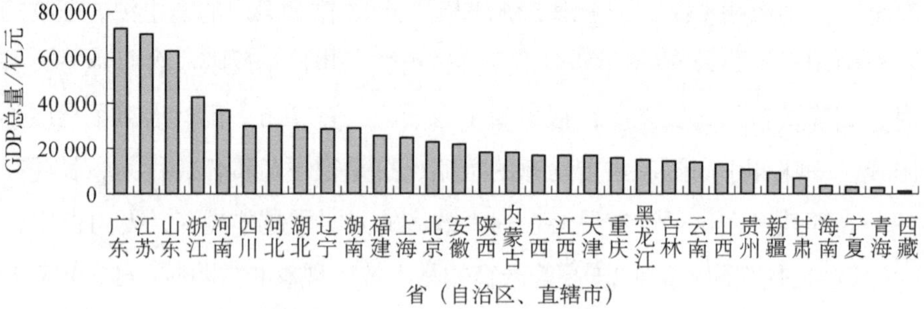

图 6　2015 年区域 GDP 总量排名

资料来源：根据国家统计局数据整理

三、造就从马太效应到虹吸现象的通道

这轮高等教育改革从表层的去特权称号开始，仅具象征意义，并未涉及实质，如果这次改革没有后续的有力跟进与资源支撑，那么意义有限。人们早已默认那些著名大学的存在，即便那些称号不在了，其根底也未变。因此，为了使这次改革能够真正走向深入，后续的跟进必不可少。

基于上述的分析，后续的跟进应该分两个层面来进行：首先，各级地方政府应该努力创造条件，让区域的高等教育得到实质性的支持，这些支持是多方面的，有经济的、制度的、文化的。可以说，地方政府可以利用的政策工具有很多：加大教育投入，使用于高等教育分配的资源总量增加，然后再在分配中体现最低限度的公平，以此倒逼公共财政教育经费分配额的公平。

客观地说，在世界主要发达国家中，我们国家的教育投入一直严重偏低，我们千辛万苦达到的教育投入占到 GDP 的 4%，这个标准也是世界银行在 30 年前的世界平均水平，时至今日，主要发达国家的这一数据大多为 6%～8%，由此不难想见，我们的教育面临的困境主要源于制度安排。北京大学周程教授在评价日本获诺贝尔奖出现“井喷”现象时指出：日本在经济起飞那些年间对教育的投入占 GDP 的 8%以上。这也间接解释了为何日本科技界在诺贝尔奖上的表现如此突出。

反观我国，已经是世界第二大经济体了，但我们在教育上的投入仍然是捉襟见肘，这是很吊诡的事情。决策者总是想方设法地把教育的投入转嫁到民众头上，然后分享其未来的社会收益，问题是这种贪小便宜的思路，危害很严重，这种短视导致社会变迁和文明提升的进程被制度性遏制。

任何管理者都要明白，投资于教育就是投资于未来。诺贝尔经济学奖获得者舒尔茨早就证明：投资于人才资本是边际产出递增的行为。21 世纪了，这应该是全社会的共识，因此，教育资源的配置与分配必须基于公平原则进行改革，否则任何教育改革就是一句空话。

抛开国家层面的改革不谈，仅就地方政府而言，也应该深刻意识到高等教育改革的意义。由于当下的中国高等教育已经陷入马太效应路径，开始出现边际收益递减现象，因此，可以借助于这个机会实现后发优势。

笔者这几年一直在思考，区域间是否也会出现人才与资源的“虹吸现象”。所谓虹吸现象就是一个简单的物理现象：水会从高水平面的烧杯通过高于它的弯曲的联通管道流到低水平面的烧杯里。它产生的根源在于两者之间存在一个压强差。因此，如果措施得当，在高等教育改革的实践中也是可以实现虹吸现象的，即把人才和资源从高处吸引到低处。

基于这种设想，实现虹吸现象要解决两个问题：其一，联通渠道的完善性，即落后地区可以通过各种特殊的制度安排，为人才与资源的流动提供制度性便利（如户口、档案、人事关系等，反观发达国家都不需要这些），当下的管理者对于吸引资源已经没有认知障碍，但是对于吸引人才仍然是首鼠两端的态度。中国在上一轮竞争中，南方区域通过实行“绿色通道”计划，完胜北方，其利用的就是降低制度成本的方法。其二，从经济学视角看，人才流动的边界条件是流动的净收益=流动的预期收益－当下收益－流动成本≥0。当经济发达地区的生活成本直线攀升的时候，相当于降低了所在地个体的当下收益，已经产生了明显的挤出效应。所有这一切都相当于增加了人才流动的净收益与驱动机制。因此，欠发达地区可以充分利用这点，利用完善的制度环境（相当于降低制度成本）快速吸引人才，从而实现人才的集聚效应，而高校的建设与扩张相当于为人才提供了一个巨大的蓄水池。

另外，这次“双一流”计划与以往的211、985计划的不同之处在于，这次改革是开放的，以往的211、985计划是封闭的，一旦选定不再调整，这也是上一轮高等教育改革遭到诟病最多的地方，高校的分层应该是自然竞争的结果，而不是制度设计的结果。

此次“双一流”计划则是动态调整的，任何高校一旦取得实质性进步，就可以进入“双一流”系列，同时，那些表现欠佳的高校则会被无情踢出。这就为整个高等教育改革提供了激励机制，也为地方政府支持高等教育改革提供了明确的回报标的与直接的政绩收益。

四、结语

高等教育改革是功在当代、利在千秋的伟大事业。遗憾的是，我们在这方面与世界的先进理念差距甚大，只想搭便车的思路是行之不远的。所有发达国家之所以重视高等教育事业，是因为他们看到了其巨大的潜在收益。在知识经济时代，以知识引领社会已成共识。管理者应该有耐心，克服短视的偏见，加大教育投入，基于公平原则分配资源，为教育改革取消各种制度性障碍。

我们每年出国留学的费用高达2000亿元，可见，仅就经济意义而言，高等教育改革是有巨大收益的；另外，意义更为深远的是，高等教育改革也是提升文明、改变群体落后观念、助推社会发展转型的有力杠杆。

创新“链式反应”必须从中学开始*

在创新概念日益泛化的今天，真正的创新也变得越来越难。虽然我们无法预知未来某一项重大创新发生于何时、何地及何人，但可以肯定，我们当下最重要的工作一定不是去不计成本地制造出一两项仅具有面子工程性质的创新成果，而是为未来夯实创新的基础。

一、洞察创新的“链式反应”

从因果关系来理解“创新”活动也许更为直观：具体创新是果，而产生创新的土壤是因。因此，一旦具备了孕育创新的思想土壤，那么创新作为一种观念的产物便会源源不断地产生。基于这种思路，我们该如何经营创新，就转换为创新能力的培养问题，那么，从哪里着手创新土壤的建设呢？这就是全社会急需安静下来认真思考并加以解决的问题。

在解决创新土壤的建设问题之前，我们需要解决一个基础性问题，即创新发生与发展的特点。

根据科学史的研究，我们考察了第一次工业革命时期的创新特点。在第一次工业革命时期，英国率先完成了圈地运动，由此带来了农牧业的规模化发展，从而为纺织业提供了大量的原材料，此时的纺织业生产链条是棉毛原材料、纺线、织布及动力配置。

在市场经济社会，这个产业链条在一个特定时期内基本上是均衡的。1733 年英国的约翰·凯伊发明飞梭，织布效率大幅提升，出现纱荒，此时原有的产业链的平衡被打破。在这个时期，棉毛等原材料产量也开始大幅增加，原有的纺线技术已经无法应对快速增加的原材料以及下游织布业对于纱线的需求，解决纱线短缺就成为整个产业发展的瓶颈。

---

* 本文发表于 2015 年 12 月 18 日《文汇报》A7 版。

1765年，哈格里夫斯发明了珍妮纺纱机，纺纱效率的提升，极大地解决了棉毛原材料过剩与纱线短缺的问题。然而珍妮纺纱机的出现，却导致支撑原有产业链的动力系统出现严重的不匹配现象，此时，为了解决动力不足问题，1776年瓦特发明了具有实用价值的蒸汽机，这就引发第一次产业革命的快速扩散，人类文明由此进入新阶段。

由这个案例我们得出一个很有趣的结论：在一个原本平衡的产业链条上，只要有一个环节出现革命性变化，随之会导致整个产业链的平衡被打破，由此带来上下游产业链发生跟随性的改变（创新），最终产生适应变化了的新产业链条平衡。这个过程从宏观的历史角度上看就是一幅壮观的“链式反应”。创新的这种链式反应具有普适性，我们在别的领域也能发现此类现象，比如物理学中量子力学的出现带来相关学科的变革等。由此，我们认为创新的发生会带来一种普遍的链式反应，由此也预示着只要我们在整个产业链的某个关键点有所突破，那么，来自上下游的变革就会必然发生。

二、观念框架“三维”发展失衡是抑制创新能力的根本原因

科学哲学家波普尔一再强调在科技发展过程中的理论优先性问题。这个观点通俗地说就是：没有理论你什么也看不到，也想不到。

今天的科学早已告别整理材料阶段，已经上升到理论科学阶段，在这个阶段波普尔的理论优先性是非常有道理的，也被科学史的研究所证明。在承认波普尔的理论优先性基础上，笔者做出一个推论：拥有进步理论的人会有更多新发现；反之，拥有退步理论的人将很少有新发现并进入退化阶段。简单设想一下一个相信地心说的人和一个相信日心说的人之间的差异就不难理解这个现象。

那么，这些理论的作用在人的实践中是怎样体现出来的呢？这就是我们要说的概念框架问题，它的运行模式是这样的：人的行为是由头脑内的观念决定的，具体来说就是头脑内的观念框架构成我们的认知图式，有什么样的认知图式就会产生与之匹配的行为模式与选择。这是人作为理性动物的基本表征。从这个意义上说，我们每个人都是自己头脑内的观念的奴隶。

观念框架是由什么构成的呢？为了和常识中的世界观概念区别开来（世界观太大，也很笼统），我们把头脑内的概念框架的构成分为三维结构：其一，真理之维，它解决人与自然之间的关系问题，它的终极目标是鉴别真理与谬误，我们教育系统中所传授的各种科技知识都属于这个维度；其二，伦理之维，它解决人与社会之间的关系问题，它的终极目标是识别善恶；其三，审美之维，它解决人与自我之间的关系问题，它的终极目标是区分美丑。这三维结构有机整合起来就构成我们每个人的观念框架与认知图式，我们就是通过这套认知结构孕育与释放个体的创造力的。一个理想的观念结构是三维均衡发展，由此形成一个具有多元基础及强大生产能力的观念框架。反之，如果一个人的观念框架的内在结构不匹配，则会制约创造力的孕育与释放。

遗憾的是，我们现行的教育体系所塑造的观念结构是严重不匹配的，片面强调学术成分的发展（主要是科学知识），即真理之维，严重忽视其他两维的发展，结果就导致我们培养出来的学生都是“跛足”人才，而这类人才其内在的观念结构存在先天缺陷，缺少其他两维的有力支撑，致使知识之维的发展最终也受到影响，因而普遍出现发展后劲不足现象。毕竟科学的最原始根基离不开形而上的思考。这也就是我们的教育培养不出大师的所谓“钱学森之问”产生的根本原因之所在。

英国人力资源专家肯·罗宾逊认为：创造力依赖于情感与思维之间的交互作用，以及不同学科与思想领域的彼此作用。对于一个均衡的观念框架来说，三维之间保持一种平衡，相互支撑、相互启发，这样才能最大限度地激发一个人的创造潜力。反之，一个不均衡的观念框架则起不到这种相互的支撑作用，反而制约了创造力的培养与释放。

三、文明基准线与创新能力密切相关

如果说观念框架的完善与否只是影响个体的创新能力，那么，一个区域的整体创新能力则与那个特定区域的文明程度直接相关。

我们通过研究得出一个推论：文明程度高的区域创新能力也相对比较

强，反之亦然。一个地区的文明基准线既不是按照这个区域的最高文明水准划定的，也不是按照这个区域的最低水准划定的，而是由这个区域的均值来决定的。构成一个区域文明程度的要素有很多，但其中最重要的因素是群体的教育水准。

因此，我们可以粗略地将一个地区的平均教育水准等同于该区域的文明基准线。由此可以得出一个推论：教育程度高的区域创新能力较强，反之则很弱。对全球创新指数中排名靠前的国家的分析，基本可以印证这个推论，即文明基准线高的区域创新能力普遍比较强。这应该归功于其国民的教育程度普遍比较高。根据这个推论，我们来看看中国的文明基准线程度及创新能力的状况。

图 1 显示的是第六次全国人口普查展现出的国民受教育程度的数据，不难看出，有 7 亿人口是初高中毕业，小学毕业人数达 3.6 亿。因此，按照受教育程度来划分，中国的文明基准线位于初高中部分，均值折算成年限大约为 10 年。换言之，中国的文明基准线是 10 年教育水准，这样的文化梯度无力支撑高科技时代的创新需求。由此也不难发现中国的整体创新乏力的深层原因。

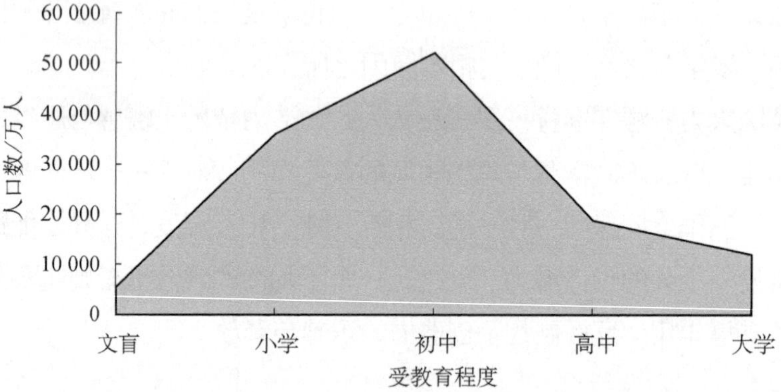

图 1　第六次全国人口普查国民受教育程度人口分布图

资料来源：根据 2010 年第六次全国人口普查主要数据公报整理

图 2 非常直观地反映出我们 2014 年进入市场的人力资源的受教育程度。每年有 1400 多万高中毕业生（其中有近 50%进入大学），另有近 700

万的大学毕业生，直接进入了人才市场。这组数据一方面表明我们在以比较快的速度提升整个社会的文明基准线，由此推之，整个社会的创新能力也在缓慢提升，这是一个好势头；但另一方面，也暴露出那些未进入大学的高中毕业生的创新能力如何才能不被浪费，并得到有效开发，这就是当下面临的一个紧迫问题。

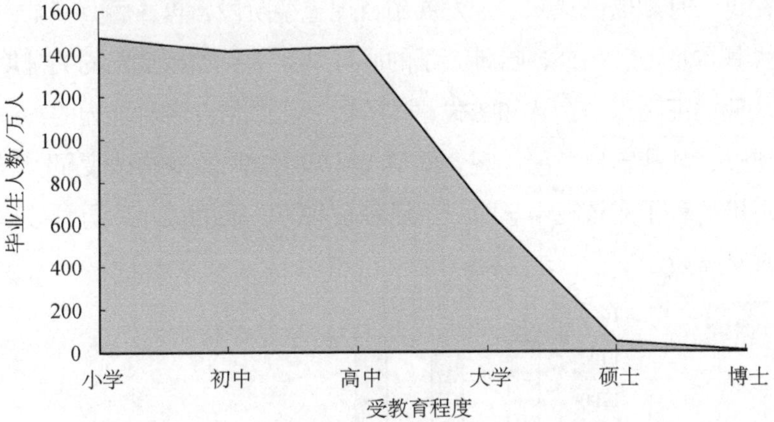

图 2　2014 年各教育阶段应届毕业生分布图

资料来源：根据 2014 年全国教育事业发展统计公报整理

四、创新能力的培养应该从中学开始

创新实质上是一种观念的具体化过程，结合上面的分析，我们知道观念的产生是由个体大脑内的观念框架决定的。要产生丰富的想法，就需要个体头脑内具备完善的认知图式，这个进步图式会产生源源不断的新想法。

从某种程度上说，我们的教育理念仍显落后。当下，部分学校唯升学率马首是瞻，无非反映了我们对于世人眼中的有用知识（真理之维）的片面化强调而已。它符合功利主义的价值观，但这种情形却不可避免地造成其他两维的弱化，从而导致整个中学生群体的认知图式出现制度性偏差，而这种偏差的结果要等到多年后才会体现出来，到时想改变为时已晚。

图 3 是我国 2014 年各教育阶段毕业生的数量分布图，它清晰地显示了我国人力资源市场的知识结构分布，同时也指涉了一个非常重大的隐性问

题：广义的创新能力的培养应该从哪个阶段的人群入手？显然人群的两端都不是合理选项。

我们认为，创新能力的培养应该从具有最大数量的人群入手，即中学生。瑞士心理学家皮亚杰在研究人类的认知发展阶段时早已指出：青少年在 12～15 岁阶段就已经基本上完成认知中最为高级的形式运算阶段的培育，在这一时期道德认知已经发展到自律道德阶段，再往后，头脑内的认知图式基本定型。另外，哈佛大学的心理学家平克教授提出的关键期概念也能从侧面证明，一个认知图式建构阶段，正是培养各种能力的关键期，一旦错过，功能窗口关闭，观念框架与认知图式就很难再改变了。因此，创新思维的种子应该在中学阶段就已经被种下，而到成年后再种效率会低很多甚至无效。

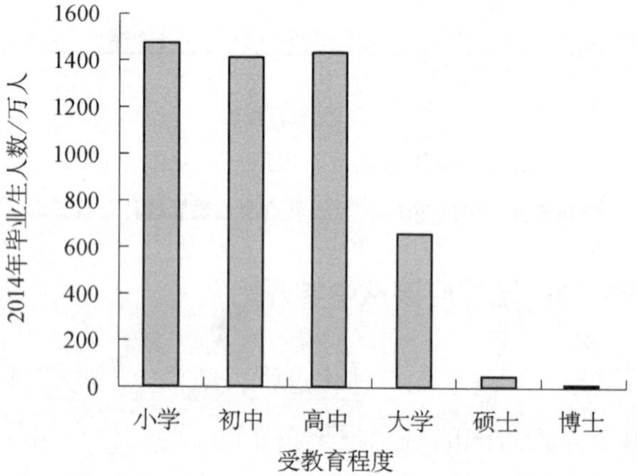

图 3　2014 年各阶段毕业生分布图

从这个意义上说，改变中学教育的观念框架对于未来全社会的创新能力培养与释放具有基础性作用。因而，就酝酿创新能力的观念框架的建设而言，中学比大学更重要，毕竟有很多人是无缘进入大学的，但是，这些人同样要走向社会，如果他们在中学阶段就具备了比较完善的观念框架与认知图式，那么，进入社会以后，这种能力仍会形成持续的、可观的创新浪潮。

在整个教育链条上，占有重要位置的中学改革将会引发教育体制变革的链式反应。当然，率先走出这一步的学校，可能会面临与承担短期内升学率下降的风险与成本，而它的回报要等到未来很多年以后才有所体现。但是，这种努力的未来价值是不可估量的。至少，它会打破当下各高校在招生中的掐尖与抢生源现象，这种现象反映了高校对于创新能力孱弱的一种被动反应，期望通过获取优质生源的未被扼杀的创造力来弥补创新乏力的困境，因此，教育改革应该从中学开始，让中学改革倒逼大学改革。

新一轮区域间知识资本竞争的巅峰对决*

2016年4月5日，国务院正式批复建设郑洛新、沈大与山东半岛三个新的自主创新示范区，以此落实创新驱动发展战略。此举透露出的改革布局特点非常明确，即三个示范区都分布在北方，预示着决策层对于中国南北区域间经济发展不平衡的主动调整。另外，这三个示范区无论在人口数量、科技基础还是经济规模方面，在整个北方经济体中都占有重要地位，一旦取得突破，不仅可以快速缩小南北差距，还可以极大地提升北方的整体创新实力。现在的问题是，需要从理论上找到推进创新示范区建设的切入点，为此，我们以山东半岛自主创新示范区为例，展开一些深入的分析，希望以此为二级配套政策的出台提供一些思路与建议。

对于自主创新示范区的认识要排除两个错误观念。其一，新圈地运动。把自主创新示范区简单等同于过去的开发区、高科技园区等旧圈地概念。客观地说，人们头脑中的开发区与高科技园区的印象，更多的是一种空间概念。例如，把某块区域从原有架构中划出来，充其量再给予一点政策优惠，然后就美其名曰高科技园区或开发区，结果导致这些区域的运行大多不成功。此番新设立的自主创新示范区绝非地理空间的简单放大版。其二，政策大礼包。这个说法只说对了一半，如何充分运用政策大礼包才是最关键的，也是需要智慧的。

创新在任何时候都是稀缺的。笔者近几年一直在完善创新的社会基础支撑条件五要素框架模型，该模型认为，支撑创新的社会基础条件包括五要素，分别是制度要素、经济要素、人才要素、文化要素与舆论要素。这五要素之间不是简单的堆积关系，而是存在着密切的耦合机制，否则创新是无法实现的。各地的发展状况不同，以及要素之间存在着补偿机制，因

---

* 本文发表于《科学与管理》2016年第2期。

而，要实现创新，通常需要满足最低社会基础支撑条件（即两项硬性基础支撑条件加上一项软性基础支撑条件，这里有多种组合方式），低于这个最低基础条件配置，创新就无法发生。放眼世界可以清晰发现，创新能力强的国家和地区，大多具有比较完备的社会基础支撑条件，而且在制度安排下，要素之间的耦合机制发挥得比较充分。反之，中东石油国家虽然有雄厚经济实力，但其他基础支撑条件并不具备，而且要素之间无法形成密切的耦合机制，故而，那些"土豪"国家也无法实现有效创新。

对于山东半岛自主创新示范区的建设而言，它所具有的基础支撑条件优势在于：获得相对于其他地区更为宽松的政策支持优势（相当于制度要素），以及比较雄厚的经济支撑。那么，根据前文提到的最低社会基础支撑条件模型，当下最紧迫的任务就是加紧完善人才基础支撑条件、文化与舆论基础支撑条件的建设。先不谈软性基础条件要素的建设问题，仅从人才基础条件切入，那么山东的人才储备如何呢？根据我们前期的研究，把相关数据梳理出来后，不难发现其中存在很多亟待完善的地方（表 1）。

表 1　山东省支撑创新的基础条件指标及其排名（2015 年）

山东指标	经济总量（GDP，2015 年）	杰出青年人数（1994～2015 年）	长江学者（1999～2015 年）	博士、硕士毕业生（2013 年）	全时当量 R&D 人员	创新成本（从高到低，降序排列）（2013 年）	人才成本（从高到低，降序排列）（2013 年）	文化基准线
数量	63 002 亿元	69 人	71 人	22 623 人	254 013	128.22 万元/项	23.35 万元/人	8.2 年/人
全国排名	第 3 名	第 13 名	第 13 名	第 9 名	第 4 名	第 6 名	第 17 名	第 15 名

从这组数据可以非常直观地看出，山东省在支持创新的高、中端人才的库存上存在严重缺口，导致创新成本严重偏高。根据市场的"物以稀为贵"准则可知，由于人才缺乏，创新人才成本也较高。通过分解创新成本的构成，已经明确印证了这个事实。山东省多组人才数据指标的排名与山

东经济总量的排名严重不匹配。基于学术界已经达成的一个基本共识，区域的知识资本存量主要由其人才存量构成。从全球背景来看，当下的创新是基于知识的创新，因而，筹划中的山东半岛自主创新示范区首先应该是人才集聚区。一旦人才集聚效应形成，既可以降低创新成本，又可以提升当地的文化基准线，从而缩小创新链条之间的知识梯度差问题。同时人才又能促成制度向包容性制度的转变，而这种转变又会进一步促进人才集聚效应的形成，它的衍生产品就是文化与舆论条件的改善。显然，人才问题已经成为当下山东半岛自主创新示范区首先需要解决的问题。解决人才短缺的路径无非两条：引进与培养。前者立竿见影，短期就可以见效；后者是一种长期制度化安排的结果，具有人才蓄水池的功能。其实，人才的竞争已经在很多地区大张旗鼓地进行着。政策（制度要素的产品）在人才集聚中可以发挥三种功能：其一，打破制度对人才的束缚，主动降低制度成本（如档案、人事关系等）；其二，营造一种公平的、适合创新的文化条件、舆论条件；其三，通过资源配置结构的改变可以极大地吸引人才的到来。市场经济社会中，行动者对于经济因素具有高度敏感性。

检验一个地区对人才的吸引力的最简单方法就是，从全国范围来看，当下的人才招聘政策与待遇是否具有竞争优势。由此可见，对于山东而言，这次区域间的巅峰对决关键在于人才的竞争。

关于设立学术安全培训制度的思考*

2015年1月19日，中共中央办公厅、国务院办公厅印发了《关于进一步加强和改进新形势下高校宣传思想工作的意见》。其中提到“实行学术安全培训制度”，这是一个比较新的提法，如何理解这项举措并完善相关的制度安排是当下急需厘清的问题。

学术安全是一个非常宽泛的概念，广义来说，它涉及学术活动的所有环节，如研究立项、技术路线的选择、方案的设计到专利的申请与成果的发表等，但对不同类型的研究而言，对于安全的侧重点是不同的。例如，基础研究关注对于想法与观点的保护，毕竟科学界是通过对优先权的竞争来获得承认的；对于应用研究而言，侧重的是技术路线与技术方案等与产业发展密切相关的知识，企业一般都会对自己专有的技术、方案、秘诀等有特定的处理方法，如知识产权制度等；对于人文社会科学成果来说，它侧重于研究的最终成果对于社会产生的影响。因此，狭义的学术安全大多是指人文社会科学成果给社会带来的各种有利与不利的影响。尤其是当两种不同的文化相遇时所带来的广泛而深远的影响，对当下的中国而言，重提学术安全，其核心之处就是意识形态安全问题。

一、学术安全产生的原因与表现

为了应对差距逐渐加大的文化落差现象，我们需要对产生这种状况的原因进行一些简单分析，只有这样，寻找破解之路才是可能的。

（一）“内容梯度差”

从狭义来讲，我们今天所关注的学术安全主要是指人文社会科学类的

* 本文发表于2015年5月12日的光明网学术频道。

学术安全与意识形态危机，自然科学类的学术安全已经有比较完善的处理与防范办法。因此，探讨狭义学术安全的产生原因，以及相应的解决策略就是当下的主要任务。学术安全（狭义）产生的原因主要是存在明显的“内容梯度差”。为了简化论证，我们设定两种文化分别为 C_1 与 C_2，如果 C_2 的内容无论从质量上，还是从思想上总体都优于 C_1，那么就存在一个内容梯度差 $\Delta C=C_2-C_1>0$，此时，C_1 就面临比较严重的安全问题。这就涉及一个老问题：文化是可以比较先进与落后（优劣）的吗？这个问题的论述稍有不慎就会引起政治上的争议。但是，毋庸讳言，如果我们设定族群的行为选择是其内在文化引致的结果，那么，不论我们怎样回避这个问题，文化还是会通过宏观表现结果被证明有先进与落后之分的，不同文化的族群迥然有别的产出表现与生存处境，已然印证了这个因果链条是成立的。为何会如此呢？其实，在全球化时代以“民族-国家”单元模式运行都要基于工业逻辑的一致性。比如，社会发展水平差不多的国家或地区，通过社会调查可知，职业声望的排序几乎是完全一致的，甚至离婚率都是相近的，因此，群体思想的趋同性是社会同步发展的必然结果。想想麦当劳、肯德基能在具有传统饮食文化的中国热卖的现象，就不难发现这个道理。现在的问题是，群体心理的趋同性是与工业逻辑相匹配的，任何文化如果已处于工业化阶段而又肆意违背通行的工业逻辑，那么，这种文化就是弱不禁风的，也是保护不住的。存在状态的趋同必然导致群体行为选择的趋同，这也应了马克思的经典论断：社会存在决定社会意识。

（二）优质产品的产出能力

文化的进步性体现在它的生产性上面，如果在竞争中一种文化不能持续不断地产出大量的优质产品，那么这种文化在竞争中就要落败。在日常生活中我们经常能见到这种现象，美国文化为何会受到年轻人的热捧与喜欢，这也与美国文化的产出能力有关。同样是拍战争片，美国拍的《野战排》《虎虎虎》等能在世界范围内大赚票房，而中国拍的抗日神剧，又有哪一部可以在世界市场上赚钱呢？其间反映的问题就是优质产品的产出效率直接决定了文化的兴衰。竞争的文化世界的通行规则就是：不是影响就是被影响，没有国家和个人可以置身事外。

（三）奉行的文化理念必须与人性相匹配

如果一种文化总是采取封闭策略，一味抱残守缺、扼杀人性或者千方百计地否认人性的存在，那么，这种文化就逐渐远离了时代并对人性产生陌生与隔阂感，作为具体的人，在这种文化中不能获得内心的满足感与认同，自然会疏远这种文化，久而久之，这种文化自然就要衰落下去。承认与尊重人性，并引导人性，是任何文化获得进步与发展的必要条件。

（四）管控的强度与范围越大，文化的活力与空间就越小

文化产品的生产与科技产品的生产一样，也是一种艰苦的探索未知的活动，什么事情都事先划定边界，那就相当于捆绑了文化生产的手脚。所有的经典与名著都不是计划出来的，相反，计划出来的作品很少能够成为精品，其原因在于创作的自由度丧失了，余下的只是按部就班地填充游戏而已。这种文化产品怎么会有市场竞争力呢？人们又怎么会喜欢呢？科学史的研究已经证明，文化的繁荣时期大多是制度宽松与思想自由的时期，概莫能外。

二、学术安全培训制度提出的背景

在笔者看来，学术安全培训制度提出的背景有三个：其一，传统意识形态遭遇严重危机；其二，在对外文化贸易上出现严重逆差现象（进口得多，出口得少）；其三，对外宣传效果不理想。上述情况持续得不到根本性改变，导致管理者对于自身文化存在状态产生认知误判。简单对这三个造成学术安全问题的背景原因及表现进行一些分析，不难发现问题相应的解决之道。

意识形态危机的典型表征是：在全球化背景下，借助于互联网等新媒体的发展，我们的政治制度在遭遇其他制度模式时没能反映出它的优势，反而处于被动防守状态，这就是我们当下遇到的严重挑战，造成这种现象

的原因主要是我们的政治体制改革滞后。这种滞后带来两个潜在可能后果。其一，守旧姿态。政治系统在压力面前缺乏勇气改变自身，反而惰性地产生抵触与排斥情绪，从而锁定在越发封闭的退化路径上，此时会滋生各种版本的“阴谋论”来为之做辩护。其二，改革姿态。意识形态是一个庞大的观念系统，内部包含诸多构成要素，当它遇到危机的时候，并不是说整个意识形态系统都出问题了，而只是其中某些部分出了问题，完全推倒重来不是理性的选项，只需要找出与现实不匹配的部分进行调整、完善即可，从而使意识形态从退化纲领重新变为进步纲领。总体而言，采取第二种路径改革的成本最低（从长期来看），带来的社会震荡也比较小。如果不改变自身的缺陷，而是一味封堵，会造成公众的逆反与排斥心理。如果两者之间同时出现厌恶与排斥对方，就会造成整个社会在思想层面上出现分裂，那就真的演变成意识形态危机了。当下各级政府遭遇的诚信危机就是这种状况带来的结果。解决意识形态危机的关键举措就是消减“内容梯度差”，姓资姓社，除了纲领的硬核存在一些差异之外，其余的要素都是手段，差异并不大，没有必要四处设防，人为制造差异。

意识形态危机引发的另一种担忧在于对和平演变的研判。其实，变与不变是人类历史长河中的永恒主题。变是永恒的，不变则是短暂的，关键是往哪里变。只要变革的方向是符合人性的，那么，对于变与不变的担忧自然会变得理性起来，而无需草木皆兵。没有人喜欢社会秩序变得混乱，那样所有人的福祉都将受到损失，这是我们做出所有判断的出发点。主动对那些阻碍生产力发展及个人自由拓展的生产关系进行变革，恰恰是捍卫意识形态的必要举措，反之，则是加剧意识形态固有的危机。这里又涉及一个国外机构资助研究的问题，其实，这个现象反映了国家资助的有限性与学术安全之间的矛盾。只要不涉及国家与社会安全和福祉的研究仍可支持，一刀切地否定是行不通的，同时这种研究也有弥补国内资助不足与研究死角的作用。

当下最应该警惕的现象不是文化生产问题（这需要时间与长期文化积淀），而是各种邪教与极端宗教势力的侵入。能被人们接受与认同的信仰严重短缺时，各种低劣、退化的宗教信仰就会乘虚而入，占领真空状态的思想市场，这应该是当下比较紧迫的事情。毕竟人类不仅有对物质的需求，同时还有对精神的需求，任一方面不能满足公众的需求都会出现社会混乱现象，恢复传统文化是一个成本低、社会阻力较小的举措，但这不能满足公众多元化的信仰需求，此时的解决之道在于适当放开那些历史上经过改造的宗教，如佛教与基督教等，这些宗教经过世俗化的改造，大多从公共领域退回到私人的精神领域，比较温和、中性，以此填补真空状态的信仰市场，不仅不会带来社会的震荡，反而可以给转型期（思想的过渡期）提供一种安全的替代品。在这期间，应大力推进科技传播（传统的科普），毕竟科技是当下社会认同度最高的精神产品。

关于文化贸易逆差问题，造成这种现象的原因主要有两个。其一，当下我们的文化产品质量的确不如人，再加上流行的功利主义评价体系、浮躁的心态及落后的观念和表达方式，这一切都导致产品质量糟糕，也更难获得社会认同。这就出现了市场用脚投票的结果，没有人乐意花钱购买垃圾产品，只有通过生产更好的文化产品来改变，别无他途。其二，语言限制。毕竟世界上懂中文的人群数量有限，能被翻译成外文的作品数量更是少之又少，这也限制了中国文化产品的出口。关键是文化产品的质量差距加剧了文化产品贸易逆差的现象，这个问题的解决需要时间和宽松的文化环境。

最后是对外宣传不理想问题。对外宣传不理想不单是拓展宣传渠道的问题，支撑宣传效果的因素很多，如国家的整体经济社会表现和优质文化产品的大量产出，以及国家价值观的进步性等。从这个意义上说，不顾本国实际情况，热衷于通过技术手段获得短时关注是不划算的，也是不可持续的。治本之策在于把国内各项事情做好，生产出更多优质文化产品，满足公众日渐扩大的精神需求，全方位提升民众福祉，这自然会支持并增加宣传的效果。比如，在社会主义核心价值观的建设中，就有很漂亮的理念宣传案例。一些与人性有关的价值要素都被包括进来，而不是拒斥，这样就很好地避免了国内对普世价值等观念的争议，毕竟我们不能把那些符合人性的好东西全部拱手送给对手，否则我们的意识形态里还剩下什么可以吸引人民的要素呢？这些都是符合人性的内容。再比如，高铁就是我们对外宣传的名片，而且很容易为世界所接受与认同，因为它实实在在地改变了中国的社会面貌。因此，宣传最终是靠实力与产品说话的。如今我国已是世界第二大经济体，自然会引起世界的关注，不必为了获得那些廉价的赞誉而大量浪费资源，当下适度宣传即可，这也与我国的发展阶段相匹配。

三、结语

学术安全培训的最大问题在于，别把学术安全培训搞成又一个新的审查机构，成为捆绑文化产品生产的新羁绊，否则就会出现一种荒谬的现象：越培训，学术越不安全。学术安全培训的最终目的在于提醒与警示，并助推学术品质的提升。中国是一个有着长期封建历史的国家，任何制度设置一旦出台，就会出现层层权力加码现象，演化为权力的自我再生产体系，导致文化生产空间与自由度的逐层减少，从而彻底走到制度设置初衷的反面。为了避免这些潜在风险，制度设置层级应该高度简化，防止出现负效应。

开放获取，拥抱还是拒绝*

一、学术出版机制的革命

开放获取（OA）是随着互联网技术的兴起与快速发展而于 21 世纪初涌现出的一种新型知识出版与获取的方式，它包括两种形式：OA 期刊与 OA 仓储。OA 的出现契合了多方利益主体的诉求，这些利益主体包括学术界、出版界、信息传播界与图书情报界等。

本篇文章中，我们着重讨论 OA 期刊所面临的问题。

科技的迅猛发展和研究队伍的快速扩张，让传统学术期刊无法适应。原因有二：其一，成果发表的速度与数量被严重阻滞。传统学术期刊均为纸质，出版周期长、容量有限。这种结构性矛盾已严重影响科技成果的传播与扩散；其二，期刊传统盈利模式出现危机。传统纸媒期刊面临着生产成本逐年上涨的困境，这种趋势导致订阅量受到抑制，加剧了传统期刊的运营困难，而互联网出版符合多方降低成本的目标。

在这种情况下，OA 对传统的学术出版机制而言，是一场真正意义上的革命，其深远影响体现在如下两个方面：其一，它为整个社会的知识需求者提供了零成本（免费获取）、可以随时获取的最新研究成果，最大限度扩大了知识的传播范围与速度；其二，它的盈利模式发生了根本性变革。传统的出版机构通过订阅收费（知识消费者）来维系其运营；而 OA 则是向知识生产者收取费用，对知识的消费者则是免费，或以极低成本即可获取。应该说，这种转变与互联网天生偏好受众规模，将知识作为一种公共物品的内在属性相匹配。知识的无成本或低成本传播能发挥知识的最大效用，扩大了知识的溢出效应，与知识提升社会福祉的目的更契合。

---

* 本文发表于 2016 年 10 月 8 日《光明日报》A10 版。

二、对发展中国家更具现实意义

对发展中国家的现实意义主要体现在三个方面：其一，由于知识的生产是有成本的，通过 OA 可以免费获得这些知识，就相当于为整个社会节约了大量研发资源。其二，就社会整体获取知识的成本而言，OA 这种一次性收费的模式比传统的订阅者多次付费的模式要便宜得多。其三，知识具有潜在的生产性功能，一旦可以免费获得，知识消费者越多的国家和地区，从这种变革中获得的收益就越多。中国拥有全世界上最大的全时当量的研究人员，再加上数量庞大的科技队伍，可以预见，中国将是世界上开放获取的最大受益者。而通过加入 OA 计划，可以实现低成本快速提升国家整体知识水平的长远目标。

反观当下，各个数据公司都在以各种名义快速提高知识的使用费，订购数据库的高昂费用已经让国内外很多研究机构和高等院校难以支付。不支付就无法获取，那这些被封存起来的知识又如何能发挥作用呢？

这种状况已经严重影响了知识的使用效率与扩散范围，抑制了知识在扩散中本应具有的溢出效应——一旦知识不流动，生产这种知识的成本就有沦落为沉没成本的风险（重复研究就是典型例证）。遗憾的是，这种损失大多不为人所知，故而很少有人去关注这一巨大浪费。客观地说，这种知识沉没现象已经严重消解了科技发展的后劲。鉴于此，我们可以借鉴美国国立卫生研究院等机构的做法，将政府基金资助的文章率先进行开放获取，以此回馈社会对科技的需求和期望。

三、困境与破解之道

作为一种新生事物，OA 面临着不少困境。笔者列举三个方面试做讨论。

困境与破解一：OA 的营运模式是否可持续？

OA 期刊目前有两种主要运营模式：出版商运行和公益平台运行。出版商的目的是盈利，公益平台也需要必要的收入以维持运转。目前 OA 的主要收益来源于作者的付费发表及不确定的捐赠等，因此出版公司潜在地希望发表更多的文章及向作者收取更高的费用。但费用不能无限高，否则大多数作者会因为承担不起发表费，而采取撤出行为。

这个问题的解决，可能需要通过市场竞争，使得作者与出版公司之间达成一个双方可接受的收费标准。笔者认为，免费获取可以形成知识产品消费者的集聚效应，集聚规模及影响力或许可以成为未来 OA 拓展衍生业务的重要收益来源。

困境与破解二：如何确保知识的公平发表？

知识生产者之所以愿意付费发表，很大程度上是因为对个体学术成果的发现优先权的捍卫。但这种运营模式存在一个潜在危机：由于出版公司倾向于向研究者收取高额的发表费，将导致一些缺少资金支持的优秀研究成果无法发表。

如何解决这个困境呢？鉴于 OA 具有公益性质，因而政府可施以政策、税收或经济方面的大力扶持，为公共知识的扩散与传播提供必要支持。

困境与破解三：付费发表是否意味着论文质量下降？

笔者认为，这是一个非常具有普遍性的认知偏见。有人认为，付费发表会造成两种极端后果，一是垃圾论文泛滥，二是培养了一批“掠食性”期刊。那么，这种情况是 OA 特有的吗？

要想回答这个问题，我们首先要搞清楚，收费和论文质量之间是否存在必然的逻辑联系？由于学术期刊是小众读物，商业运营大多难以为继。因此，收费是期刊得以延续和存在的一种不得已的措施，这也同样存在于传统纸质期刊。但是，任何期刊都希望自己能够刊登有影响力、高品质的文章，否则很快就会被群体抛弃。从这个意义上说，任何负责任的出版机构，都不会容忍自家期刊质量底线无限下降，那无异于自杀性经营行为。

目前确实出现了“拿钱就发”与针对目标国家和地区科研人员合谋论文造假的情况。但这种情况并不是因 OA 出现才有的，在传统期刊出版业就已经存在。笔者认为，出现这种情况的根本原因是扭曲的评价政策，而那些“掠食性”期刊的生命周期往往与扭曲政策同步。比如，中国科技界普遍把 SCI 作为重要的，甚至是决定性的评价标准，如果不修正这种评价机制，无论采取哪种成果发表方式，这种情况都无法杜绝。不过，需要警惕的是，OA 期刊的发表数量和发表周期与传统期刊相比具有更大的优势，一旦为恶，其危害也更大。

观察近年来的数据，OA 正以迅猛之势发展。据 2015 年的《开放获取期刊指南》（DOAT）数据显示，2009 年仅有约 4800 份期刊加入，到了 2015 年 10 月已有超过 10 000 份期刊实施 OA。但我们也要清楚，就科学成果本身而言，中国拥有世界上数量最大的潜在科技知识的消费者，是尽快参与到这一行列，还是继续观望，这值得学术界和学术出版界每一个人深思。

伦理

国家科技奖推荐须避免“灯下黑”*

2016年1月8日，2015年度国家科学技术奖励大会在北京举行。万众瞩目的国家最高科学技术奖再次出现空缺，这也是自2004年首次出现空缺以来的第二次空缺。一个奖项出现空缺原本是很正常的事情，怎奈2015年中国获得首个本土自然科学类诺贝尔奖，而获奖者屠呦呦竟然没有出现在最高获奖名单里，由此引发公众的热议：难道当下国家最高科学技术奖的水平高过诺贝尔奖了？如果没有，为何屠呦呦没能获得国家最高科学技术奖？官方给出的解释是：没有个人或单位推荐屠呦呦。

任何奖励系统都面临一种困难：如何能最大限度地遴选与发现真正优秀的成果，而不造成某些重要成果被有意或无意遗漏，这是一个看似简单实则很复杂的事情。通常，成果的遴选机制无外乎申报与推荐两种常用模式。客观地说，国家最高科学技术奖采取推荐制而不是申报制，这是科技奖励系统的巨大进步。这种举措最大限度地实现了评审中去主观化的制度设计目的，让以往申报制中经常出现的任意夸大成就，以及自吹自擂的所谓填补空白之类的言辞迅速成为一种公共笑话。从这个意义上说，推荐制是推进客观评价的制度性保障，即便偶尔出现遗漏现象，也是捍卫客观性所必须付出的代价。此次空缺之所以被热议，不是人们否定推荐制本身，而是质疑推荐制的制度设置本身是否存在缺陷。

就本案例来说，推荐环节存在两个致命缺陷。其一，推荐时间过于仓促，导致重要成果被遗漏的可能性大大增加（此次推荐的时间窗口期为2014年11月初至2014年12月15日，初评结果于2015年6月公布）；其二，推荐人的设置是否具有领域的覆盖性及学术上的较高水准，推荐人的规模以多少为宜？所有这些细节问题，直接决定了推荐制运行的质量。

---

* 本文发表于2016年1月11日《中国科学报》A1版。

当然，奖励办可以很中性地说：一切符合程序。然而，问题是符合程序只是捍卫承认正义的必要条件，并不是充分条件。从这个意义上说，现有的推荐制在制度设置上存在一种先天缺陷，即纠偏能力丧失。这种纠偏能力包含两层含义：查漏补缺与纠正错误。本次案例属于前者。在符合程序正义的情况下，如果某项被推荐的成果在存在严重问题的情况下一路过关斩将，最后问鼎桂冠，那么，奖励办又该怎样解释呢？到那时是否还可以说：一切符合程序？如果未来某一天出现程序上正确而结果错误的局面，就如同法律领域的错判一样，那将从基础上摧毁奖励系统。

笔者曾将科技奖励系统中的推荐制比喻为探照灯。众所周知，探照灯在寻找潜在目标时会存在一些盲区，即每个探照灯都有自己照不到的地方，而照不到的地方的潜在目标就会被遗漏。避免探照灯出现“灯下黑”现象，就要求有多个探照灯联动，彼此照亮对方的盲区，最大限度地克服“灯下黑”现象，这也是所有探照灯在寻找目标时必须事先考虑到的事情。照理说，一个国家和地区在特定时期内的重大成果不会太多，如果配合一个比较合理的“探照灯”布置系统，出现遗漏的可能性就会大大降低。

2015 年国家最高科学技术奖出现空缺，从某种意义上说是一件好事。它再次证明推荐机制是有可能存在“灯下黑”现象的。换言之，如果没有一个被广泛认可的推荐人遴选机制和源于制度层面的纠偏机制，那么，成果遗漏现象的累积会让奖励系统的基础受到蚕食，并最终丧失激励功能。

中国人文社会科学研究成果应该最先影响谁*

近几年国内高校人文社会科学领域又有了新的玩法，开始通过政策工具正式导入 SSCI 和 A&HCI 激励体系 [即社会科学引文索引和艺术与人文引文索引，这两个检索系统都是由美国科学信息研究所（ISI）开发的]，并在奖励体系中给予高权重的承认。这项政策的潜在后果很值得反思。依据前车之鉴，SCI 及 EI 对中国科技界的形塑在今日已经很难扭转，是非功过自有历史评说。遗憾的是，中国科技界建立在论文基础上的“大厦”并没有为产业结构升级转型提供与之匹配的科技支撑。当下，全社会呼唤创新，已是对科技现状不满的一种间接表达。现在，人文社会科学领域马上又将步“老大哥”的后尘，对未来中国人文社会科学发展的影响值得高度关注。

引入 SSCI 和 A&HCI 作为人文社会科学评价体系，对于高校与研究机构而言，其利无外乎如下两点：其一，从微观处力求扩大高校与研究机构在国际上的影响力，这也与目前各高校都把发展目标定位为创建世界一流大学的愿景相匹配；其二，从宏观上看，与国家的对外宣传目标相一致，即争夺话语权。这两个利好信息对于政策制定者而言具有巨大吸引力，因为这种选择符合决策者自身利益最大化原则（政绩工程的变体）。

但是，实行这项政策以后，其潜在的弊端也是显而易见的。归纳起来，其危害主要有以下三点。其一，该项政策会形成一种新的激励导向，从而导致学术共同体注意力的转移，忽略当下最紧迫的现实问题，而采取投其所好的模式，追踪国外热点，造成智力资源的分流，毕竟，学者们也要在学术市场中追求自身利益的最大化。其二，由于把最前沿的思想都投到了国外，国内学界出现知识的空心化局面。国内能够获得外文期刊信息的渠道并不多，再加上能获得并能读懂外文期刊的人群还是非

---

* 本文发表于《洛阳师范学院学报》2016 年第 3 期。

常有限的，这就不可避免地出现国内做出了最前沿的研究，国人却无法第一时间获得的局面，从而延迟与阻碍了国内人文社会科学成果的扩散与对社会的影响。其三，这种政策导向也是极度不经济的。对于部分学者而言，他们的很多研究成果都是用纳税人提供的基金做出来的，这期间或许还要缴纳很大一笔版面费，然而，所取得的成果还需要重新买入（各种数据库），这就相当于自己花钱生产出来的东西，还要花钱在别人那里发表，然后再从别人那里把这些东西赎买回来。怎么看这都是赔本赚吆喝的事情。由此，还有可能使论文翻译公司大量涌现，不可避免地造成科技资源的潜在浪费。

也许，危害更大的地方在于，这种政策导向将导致国内人文社会科学研究的日益衰落。政策设置的奖励权重的巨大差异，再加上国内外的社会发展程度不同，将导致对重要问题的认定存在巨大差异，国内认为最紧迫的问题在他国却不被看成重要问题，反之亦然。为了能在这些期刊上发表论文，学者们自然会选择对方的偏好与热点，从而忽略本土的紧迫问题。这样一来，国内的问题就少有人问津了，长此以往，退化的人文社会科学就会被公众抛弃。道理很简单，随着公共财政的逐渐实行，科研经费作为预算的一部分，如果投资人长期不能获得与自身相关问题的理想科研成果，自然就不愿意再投资。这个局面一旦形成，对于人文社会科学的发展来说将是致命的，这绝非危言耸听。联想到国内期刊经常抱怨好稿件都投到国外了，导致期刊质量无法提升，也无法成为国际知名刊物，其原因就在于政策设定的歧视性激励所致：同样的论文发在不同的地方，其收益有天壤之别，这是很荒谬的。

基于上述的简单分析，笔者这些年一直在思考一个老问题：中国的人文社会科学研究成果应该优先影响谁？是先影响世界，还是先影响中国？总体而言，中国的人文社会科学的研究水平要落后西方很多年，其差距远比理工科与西方的差距要大得多。人文社会科学所针对的研究对象是本地的社会困境及亟须解决的理论问题，因而，特定国家的人文社会科学研究成果首先要影响本地区，在此基础上才可能提炼出揭示社会发展规律的内容，由于人类社会存在共性层面，那些揭示人文与社会发展规律的内容，自然会成为人类知识宝库的一部分。从这个意义上说，服务本地社会是其首要职责，至于影响世界，只能算研究的副产品。邓小平同志是首先改变了中国，然后才开始影响世界的。如果反过来，则无法成立。我们今天急于让世界承认我们，这是极度不自信的表现。盲目争夺话语权也是一种缘木求鱼式的认知误区，把因果关系搞错了，话语权不是抢过来的，而是扎实研究所带来的结果。研究做好了，话语权自然就有了，否则，“金玉其外，败絮其中”的所谓话语权，只能是一种笑话。更何况，对于当下的中国来说，人文社会科学研究还承载着整个族群的启蒙重任，何必要用政策工具使研究重心发生转向呢？任何时代，研究的精髓都在于它的内容，而非载体。对于形式的偏好，就是现代版的“买椟还珠”。

学位点的评审瓶颈：从机会公平到风险公平*

2016年3月底，教育部发布了学位授权点专项评估结果，多所高校的博士学位授权点与硕士学位授权点被撤销或被责令限期整改，引发学界的广泛热议。之所以被热议，是因为学位授权点作为工具性资源（拥有者可以据此实现自己的目标），是高校的命根子，对于高校而言具有异乎寻常的重要性。

简单来说，从宏观上看，学位授权点是高校整体实力的体现；从微观上看，学位授权点事关很多普通教师安身立命的根本，否则将出现“皮之不存，毛将焉附”的现象。想想每次学位授权点申报所引发的惨烈竞争，此次评估出局者的情绪又怎能稳定呢？尘埃落定之后，亟须反思这次评估存在哪些问题，否则未来会造成更严重的评审困境。

近年来，随着研究生教育的快速发展，不可避免地会带来一些问题，因而，质量监管也是行政主管部门履职与回应社会关切的职责所系，无可厚非。在研究生培养质量的监管问题上，教育主管部门、高校与社会之间是有充分共识的。这次评估结果存在很多质疑之声，抛开评估带来的局部利益格局的变化，也反映出教育主管部门遭遇一个非常棘手的问题——评审瓶颈。这个瓶颈的产生与制度安排密切相关。那么，仅从制度安排角度检视，学位授权点的设置存在哪些瓶颈问题呢？

学位授权点的设置存在两个矛盾。其一，学位授权点作为一种重要的教育资源，应该属于谁？是作为教育主体的高校还是教育主管部门？这一切都语焉不详。打一个不是很恰当的比喻，产品的生产是归企业主导还是归主管部门（如工商局）主导？从这个意义上说，现有教育体制的运行模式在深层次上仍然是计划经济模式。反观这些年的改革，仍然停留在表面，在深层体制上几乎毫无改变。按照经济学的基本原则，资源应该由对市场

---

* 本文发表于2016年5月5日《中国科学报》A7版。

最敏感的主体来配置，这样才能实现效率，而行政主管部门的职责是制定规则并提供严格的监管，以此提供激励与保证质量。毕竟，分工原则是市场生存的铁律。既当运动员，又当裁判员的玩法，不仅牺牲了效率，还无法保证质量，落得两头不讨好。

其二，2009 年以来，二级学科学位授权取消，直接派生于一级学科。其政策依据是教育部 2009 年颁布的《学位授予和人才培养学科目录设置与管理办法》中的相关规定。这种求大求全的政策安排，导致很多高校原有的优势二级学科无法直接获得学位授权点，只好整合力量拼下一级学科，然后再谋求二级学科的发展，这是非常荒谬的政策安排。即便获得一级学科，其力量基础也未发生根本性改变，当那些整合而来的力量各自散去，学科的后续发展就根本无从谈起，能够做的仍然是原有的优势二级学科，为了支撑门面勉强开设的其他二级学科由于基础支撑条件（学术积累及人、财、物的资源配置）不足，实际上无法兑现保证培养质量的申报诺言，而教育行政主管部门又按照大而全的一级学科模式来评估，自然会让那些刚刚以个别优势二级学科为基础获批设立的一级学科在评审中重新落马。因为政策安排规定，新设立的学位授权点必须在三年内接受评估，众所周知，任何学科的建设都绝非三年五载可以完成的，而是一项长期的事业。

客观地说，此次教育部组织的学位授权点评估，结果应该是客观的，它体现的是机会公平原则。这从抽检程序上可以看出，即采用罗尔斯式的无知之幕原则，屏蔽一切外在干扰因素，随机抽取 20%样本，这种努力符合程序正义原则，也避开了评比中的“起跑门”困境，是应该给予充分肯定的。

这种评估方式的优点在于，它对几乎所有学位授权点都形成了实质性压力，有助于鞭策所有学位授权点都努力提升与改进研究生培养质量，因为没有任何一家学位授权点可以自信地认为自己可以躲过随机原则的挑选。因此，它的激励作用是最大的，但是这种模式也是存在潜在弊端的，它的运行偏好零和博弈，在博弈中注定会有出局者。

如同体育比赛一般，如果随机抽取的样本都是强校，那么势必在强手如林的学位授权点中，那些实力稍微弱势一些的学位授权点在比较中会被出局，而这些被出局者可能比那些躲过此次评估的很多学位授权点水平要高。遗憾的是，在此次评估中这种可能性应验了。这也是此次评估中被出局者非常愤怒的原因所在。

根据教育部 2012 年学科评估排名可以看出，此次被裁撤的很多学位授权点在同类学位授权点中排名居中位，换言之，还有很多高校的学位授权点质量远不如此次出局者，这才是让出局者难以释怀的地方。这是机会公平原则难以避免的代价，也是所有评估中社会成本最小、激励功能最高的模式。这种评估瓶颈可以称作正当性瓶颈。否则，如果完全按照末位淘汰原则来评估学位授权点，就会造成大多居于中上游的学位授权点失去激励机制，因为无论何种评估模式对他们而言都是安全的，这种评估在政策运行层面就出现了效率损失，即评估原则对一半以上的高校学位授权点毫无激励作用，那么评估就没有达到预期目的。

对于评估结果的处理理应是评估的重要内容之一。由于高等教育的特殊性，抛弃明显居于中游水平的学位授权点，而保留整体水平更低的学位授权点，显然说不过去。因而，简单地取消学位授权点的做法，看起来干脆、果断，而且对于所有教育机构都具有极大的威慑作用，但其造成的资源浪费也是显而易见的。学位授权点作为一种工具性物品，它承载着多方的目标实现诉求，简单的行政命令式取消，不是最佳选项。

因此，我们提出一种解决策略——风险公平策略，即一旦某学位授权点在评审中被打回原形，那么，本着教育的连续性原则及资源有效利用原则，可以采取降级措施，即只保留其最强的二级学科，并令其完善不足，其余条件不具备的二级学科取消。这样既实现了评估的激励功能，又为其优势二级学科预留了改进与完善的空间。原有的优势不能因整体出局而被抹杀，这不符合风险公平分配原则，否则，原有学位授权点配置的那些科教资源该如何处理呢？

排名如何更科学*

近日，中国科学院发布《中国宜居城市研究报告》，在被调查的 40 个城市中，青岛宜居指数名列第一，北京得分垫底。这与去年 8 月《经济学人》发表的调查结果“北京蝉联中国大陆最宜居城市”大相径庭。

这种尴尬不仅仅出现在宜居城市排名上。

随着社会的发展，对各类排名的需求逐渐增多，多元利益主体都希望通过这个数据为决策与选择提供科学依据。正是这种潜在需求的快速增加，导致排名研究的热潮持续升温。如何对这些质量参差不齐的排名结论进行遴选与鉴别呢？这就是当下亟须解决的问题。

对排名的热情是人类根深蒂固的排序心理偏好的一种生动体现。通过排名能在不同利益主体间形成竞争与激励机制，为群体行为提供一种明确的前进路标，毕竟，方向永远比努力重要。从这个意义上说，只要人类社会存在，就不可能彻底消除排序的偏好。就其积极意义而言，排名可以最大限度地激发各行为主体的积极性。

但是，由排名引发的潜在消极影响也不难预见：其一，不严谨的排名研究结论，被公众与社会盲信、盲从，有可能产生认知误判，并导致决策失误；其二，一旦排名被社会接受并成为一种品牌，作为一种知识产品，会衍生出排名交易空间，如通过权重设置的交易，为需求方实现社会误导与操控提供依据。虽然今天中国出现的各类排名才刚刚起步，还远未达到衍生品阶段，但鉴于此前种种，我们理应防微杜渐。

我们应该清楚，当研究结论与人们的特定基准判断出现不一致的时候，不见得是研究结论错了，同样有可能是群体的基准判断出了问题，因此把“板子”都打在研究结论上是不公平的。换言之，形成人们基准判断的常识

---

* 本文发表于 2016 年 6 月 24 日《光明日报》A10 版。

与认知也是可以出错的，而且出错的可能性极大。完全以民意判断研究结论是否科学，是极其危险的。历史上这类教训数不胜数。

让我们再以中国科学院这份报告为例，排名设置的六大指标体系分别为城市安全性、公共服务设施方便性、自然环境宜人性、社会人文环境舒适性、交通便捷性和环境健康性。这个指标体系更加注重受访者的主观体验，这就不可避免地造成研究结论中过多主观性评价因素无法消除的问题，由此引发争议实在是意料之中的事情。客观地说，这份报告中排名前十的城市大多是自然环境优美之地，适合人类居住，而不是最佳的谋生之地。这个指标是社会发展到一定阶段后的要求，应该是很高的标准。问题是，人们往往把“宜居”与“谋生”混为一谈，故而，公众对研究结论出现大量质疑。在对生活的理解上，研究者与公众不在一个层面上，研究者注重的是“活”的层面，而大多公众仍然停留在“谋生”的层面，这种认知差距是造成结论遭热议的根本所在。

此次排名遭质疑，也引发我们对于排名研究质量的规范化思考：高质量的排名可以激活激励机制与促进竞争，而低质量的排名则会导致社会与公众出现认知混乱，并有可能误导决策。那么，排名结论的质量如何保证呢？这就需要结合社会监督与独立第三方的鉴别，它依据的原则就是前者以脚的选择（基于内心）为基础，而不是手的姿势与口的言说（基于外在环境）为凭；后者则是依据客观性原则。只有当两者相匹配的时候，排名才能发挥其功能。

科技人才如何流动才合理*

随着经济全球化节奏的加快，区域间的竞争也不再遮遮掩掩。竞争的关键资源是知识资本存量，而知识资本则来源于人才。那么如何看待人才流动及其背后的机制呢？

在评价人才流动的对错之前，先要搞清楚：人才流动的实质是什么？

人才之所以能够流动，是因为其自身拥有较高的知识水准或者较为丰富的资本存量，再加上各地区之间由于发展不平衡而存在着明显的知识梯度差，从知识的高梯度差区域向低梯度差区域流动，这是所有人才流动的外在驱动机制。

在市场经济社会，人才流动是一件十分正常和普通的事情。由于人才所拥有的知识资本产权属于个人所有，而不属于其所在的地区，因而如何积攒区域知识资本的存量就是一个典型的政治经济学问题。曾有借助于行政阻力，增加人才的流动成本的做法，其结果是降低了人才流动可能带来的潜在收益。而人才流动除了经济原因外，还有一个智力开创性效益的问题，也许当地并不具有支撑其开展创造性工作的条件，还不如换一个合适的地方发挥作用，创造价值。

归纳起来，造成人才流动的内在驱动机制无非是四种：其一，经济原因——收益；其二，政治原因——权力；其三，环境原因——舒适；其四，社会原因——人际关系。

最常见的原因就是前两种。那么如何看待人才对于收益的追求呢？人才作为理性人，在市场经济社会中都会追求自身利益最大化。可以设想，两个拥有相同的知识资本存量及同样水平知识梯度差的人，理论上应该获得同样的收益（经过购买力评价测算），然而，由于地域的差异，导致两者

---

* 本文发表于 2016 年 7 月 15 日《光明日报》A11 版。

之间的收益存在天壤之别。这本身就表明制度环境有问题，此时人才流动名正言顺。这种流动不仅对于个人实现梦想是有帮助的，而且对于当地人才环境的改善也是有益的，这就形成了一种倒逼机制。

那么如何留住人才呢？方法还是很多的，当下收益与预期收益之间的差距，是人才流动的最基本驱动力。基于这个观点，很容易给出一个人才流动的边界条件公式：流动净收益=流动潜在预期收益－当下收益－流动成本≥0。支撑收益的背后力量是人才所拥有的学术资本存量与知识梯度差。通过这个简单明了的公式，大体可以看出，如果流动净收益小于零，人才通常是不会流动的。这里的收益可以有多种形式，如金钱、职位（权力）等，不论何种形式都可以转化成人才的经济收益。

基于此，我们可以看到两种完全相反的留住人才的方式，其中一种是，通过单方面地增加人才流动成本来降低流动的潜在收益，这就是过去几十年我们的习惯做法，同时附加上道德批判的利器（如不忠诚等），造成人才流动的心理成本的增加（对于那些甘愿留下的则给予道德嘉奖，以此提升人才的荣誉收益）。道德绑架虽然廉价，但遗患无穷。这种模式的最大缺点是造成人才的知识资本收益得不到合理补偿，以及由于条件的不完善，导致人才的智力资源被浪费，这对于整个社会而言是一种巨大损失。在经济基础比较弱的情况下，有些做法是不得已而为之的举措，在道义上尚可以理解，如果当经济条件已经好转，仍然沿用这种模式，那就是恶意侵吞人才的知识资本带来的应得收益了。

一些发达国家留住人才的办法是一方面加大人才的当下收益；另一方面改善科研环境，这也相当于变相增加人才的当下收益。由于优越的科研环境和氛围也是别处所不具备的，从而增加了人才流动的心理成本，这些人性化的举措有效地遏制了人才的流失。在这种环境下，人才更有可能安心科研，并实现自身价值。毕竟人才的创造力峰值年龄是确定的，谁都希望在这有限的时间段内最大限度地实现自己的梦想。

关于人才的恶意竞争问题，简单分析，其原因无非以下两种：其一，从外部看，由于区域间竞争的加剧，在短期内无法从根本上超越对手的情况下，挖走对手的主要人才，从结构上改变双方力量的对比——即使引进的人才一时无法发挥作用，也从结构上战胜了对手。随着国内高校“双一流”政策的运行与深入，这种恶意挖人的态势会有加剧的趋势。其二，从内部来讲，由于高端人才具有较高的知识资本存量与知识梯度差，这种优势在当下市场具有不可替代性，即供给缺乏弹性，此时人才会利用这种稀缺性的优势恶意要价，这种情形会助长人才的恶意竞争。不过对这种趋势也不必过于担心，市场会自动回归平衡——毕竟这种稀缺性会吸引更多的人才投身到这个领域，从而导致供给增加，并最终打破供给缺乏弹性的局面。就当下而言，我们应该警惕第一种类型的人才恶意竞争情形，它以削弱对手为最终目的，而对于第二种类型则保持宽容态度，毕竟它能以示范作用快速提升区域知识资本存量及缩小两者之间的知识梯度差。

科技人才流动是一种“用脚投票”的退出机制，它能真实反映出流出地的生存状况。坦率地讲，这种退出机制通常是由个体来践行的，其短期力量很微弱，后果较长时期才能显现。区域发展就是在政策的这种麻木与不敏感中，经过时间的累积放大作用，慢慢地踏上了不同的发展道路：或进化或退化。不管人才退出的原因是什么，管理者必须想方设法积极修正，否则难逃社会绩效衰减的退化路径。

PX困境的出路：购买选择权——风险、不可逆与利益补偿*

2015年4月6日18时，福建漳州古雷腾龙芳烃PX（para-xylene，二甲苯）项目发生了一场严重的爆炸事故。这一事故让原本命运多舛的PX项目在未来的中国更加举步维艰，甚至有人说，辛苦科普几十年，一炸回到解放前。客观地说，PX项目在中国已经进入到死胡同：一方面，国内市场急需PX产品，市场回报非常看好；另一方面，几乎所有地方的民众都反对在自己家后院建设PX项目。每个地方政府都渴望上马这类项目，既有远景的可观税收，又有短期内的就业需求，以及带动内需等一切凸显政绩的指标，但要立项的当地民众则与政府意见完全对立。项目一旦启动就会引发更为麻烦的群体事件，而群体事件对所有政府官员的仕途来讲，都是最大的政治断崖。这就出现了一个怪现象：一个利润丰厚的项目，一经提出马上就会引发当地民众激烈抗议，然后只好在反对声中忍痛被迫放弃。近五年内，PX项目在国内的迁徙路径已然能够证明这个现象：厦门—昆明—大连—宁波—茂名，一路被驱逐。这次爆炸更是让PX项目及其他会引起环境污染的项目的未来充满了不确定性。那么PX项目的症结何在？是否还有可能走出这个死胡同？

2014年，一些学者曾就PX问题进行科普，这次努力只是在局部层次上解决了一个问题，即PX的毒性很小。问题是，即便毒性很小的煤气罐，处置不当也是会发生爆炸的，更何况规模与不确定性大得多的PX化工厂呢？此次漳州事件给管理者的一个教训就是：狠抓安全生产及严格执行安全标准。这个问题是中国社会各个层面都存在的普遍性问题，由于施工队伍良莠不齐，技术水准参差不齐，以及可能存在的层层分包，再加上设备

* 本文发表于《科学家》2015年第5期。

采购、把关等环节存在的不确定性因素，导致一些不具备资质的队伍也有可能参与到如此需要施工技术与质量的工程上，再好的设计在如此拙劣的施工下也难免会出现问题，短短两年内竟接连发生两起爆燃事故，让当地民众如何安心？从这个角度上来说，完工前出事比完工后出事要好，否则破坏性更大。沿着这个思路，我们把对问题的分析再推进一步：如果未来质检部门、监理部门及施工队伍都遵守安全生产，并严格执行安全质量标准，那么，PX 项目是否会被公众欣然接受呢？情况好像不这么乐观，因为，即便如此，仍没有触及这个问题的核心实质。

PX 问题涉及在风险社会中的公共决策问题，而我们原有的公共决策模式在市场经济社会及公民权利意识逐渐觉醒的今天是存在严重问题的。传统的决策模式是管理者基于自身利益考虑，通过采用强制性政策工具来推行其决策理念的。在这个简化的链条中存在如下两个问题：其一，决策者的利益与政策受众的利益不是完全重合的，换言之，决策者的心理偏好与动机同政策受众的心理偏好与诉求是不一致的，那么，这种不一致就造成政策在执行中出现运行阻力，PX 项目在国内的经历已经能够充分证明这种现象；其二，在集权制国家，政策制定者喜欢或者习惯采取强制性政策工具，以此把政策内容贯彻下去，它的好处就是通过国家强制力给政策背书，使其畅通无阻，并使潜在的政策预期收益完全被制定者所独占，这种政策运行模式能够满足权力的自负及可见的效率。问题是，随着市场化的深入发展及公民意识的觉醒，人们不再能忍受那种被强迫塑造的木偶角色，被迫承担所有政策成本，而无缘政策收益分配的现实。公众会要求采取混合型或者自愿型的政策工具，以此公平分享政策的未来收益。换言之，要让一项政策能够被公众所接受，它的边界条件就是：公众因接受一项政策而获得的收益大于（至少等于）接受一项政策给自己带来的成本，这是政策受众能够接受一项政策的最低心理底线。而以往采取强制性的政策工具，制定者以国家的名义完全无需考虑政策受众的收益分配问题，公众只能被迫接受一项政策所带来的成本，毕竟个体反抗的成本要远远大于接受一项政策所带来的成本（总的政策成本被受众均摊的结果）。由于属地所有居民都将承担这份额外成本，为了在博弈中不至于出现“搭便车”现象，就会出现集体行动的逻辑，它变相地均摊了行动可能带来的成本与风险，这就是上述几起群体事件形成的原因。再加上公共福祉与个别企业之间在利益上存在不可调和的矛盾，因此，这种隐性的政策收益分配不公问题就集聚成未来所有社会矛盾的源头。

根据上述分析，回到本文的案例，我们尝试分析矛盾的起源及可能的出路。漳州古雷 PX 项目，仍然是政府牵头，然后象征性地征询当地民众的意见，采用的政策工具仍然是强制性的，与前几起所不同的是，这个项目前期稍微在民众中进行了一些简单的沟通处理，这已被看成巨大进步，曾被当成国内 PX 项目建设的标本，其实质在于政策制定者在项目前期对政策可能收益的预先少量支付。地方政府作为政策制定者，非常清楚该项目启动后其潜在收益是巨大的，而绝大多数外部成本则被当地百姓分担了。用前期少量一次性投入来获得群体的认同，这是很划算的事情。那么，我们再来看看当地居民在这个项目上的成本-收益。由于这是个巨大的化工企业，对于当地居民来说，被迫承担的成本主要有以下几项。其一，由于 PX 项目的建设，很多人的生活方式与习惯被改变（由搬迁及污染等造成），带来被迫适应改变了的生活模式的负担，这是技术迁徙过程中面临的最为严重的价值冲突问题，由于现代大型化工企业都是巨型企业，巨大的投资极大地改变了当地的自然风貌及传统的社会秩序，这是工业逻辑的延伸，任何个体都无力阻拦，而要熟悉与适应这种变化需要付出巨大心理成本。其二，由于科学后果的不确定性，没有人准确知道这些化工产品（PX 项目不仅生产 PX，还有很多其他衍生品，其中包括毒性很大的产品）会对个人未来的健康造成什么影响，而且有可能几代人都要承受这种持续的风险。环境的不可逆性改变及与此相关的大量沉没成本的形成，使得这种猜测在缺少公信力与决策不透明的背景下会被放大。其三，未来潜在的安全事故可能造成巨大的物质与精神的损失（在我国目前的管理水平与公信力下，这种可能性绝非危言耸听）。那么，当地居民在承担如此巨大的外部成本的同时，这项工程给他们带来的实际收益又是什么呢？充其量，其直接利益也就是当地居民获得少量工作岗位，以及由于当地产业结构的扩张给当地服务行业带来的机会而已。而这些不确定的隐性收益与其所要承担的实实在在的显性成本比起来，实在是没有多少吸引力。设身处地想想，如果是我们自己，在目前的企业管理模式与政府公信力普遍偏低的背景下，有谁会让这个项目建在自己家的后院吗？恐怕大多不会。现在的问题是 PX 具有很好的市场前景，而且经济发展又非常需要这些化工品，那么这些 PX 项目应该建立在哪里呢？

基于上述分析，政策制定者与社会对于 PX 项目的认知已经完成了两个阶段的任务：第一阶段，对于 PX 本身毒性的科普获得一定程度的阐释与说明；第二阶段，决策者与社会终于认识到管理的重要性。正如美国哲学家古莱特所说：最关键的问题不是技术本身而是能否成功管理技术。引申一句，管理技术最为核心的工作就是评估，评估之所以难就在于两方的偏好不一致，造成关于评估的认知分裂。相异的认识论决定了技术评估如何被应用到实践中。正像其他技术一样，技术评估本身既是价值的宣传者又是价值的破坏者。由此不难发现实际评估的困境：受众希望评估标准提高并被严格苛刻地执行，以此减少未来可能遭受的外部成本损失；而企业则希望降低评估标准，否则会导致企业生产成本快速上升。这个折中点该如何确定？谁来做评判？在上述诸多困境中，PX 项目的出路在哪里呢？这就是本文要提出的解决策略，即第三阶段，利益补偿阶段。

由于 PX 项目在当下是有巨大利益回报的，那么这份收益不应被企业和政府独占，必须把这份收益的一部分用于补偿当地居民由于该项目的实施造成的实际与未来损失。在经济学领域有一个术语叫“购买选择权”(call option)。按照美国法学家凯斯·桑斯坦的说法：选择权价值是不可逆预防原则背后的支撑信念。一种不可逆决策的预期收益应当恰当地反映出它所造成的选择权损失。我们可以把桑斯坦的说法做一点引申，即政策制定者应该通过让利来购买当地民众的同意权，以及必须补偿其遭受的实际或潜在损失。这种补偿时间跨度是随企业生命永续的，直到企业停产为止。这种努力也是纠正长期奉行强制性政策工具独占政策收益的不正义的治理理念的重要举措，按照柏拉图在《理想国》中所强调的：城邦（国家）的最大美德就是践行正义。那么实际的操作程序该如何处理呢？其核心实质在于用于当地居民利益补偿的钱从哪里出的问题。这部分补偿利益应该从企业上缴的利润中拿出专门的一部分用于补偿当地居民，这个工作本是当地政府的职责所系，而不能推给企业，企业的本职工作是安全生产高质量的产品并从市场上赚得利润，否则会引发严重社会问题，并危及企业的正常生产。这里需要关注的一点是政府必须遵守契约，兑现承诺。为了防止政府失信，必须形成法定规则（或者直接写入法律）。毋庸讳言，有些地方政府不讲诚信，而民众对此毫无办法，事后总有受骗的感觉。坊间流传的段子可以很好地说明这一点：把 PX 项目建在政府后院。这则玩笑意蕴深远。党和政府一再强调：让全体国民分享改革成果，这是最实际的践行方式。只有让企业与当地居民真正成为利益共同体才是解决问题的治本之策。至于利益补偿的细节可以采用由近及远，补偿额随之降低等办法，这些技术性问题经过协商是比较容易处理的。关键的问题在于政策制定者要充分认识到：这种赎买同意权的办法也是未来很多高危行业立项需要认真面对的问题，以往的鸵鸟政策是行不通的，而且这种变革也契合了公众对于民主的诉求及社会变迁的轨迹。

从宏观层面来说，未来政治问题最可能的导火索已经从传统的阶级对立（经济层面）转变为环境问题。某一个局部点环境问题的爆发会引发同类问题受害者的高度共鸣，由此形成了一个无边界的认知共同体。这是环境问题的共享性所决定的，即没有人可以脱离其生存环境要素的制约，而且环境问题去除了种族、性别、宗教、文化等的差异，很容易在群体中达成共识，从这个意义上说，未来的政治是生态学意义上的政治。美国学者丹尼尔·A. 科尔曼曾写过一本著作，即《生态政治：建设一个绿色社会》，他认为：我们可以让环境破坏的过程发生逆转，通过确立生态责任、参与型民主、社区行动等价值观，促使生态型政治战略得以实现。固然科尔曼的观点过于乐观，但我们对参与型民主仍然要心存希望，毕竟参与本身为利益与风险的平等分担提供了一种制度性保证。

如何避免科技体制改革重走老路*

近日，国务院印发《关于深化中央财政科技计划（专项、基金等）管理改革的方案》，方案可以被概括成一句话：政府不再直接管理具体项目，国家科技计划将全面整合成五大类。这可以被看作近年来科技领域里力度最大的一次改革。此次改革所反映出来的信号主要有两个：其一，整个社会对于科技界的表现并不是很满意；其二，传统的科技管理模式已经被证明是退化纲领，必须另起炉灶，寻找科技管理的进步纲领。对此，科技界应该不会有太多异议。

经过 30 年的科技体制改革，现在我们终于认识到，仅把人才、经费等资源要素简单堆积在一起，并不能产生我们期待的重大原始创新的井喷式涌现，以及科技强国的横空出世；前 30 年的科技进步，仅是科技界长期被压抑的初级创造力的集中释放，这个阶段已经结束，现在需要新的模式来激发新的创造力。科技的发展不仅需要资源要素的支撑，更需要有把这些要素进行合理配置的制度安排。寻找新的科技资源组合模式就是实现管理纲领转换的关键举措，而这些举措中具有基础性作用的就是评估制度的改革。在科技活动的整个链条上，每个环节都离不开评估过程，没有客观公正与准确的评估，从政策制定、资源分配到人才筛选每个环节都是无法达到最优的。

以这次改革为例，2013 年的中央财政科技拨款为 2700 多亿元，现在的问题是，政府不管经费分配了，那么由谁来管呢？经费又分配给谁？如果仍是由原有的一班人马和旧机制重新组合来负责这项工作，那么“新瓶装旧酒”的游戏就会上演。

如何避免这次改革在结局上又退回到老路上？第三方评估跃入人们的

---

* 本文发表于 2015 年 1 月 21 日《中国青年报》A6 版。

眼帘，但难点是，在现有的制度架构和文化下，真正意义上的第三方评估如何实现？

对于独立第三方评估，理论层面的难题基本解决，然而在实践上却鲜有成功的案例。当下一些所谓的第三方，大多与利益方有着各种隐秘的联系，结果导致这些机构被称作“伪第三方”，由于各种监管、监督的制度性缺位，“伪第三方”的盛行导致真正独立的第三方还未降生就已奄奄一息。

独立第三方评估存活的难点到底在哪里？

依笔者管见，独立第三方评估存在与运行的难点主要有两个：首先是独立性；其次是第三方评估。前者是根本性难点，后者只是一个技术性问题。独立性，是独立第三方评估得以存在的最低标准制度配置要求，如果不能保证这点，谈第三方没有任何实际意义。

这点之所以最难，原因有二：其一，当下的制度安排，缺少实质性的对于权力的有效制衡力量，换言之，没有任何力量可以真正制约权力的越界行为，由此，第三方赖以存在的独立性基础条件不完备。其二，中国文化从骨子里讲是一种人情文化，它天生就把感性成分置于理性成分之上，以此为恶劣环境下的艰难生存提供一种未来互换补偿机制。时至今日，这种文化也没有改变多少。这两条就决定了独立性在文化层面存在的深层障碍。在表层，独立性难以实现的原因在于经济独立性难以保证，换言之，支持独立性的经济基础在哪里？没有一个稳定的经济来源支撑（或盈利模式），任何独立性都是无法持久的，小到个人，大到国家，概莫能外。

鉴于科学与技术产品存在的本质差别，笔者认为，科学领域的评估，具有公共物品的性质，要由国家以预算的形式提供稳定的经济支持；对于技术领域的评估可由市场来决定，因为它的产权比较容易界定。

至于第三方评估，它的目标是评价准确，虽然是一个技术性问题，但也不是谁都有资格来评的。由于学科的高度分化及研究的深入所带来的知识梯度和门槛问题是无法逾越的，评估必须要由专业人士来完成，它是一项技术活。在大科学时代，高质量的评估更是一项稀缺的智力劳动。如果仅具有独立性，而没有相应的有资格的人来评，那么，也不会达到我们所渴望的目标：公正与准确。“独立地瞎评”同样是不能被接受的。

那些有资格参与评估的人来自哪里呢？笔者曾建议各学科科研人员应该实行动态排名制，这个排名可以把当下最优秀的各领域科技人员基本涵盖进来，从而也为第三方评估提供了有资格的备用人选，这相当于充分利用社会潜在智力资源以弥补机构本身存在的知识短板。实践中如有需要，第三方机构可以从这个排名中随机抽出所需的专业人员。随机原则的运用，避免了潜在的设租与寻租的可能性。需要补充的一点是，必须加大评估人员的收益与荣誉支付，以此提升抵抗诱惑的阈限。

那么谁来监督独立的第三方机构呢？很简单，政府、协会与舆论的联合运用完全可以解决这个问题。它的内在机制在于把独立第三方评估的存在和毁灭与机构的信用绑定，并承担评估结果失误所带来的有限责任。毕竟，独立第三方评估的生命线就是公信力，如果一个机构的公信力丧失了，也就意味着它死亡了。

院士制度应设立承认的补偿机制——由屠呦呦获得诺奖想到的*

中国科学家屠呦呦获得2015年诺贝尔生理学或医学奖。这是中国本土产生的第一个自然科学类诺贝尔奖，百年沉寂，终于实现零的突破，举国欢庆，实在是可以理解，毕竟为这一刻我们等得太久了。欢庆之余，屠呦呦教授的“三无”背景（没有博士学位、留学背景和院士头衔）再次引发社会对于当下科技评价体系的热议。如果能借着诺贝尔奖的顺风车深入探讨中国的科技评价体系，并促其改革，何尝不是一次额外的收获呢？

试想，当西方学术界率先承认屠呦呦的工作，并于2011年授予她拉斯克奖时，中国科学院与中国工程院应该有能力并清醒地认识到这个奖项所具有的重要意义，及时给予屠呦呦承认与回报，然而，两院毫无反应，仍然无动于衷，直到2015年屠呦呦获得诺贝尔奖。从这个意义上说，两院挨批也是其为落后的评价体系背书所必须付出的代价。

客观地说，过多指责中国科学院与中国工程院是不公平的，他们比谁都希望诺贝尔奖获得者出在自己的麾下。问题是，中国的科技评价体系就是典型的郑人买履模式，条款很多，标准很细，看似庄严华丽，实则中看不中用。通过这些复杂的、苛刻的、静态的装饰功夫，掩盖其鉴别无力的实质。现有评价体系无法真正识别这些人才，导致人才被拒之门外，当重大结果出现的时候，这些曾经被拒之人早已是陌生的学界英雄，只能跟随落后的评价体系一起遭受社会的指责与诟病，就事论事，他们有些冤枉，属于“躺着中枪”的类型。

所有的科技评价针对的对象无非三类：人、成果与资源配置方式。遗憾的是，现有的科技评审制度对这三类对象都没有过硬的鉴别力，只能依

* 本文发表于2015年10月9日微信公众号“三思派”。

据统计规律做出僵化的评价。对人的评价只能通过外在的标准来认定其能力，这就出现了学术界争议多年的“出身论”“土洋之争”等现象，这种评价模式由于无法区分与识别人才能力的构成（如斯坦伯格的智力三元论：分析能力、创造能力与实践能力），只能通过人才的学术资本存量来界定人才，这样就不可避免地造成很多人才被排斥在承认的大门外。对于成果的评价也是我们目前评价体系的薄弱环节，甚至出现无能力鉴别的情况，只好通过采取外人的评价来代替自己的评价的懒政管理模式。当下科技界流行的 SCI、EI 论文导向就是这种境况的直接反映。至于如何配置资源，同样是当下评价体系没有解决好的“老大难”问题，大多效率损失都发生在这个环节。资源配置的最优模式无非是：为好项目找对合适的人；为有能力的人找到经费资助。这么多年了，我们的那些所谓的重大项目又取得了多少重大成果呢？从这个意义上说，中国科技评价体系必须改革。屠呦呦现象恰恰是探讨与反思科技评价体系的一个难得契机。

屠呦呦教授的成功模式无法复制。由于当代科学是高度分工的，准入门槛越来越高，人才的被发现与被承认也是逐级绽放的，基于此，相信未来的获奖者大多还是出现在体制内。这种趋势虽然无法改变，但不可否认，目前的评价体系存在把很大一批人才排除在外的巨大可能性。如何避免整个社会的智力资源的浪费，这就是当下亟须解决的问题。由于知识的分立特点，它存在于社会的所有角落，一个好的科技评价体系应该有能力最大限度地把这些分散的知识集中起来，成为造福社会的资源，否则会造成很多智力资源的沉没与浪费。如何吸引这些分散的智力资源呢？通过科技评价体系提供的补偿性承认机制，实现对智力资源的最大化吸纳。

任何评价体系都是一种制度安排，它本质上要求践行正义原则，这也是制度美德的体现。一个僵化的评价体系是不符合正义原则的，出于亡羊补牢为时未晚的考虑，中国的科技评价体系应该设立补偿性承认机制，根据贡献大小，实行分级补偿承认。没有人知道下一次重大发现会出现在哪里，以及出自何人。因而，补偿机制是捍卫制度的正义美德的必要举措。对于那些曾被各种条款排除在院士门槛之外的人，一旦取得重大成就，应该马上启动补偿机制，给予其院士称号等。毕竟迟到的承认也是美德。这样就为整个社会散落的智力资源提供了一个获得承认与补偿的合理通道：地无分南北，人无分老幼，只要做出重大科学贡献，最终都将获得相应的承认与补偿，这将使那些潜在的人才努力做出最好的工作，因为整个社会确立了“承认可以迟到，但永远不会缺席”的补偿机制，从而实现最大限度利用社会的分散智力资源的目的。如果评价体系一味固执于僵化、教条的规则，将造成评价体系合法性的丧失，并抑制潜在的智力资源的发挥。一个社会的智力资源的释放与沉没，两可之间其后果于国家与民族而言简直是天壤之别，所谓“不拘一格降人才”说的就是这个道理。

作为一个国家的最高学术承认机构，却无法拥有其治下的最伟大发现，无论从哪方面来讲，这都是一种双输的局面。基于此，补偿承认屠呦呦教授一个院士称号又有何妨？院士制度的健康发展必须是动态的，即有进有出：出现违规的劝其退出，做出贡献的及时接纳。而且这种主动接纳恰恰彰显了一种制度性纠错的美德。今天的屠呦呦可能不需要院士称号，但作为最高荣誉机制的院士制度需要屠呦呦。中国古时尚有千金买马骨的眼界，相信我们今天的荣誉制度应该有更大的胸怀！

承认可以迟到，但永远不会缺席——从张亭栋获求是大奖说起*

欣闻香港求是基金会将 2015 年度“求是杰出科学家奖”颁给了哈尔滨医科大学附属第一医院 83 岁高龄的张亭栋教授，以表彰他在 20 世纪 70 年代率先采用砒霜（三氧化二砷）治疗白血病的开创性研究。在此，让我们衷心祝贺张教授获此殊荣。这也再次印证了笔者在科学社会学的课上常说的一句话：承认可以迟到，但永远不会缺席。这个颇具戏剧性与补偿性的案例让我们不得不反思，我们目前的科技评价体系到底哪里出了问题。

美国科学社会学家默顿曾提出过一个经典命题：承认是科学界的硬通货。科学家们都在各自目标的导引下，为了获得承认而努力工作着，这种微观层面上源自个人偏好的追求，成为宏观层次上科学发展的内在驱动机制。这是科学界独特的从无序到有序的进化演变结构。然而，承认的基础是科学发现的优先权问题，由此，才能保证承认的稀缺性与价值性。

科学史研究告诉我们，一项科学成果从发现到被社会接受，期间存在诸多复杂情形。简单来说，有三种情形比较常见：其一，前无古人、后无来者的独立发现，基本上没有或很少出现争议，那么与该项成果有关的荣誉和收益都应归这唯一的发现者；其二，多个人几乎同时发现，这就是默顿所谓的“多重独立发现”现象，目前这个问题已经解决，只要这些几乎同时独立做出的发现被确证，那么荣誉与收益归几个独立发现者共享（一项诺贝尔奖同时授予几个人就是这种情况）；其三，也是最让人惋惜的情形是，最初的发现者由于各种原因在后来的承认分配中被忽视或者遗漏，并没有获得相应的荣誉与收益，这会极大地挫伤科学界的积极性与热情（这类案例科学史上有很多，如孟德尔定律的再发现等，试想，如果孟德尔的

* 本文发表于 2015 年 9 月 21 日微信公众号“赛先生”。

工作能够早日获得承认，说不定孟德尔会因适时的承认激励而在此领域内做出更大的贡献）。

按照科学发现的过程来说，从科学发现、优先权确认到共同体与社会承认之间有一段很长的路要走。期间每个环节出现故障都会导致微观上个体积极性的消减，以及宏观上科技发展的动力机制被毁坏。这个案例反映出我们目前的科技评价体系存在一些先天漏洞。其一，谁的评价更有价值？这已是中国科技评价体系中的“老大难”问题。目前的扭曲评价偏好主要体现在：管理者默认西方的评价优于国内的评价；权威者的评价优于没有名气者的评价，即便出口转内销也比原装的更易获得承认。试想，如果张亭栋团队发表的第一篇文章不是在《黑龙江医药》（1973 年）上，而是某一家 SCI 期刊上，那么张教授也许早就获得了学界共同体与社会的承认，也会挽救更多病人的生命。还好，张先生长寿，终于等来这份迟到的承认与补偿。由此可知，必须改革评审体系中的歧视性教条主义的评价标准，恢复评审原本应该具有的公平性要义，从这个意义上说，求是基金会为我们的评价体系好好地上了一课。

其二，如果在科学发现优先权之争中存在发现者被遗漏现象，该如何从制度上补偿呢？这是承认机制得以存在与延续的生命线，否则很多人将在科研的这场竞争中血本无归，人们也就不愿再从事风险巨大的原始创新，反而热衷于改进型与升级型的工作，毕竟这种研究风险会小很多。因此，在完整的科学发现的荣誉与承认分配链条上，尽管每个阶段都有贡献，但原始创新的提出者理应分享更多的荣誉和收益，这是对优先权和原始创新的必要敬意与回报。

其三，中国是白血病的高发地区，张亭栋团队在 20 世纪 70 年代做出的这项重大成果之所以要等近 20 年才广为人知，这要感谢后续科学家们多年的研究与推广，但也折射出，国家的评价体系对于本土成果是根本不信任的，以及管理部门对于成果的潜在价值反应麻木且缺乏必要的市场敏感性，因此，重大成果的推广与普及是科技管理部门与政府的共同责任，否则将造成社会福祉和稀缺智力资源的浪费。

科技评价失灵与科研诚信的恶意透支*

科技评价体系是整个科技活动链条中至关重要的环节，它通过一套严密的规则体系，并辅以相应的奖惩机制，为科技活动全程提供行动规范与激励机制，这也是高度分工时代科技管理部门的职责所在。从这个意义上说，在大科学时代科技评价体系已经成为衡量科技发展质量的关键环节，一旦这个体系失灵，将导致整个科技共同体与科技活动出现大范围的失范与脱轨现象，就共同体而言，一个最主要的后果就是造成恶意透支科研诚信的现象。

关于评价与诚信之间的关系，尤其是两者之间发生作用的内在机制问题，人们并不是很清楚。毕竟评价是一项非常复杂的活动，如果按照对标的物评判发生的时间来划分，可以分为事前评价、事中评价与事后评价；如果按照对标的物的类别来划分，可以粗略分为对人、财、物（科技成果）及价值观的评价。在现实生活中，为了使评价发生作用，经常采用多维度的综合评价，希望最大限度地对科技共同体的行为选择发生影响。但是，这种制度性安排看似全面，实则削弱了评价的敏锐性与针对性，在各种指标的共同作用下，真正需要评价的部分被悄然稀释了。什么都评价，相当于什么都没有评价。因此，当下急需发展出具有特定功能指向性的精准评价体系。

国人对于目前的科技评价体系非常不满，究其原因在于这些五花八门的评价体系非但没有起到正确的引领与激励作用，反而造成群体恶意透支科研诚信现象，导致科技界出现诚信赤字。例如，从上到下评价出几乎覆盖全年龄层的各类人才计划。然而，在实践中仍然严重缺乏人才。当评价体系偏好以文章作为评价对象，我们就有了全世界排名第二的 SCI 论文总

* 本文发表于《科学与社会》2016 年第 4 期。

量，然而却没有多少真正属于原创性的重大科研成果出现。所有这一切都已经清晰表明：我们的科技评价体系处于扭曲失灵状态。

为何会如此呢？就人才评价而言，我们一直没有解决好到底要评价什么。所谓人才，通俗地说就是“人+才”，对于人的品行的评价属于道德层面的事情，而对于“才”的评价则是管理学的问题。对于“才”的评价大体有两种模式：其一，对个体所积攒的学术资本存量的评价，这是静态评价；其二，对其未来有质量的学术生产率与潜力的评价，这是动态评价，它探究的是个体的学术创造力和潜力。当下，人才评价最薄弱的环节就是对动态能力的评价。为了绕过这个难题，管理者的评价路径被锁定在对静态能力的依赖上。学术市场愈演愈烈的出身论、资格论等就是这种情形的典型表征。

之所以会出现如此粗糙的做法，是因为关于人的才能到底应该包括哪些内容这个问题从来就没有被认真厘清过，导致只对少量内容达成了共识，这就不可避免地造成评价范围的狭窄化，因而造成一些才能被合法性地拒之门外。对于这个难题，心理学家们为此曾做出很多不懈的努力，所得结论就是：人的才能是多元的。然而目前的评价体系根本无力对这种基本事实做出实质性的回应，为了回避这个困境，只好通过提高静态指标的标准，以此掩盖评价的失灵，并代替才能的全面评价。

这种静态评价模式基于人才学术资本的积累效应，属于过去时的评价，这种先天缺陷自然会诱导共同体的行为选择及科技事业的发展路径发生偏转。由于缺少预见能力，扭曲的评价体系强加给个体的额外成本，导致个体有强烈意愿去透支诚信，以此弥补当下的损失，筹划未来整体上变得不合时宜，而且是极度不经济的。

发表文章本是研究的一个自然结果，但即便对论文的评价，我们仍然缺少必要的能力与自信。管理者为了避免这种潜在的文化干扰，直接在评价体系中引入 SCI 评价体系。这套评价模式以客观的面貌呈现，比较契合科技共同体对泛滥的人际关系的深恶痛绝。对于管理者而言，其优点在于既可以掩盖无力鉴别的困境，又可以满足管理者自身对于政绩的追求，并美其名曰争夺科技的话语权。管理者通过歧视性的政策安排逐渐加大奖励权重，导致这套评价体系催生科技界道德风险的大量涌现。所谓道德风险就是指在信息不对称的情况下，在委托与代理之间存在目标取向的巨大差异。

管理者作为委托人无法知道作为代理人的科研人员是否真实付出、成果价值是否真的如说的那样重大，此时代理人可以通过夸大研究的价值与意义骗取经费、称号等，或者利用评价体系的漏洞，以最小的投入获取最大的回报。为了兑换激励收益，科技共同体成员不惜以恶意透支学术诚信为代价。回顾近30年的SCI引进历史，利弊参半，客观地说，这套具有歧视性的评价体系已经彻底形塑了中国科技界的偏好与认知偏见。如果按照今天的评价标准来考核，相信袁隆平和屠呦呦等优秀科学家将无法获得公正的承认，并有可能被阻止在承认的大门外。

科技评价的文章取向所存在的弊端，并非无人意识到，怎奈其他评价体系在运行中存在的问题更多，有些甚至根本无法有效克服。比如，对技术类创新的评价曾经采用过其投放市场所取得的经济效益作为评价方式，然而，很多成果所宣称的经济效益很难得到验证，造假更为严重。更为可怕的是，这种评价模式有可能成为少数学者与相关部门合谋套取国家奖励收益的一种手段。如何确立一种新的、有针对性的科技评价体系？这里需要解决的核心问题就是把评价体系与个体的诚信挂钩，并承担连带责任，否则任何评价体系都无法避免失灵的命运。

诚信属于人的道德层面的评判，遵守一种诚信，就意味着个体在行动中将接受一种规范的制约，就人性而言，没有人喜欢被约束。因此，诚信要发挥作用，必须有明确的惩罚机制作保证，使遵守规范的行为收益大于不遵守规范的行为收益，否则诚信机制失灵。

在宏观上看，共同体所积攒下的诚信是一种准公共物品，其产权无法界定，但是共同体内的所有成员都将获益。由于准公共物品的特点，共同体积累的诚信库存就面临哈丁“公地悲剧”的困境，即所有的人都想为一己之私侵占公共积累的诚信资源，如果这种情况得不到有效遏制，将会导致共同体成员恶意透支诚信库存从而出现赤字的现象，最后导致共同体的诚信机制崩溃，所有人的利益都将蒙受损失。道理很简单，如果那些不遵守规范的人总是可以无偿侵占公共的诚信资源并获益，而那些遵守规范的人总是为此付出成本并吃亏，那么大家都将不遵守诚信，最后的结果就是诚信机制的破产。基于此，不难理解为何科技共同体对学术不端事件极端痛恨，因为它导致那些遵守诚信的人的利益受损。

如何捍卫科技界的诚信机制呢？必须把捍卫诚信机制与个体的行为做连带处理，即把积累诚信库存的任务分解到共同体内的每个成员身上，没有人可以不做贡献就免费获得诚信带来的收益，最大限度地使那些不遵守诚信的人的违规成本大于违规收益。为实现这个目的，还需要厘清诚信机制在个体身上发生作用的路径问题。

对于个体而言，道德层面的约束主要是通过谴责、疏远与蔑视来实现的，即一旦某人违背规范，他将遭受来自共同体一致的对其声誉与认同打折的惩罚。这种惩罚只具有软约束力，不具有强制性。如果违规者心理强大，即其自身的道德基准线设置得足够低，那么，道德惩罚的作用就很有限。试想如果一个学术不端者，通过不诚信的方式获得巨额经费资助或者名号，仅凭道德谴责几乎形不成真正的威慑力，在时间的累积下，他的违规收益仍然远远高于其违规成本。在资源分配高度垄断的背景下，体制内的承认对个体而言至关重要，同理，体制内的惩罚也是最为致命的。在此境况下，体制外的承认仅具有安慰和补偿作用，而体制外的蔑视也仅具象征意义。在奖惩分离的背景下，当下的科技评价对科研诚信的建设仅具有间接的约束作用。当下，科技评价的主要职责也不是用来监督科研诚信的，评价主要是用来评价人才所展现的才华部分；而诚信则是对一个人行为的道德属性的鉴别。由于任何行为都具有后果，如果行为导致的后果造成对公共资源的侵害，那么，个体行为将不仅仅受到道德的规训，还将受到法律的制裁，而法律则是强制性的。它会通过强制性的手段，直接剥夺个体多年积攒下的学术成本，使之沦为沉没成本，这是任何个体都承担不起的硬性约束。比如，最近美国法院对某华裔科学家挪用美国国家航空航天局（National Aeronautics and Space Administration，NASA）的 70 万美元的研究经费做出了有罪判决。相信这类约束对于科研诚信的建设具有直接的威慑作用。刚刚曝光的美国杜克大学的波茨·康德教授由于学术造假及骗取联邦科研经费，被法院裁决，杜克大学将遭受连带惩罚，可能需要返还给联邦最高 3 倍的补偿款，约 40 亿元人民币。这个事件值得注意的是，这是第一次机构需要为其雇员的违规承担连带责任的审判，相信未来各个机构会加大对于所属个体学术不端事件的检查力度，以此降低相应的连带责任。基于此，我们看到捍卫诚信的三道栅栏：来自社会层面的道德谴责、法律对犯罪行为的惩罚，以及机构出于自身利益的考虑对雇员违规可能带来的连带责任的监管。至此，各个责任主体在诚信建设中的作用都得以明确，任何一方都不应缺席。

对于快速发展的中国科技界而言，由于长期存在的扭曲的评价体系及奖惩机制的长期错位设置，这些都在侵蚀科研诚信的库存，并助长恶意透支诚信行为，这些选择将使科技共同体成员陷入巨大的道德风险之中，这才是当下中国科技管理部门最需要解决的问题。

科技进步的缰绳与伦理阶梯——基因修复中出现的“废品”该如何处理*

这个月最热门的科技话题当属中国科学家于 2015 年 4 月 18 日在生物学杂志《蛋白质与细胞》(*Protein & Cell*)在线发表了人类生殖细胞基因修复技术的文章，据介绍，这是世界上第一次发表编辑人类胚胎基因组的研究。随后，引发了国内外学界对该项研究的广泛争议，归纳起来，主要有三种声音：其一，支持该项研究，以国内声音为主；其二，反对声音，以西方学者为主；其三，提倡中立性的谨慎研究，持此观点的人国内外都有。到底该如何看待这种现象，恰恰是科技伦理在高科技时代所面临的主要任务。作为一名哲学工作者，借着这个契机恰好可以做一点哲学普及工作，基于此，本文主要关注如下两个问题：首先，文化与责任；其次，学术荣誉最大化与伦理危机。

一、文化与责任

笔者注意到本次报道中的一些细节很有趣，该研究的科研人员曾声明：此次修改人类胚胎的基因，所选用的胚胎均无法发育成婴儿，不能正常出生，这些胚胎均来自当地医疗机构。这则信息透露出的内涵很丰富：其一，研究者清醒地意识到此次研究未来所要面临的严重伦理问题，因而声明所选胚胎是“废品”，而且来自合法机构，以此为研究结果可能出现的伦理争议预先设置伦理规避措施与退路；其二，此次研究的切入点是修改人类胚胎中可能导致 β 型地中海贫血的基因，这是本研究能高度获得社会认同与合法性的共识基础，从这个意义上说，本研究能够获得预期的轰动、赞誉与争议早在意料之中，这一切得益于研究者对选题的精准把握及对中国文

* 本文发表于《科学家》2015 年第 6 期。

化主旨的精确定位；其三，基因编辑技术的安全性与不确定性在国人实用主义的期盼中被有效悬置，然而，研究结果显示，51.9%的存活胚胎被CRISPR 技术成功实现基因修改，但脱靶问题明显，一些正常基因也被无法预料地修改了。由此，该研究团队表示："实验结果说明，从基因编辑到基因疗法技术，中间有明显的障碍，在达成任何临床应用之前，仍有许多问题要研究清楚。"至此，一项石破天惊的研究记录无可更改地陈列在科学竞争的展台上，然后郑重宣布，该项研究走向实践的征途需要慎重。问题是潘多拉的盒子打开了，还能关得上吗？抛开这些字面含义不谈，笔者比较感兴趣的是此事件中反映出的一些深层问题很有趣，如文化与责任问题。借此契机，值得深入挖掘中国科研文化中的规范结构问题。

在文化与责任的大标题下，第一件值得关注的事情是文化与行为的关系问题。据作者透露，该研究最初是投向著名的《自然》（*Nature*）和《科学》（*Science*）杂志，如此热点、吸引眼球的题目被拒，作者推测可能是出于伦理原因，而且随后引发西方学者比较普遍的伦理质疑可以佐证这个猜测。作为对比，该研究以最快的评审速度在国内的学术期刊上发表，并且快速赢得国内众多的赞誉与支持。这里值得插入一句：学术期刊在当下的国内考评机制下日子也不好过，发表如此伦理敏感的文章，自然是要承担连带风险的，好在风险总是与回报同行，这可以被看成作者与期刊的一次双赢的学术营销战略。

同一件事在两种文化境遇下的遭遇简直是天壤之别，原因何在？这才是热闹过后值得思考的事情。总体来说，原因有三。其一，西方长久的基督教文化，以及由此而生出的理性主义传统，强调生命的神圣性，因而任何改变生命本质的行为都是与宗教教义相违背的，这种文化背景成为公众判断事件意义的起始点。再加上自 16 世纪以来，西方实行的宗教改革极大地改变了人们的观念，规范社会行为的伦理范式也由神圣性转为世俗性，这种转变正好伴随着近代科学兴起的 400 年。不难看出，近代科学的精神气质中就暗含了清教伦理的精神气质，关于这一点，德国社会学家马克斯·韦伯在《清教伦理与资本主义精神》一书中已有很好的论述，后来美国科学社会学家默顿更是对清教伦理助推近代科学发展的机制作了深入的阐释。归结起来，西方文化在从神圣社会到世俗社会的转变中，同时存在着两种主流伦理观念，即信念伦理与责任伦理，前者从信念与动机入手规范人们的行为，而后者则是在世俗社会中支配个体实践的主导伦理观念，强调个人要对自己的行为承担责任。那么，由此可以看出，西方文化的变迁反映在主导伦理观念的变革上，由此造就了一种混合伦理模式，即个体同时拥有信念伦理与责任伦理，区别只在于哪一个伦理成分所占的权重更大一些而已。

相反，中国传统文化骨子里就是一种以修、齐、治、平为表征的入世的功利主义与实用主义的混合体，它侧重的是计算性的工具理性，所谓的"经世致用"就是这种理念在实践中的经典表达。一切行为只要能致用并带来利益都是可以被理解、被接受的。新中国成立后推行的宏大乌托邦意识形态在近三十年的实践后被证明失败，改革开放后整体转向彻底的技术决定论，这期间技术的效率标准开始成为评价行为伦理性的唯一标准。实用主义哲学更是助长了这种功利主义伦理观，它是以牺牲人性中的形而上美德为代价的，由此观念形塑而成的公众大多具有技术乐观主义的认知偏好，甚至有些人在此基础上走得更远，成为奇迹主义的忠实拥趸。这种文化孕育了功利主义的同时，也荒芜了信念伦理的存在空间。客观地说，这 30 年间我们从来没有如此地纠结于"目的与手段"的伦理质问：目的美好可以掩盖手段的残酷吗？或者干脆把手段当成行为的目的？在争议不决之时，我们惯常采用存而不议的鸵鸟战略，用发展来掩盖深层次的良心拷问，毕竟解决痛苦的最便捷的方式就是用更痛苦来代替以往的痛苦。因而，在当下的中国科技已经成为替代宗教的一种广谱性信仰。再加上，基因修复技术所展现的技术前沿性、广泛的应用前景及巨大的潜在商业价值，恰恰暗合了从个体、公众到机构的所有主体的心理偏好与绩效期盼，这种利益展现方式与中国文化的内在精神结构形成了高度的契合，由此，不难理解为何同样一篇文章会在中西两种文化背景下呈现出迥然有别的命运。再做一个推论，如果该作者在美国从事这方面研究，可能面临着既发表不了研究成果，也无法获得联邦基金资助的局面，还要遭到无数人的质疑，那么谁还会来做这个事呢？

其二，如此热门的话题相信在全世界感兴趣者甚多，但西方具有相对比较完善的法制体系，以及严格的执行机制，因而一旦立法，即便有热衷于此者，也不敢贸然以身试法，否则代价太大（克隆人计划的夭折与此有关）；反之，中国则由于法制不健全，尤其是有关科技伦理的立法严重滞后，再加上执行监管部门的普遍缺席与走过场，以及公众对于科技进步的片面热情，导致公众对科技后果危害性的认知相当陌生，甚至完全不了解（传统科普片面性的正向传播就是典型案例，中国人对于科技负效应的认识大多来自美国科幻大片），加上有些研究成果之后果的完全展现需要漫长的时间，这些隐而不显的危机在短期利益面前会被短视的公众迅速忽略掉，导致这类越界研究成为科学共同体内很划算的一种行为选择模式。当权利与责任不对等时，超越规范寻求利益最大化就是个体的理性表现。

其三，基因修复技术原本起源于西方，为何人家不允许进行此类研究，眼睁睁地放弃即将到手的学术第一的荣誉？毕竟现代意义上的科学是源于西方的产品，他们在近代科学兴起的几百年间对于科技的后果与群体行为选择具有更清醒与深刻的体认，毕竟那些成功的经验与失败的教训会让他们在遇到如此重大问题时审慎前行，而我们缺少这方面的经验，我们的观念里只有效率与利益，而无法真切意识到这些选择的后果，即便意识到了也可以视而不见，而且无需对后果承担责任。在这种思维惰性背后，我们就会不可避免地遭遇进步带来的尴尬局面：解决的问题远远没有制造出来的问题多。当困难问题出现了，我们再用新的风险来处理旧的风险，至于能否解决，没有人真正知道，这样就会出现风险的累积效应，到最后积重难返。笔者在多个场合讲道：人类社会的发展要遵循相同的规律，没有任何个人或者国家可以自负地越过那些客观存在的发展障碍。在发展这条路上没有捷径可走，更没有任何特色可言，规律是不可逾越的。以前我们曾嘲笑西方发达国家的环境污染，相信今天我们遭遇的环境问题已然能够证明这个规律，科技的发展同样如此。

第二个值得关注的问题是：责任与伦理的关系。没有伦理的约束，责任就是一个虚拟的结构。关于这点需要简单解释一下：责任是对行为结果而言的，对于过去的事件，结果已经发生并且无法更改，我们负不起责任；对于当下的行为，结果尚未呈现，我们无需负责；对于未来的事件，由于结果没有到来，我们无责可负。责任就是把当下的行为与遥远的结果用奖惩机制联系起来，如果时间足够遥远，责任的约束功能迅速降低。责任的这个运行结构很让人震惊，如何约束人类的行为，这就需要伦理的永续保证，对于当下的行为我们需要责任伦理，对于过去与未来的事件我们需要信念伦理的支撑。而功利主义伦理只注重当下的利益考量，过去与未来被制度性悬置，其后果自然不容乐观。试想原子弹爆炸后，包括爱因斯坦在内的一些科学家感觉自己对此负有责任，这种拷问就来源于信念伦理与责任伦理的共同作用；反之，我国的科学家则很少对此有这种责任感与内疚感，造成这种差异的原因就在于我们的文化中所设定的伦理仅仅是单维的伦理，这种伦理结构在科技领域蕴含着危机已然是不争的事实。

基于上述分析，笔者一直好奇这样的一个问题：假如基因修复中出现了“废品”该如何处理呢？据报道这项研究中科研人员所利用的CRISPR/Cas9 技术本身就存在严重的不确定性，由此可以肯定地说，基因修复中出现“废品”的可能性是很大的。这些因基因修复失败而制造出的生命该被怎样对待呢？谁来为他们的遭遇负责？这还仅是表层问题，由此引发的深层问题更难以处理，这些经过修复（编辑）的基因是可以遗传的，由此，一些新的种类开始出现。我们和那些制造出来的“超人”或意外“废品”如何相处？不难想象，科技界中总会出现一些狂人利用这些技术进行拓展研究，而社会中则存在另一些人拥有某些特殊的心理偏好需要（如美貌、智慧、健壮、返老还童等），由此可以做一个设想：那些被证明是人类的卓越品质甚至邪恶品质都会有潜在的需求者，潜在的供需关系得以确立，人类社会将进入一个“人造超人”泛滥的时代，那么千百年来所形成的社会秩序终将被这些超人完全摧毁，这不是科幻而是潜在的技术未来。笔者无意去批评那位年轻的科学家，因为这项工作，即便不是他，也会有别人去做出来，毕竟这里的诱惑太多。哲学家莱布尼茨早就说过：每种可能性都要求存在，以便成为现实。只要可能性一旦展现在人们的视野中，就再也无人能真正阻止它的到来。我们今天强调科技伦理的规训作用，无非是想通过一种规范伦理的约束延缓这种危险的推进速度，为人类的安全与秩序留出足够多的准备与调试时间而已。

二、学术荣誉最大化与伦理危机

笔者一直固执地认为，在知识经济时代社会的深层风险来自精英的选择与行为。换言之，知识的门槛决定了个体参与社会变迁的能力。科技共同体历来是人群中最具抱负与野心的群体，他们的行为与选择对未来社会的影响巨大。要想理解科学共同体的行为选择模式，首先要搞清楚科技共同体的行为驱动机制，毋庸讳言，科技共同体与其他社会群体一样，有着属于自己领域的特有偏好。例如，经济领域商人偏好追求利润最大化；政治领域政治家偏好追求权力最大化；同理，科技领域科研人员偏好追求荣誉的最大化。这些偏好都是基于理性的选择，通过名、权、利在最后达到殊途同归的效果，即个人通过追求自己领域的主导偏好，实现自我满足与超越，这些原本无可厚非，但是如果没有相应的伦理规范约束，那么在各自追求利益最大化的过程中就会出现违规现象。抛开前两者不谈，仅就科技共同体而言，科技人员之所以追求荣誉最大化，是因为它标志着在科学界获得承认与赢得收益，而承认是科学界的硬通货，只有获得同行承认，才能体验到源于智慧的优越感，以及那些前期投入才不会变成沉没成本。从这个意义上讲，科技界面临着巨大的竞争压力，要想胜出其实是很难的，在这种氛围下，越界不失为一条捷径，尤其是在没有明确的惩罚机制下，这种选择是收益最大化的选择。对于这个案例我们可以尽情猜测与预见它的潜在结果：该研究让研究者迅速成为本领域的学界翘楚，然后，各种荣誉称号与稀缺资助会纷至沓来，从而有助于个人的自我实现与收益最大化，否则，按照常规套路，为了获得如此声誉还不知道要艰苦拼搏多少年。

那么如何约束科研人员的伦理行为呢？这要从科研行业的职业特质说

起，只有了解了其内在的含义，才能找到合理的约束方式。职业这个词在西方基督教语境下，它内涵的演变大体经历了如下三个阶段：召唤、使命与谋生的职业。换言之，职业内涵里先天地具有了奉召与使命的意思，这是需要信念伦理来维系的，而随着近代科学的建制化，职业更多地意指一种谋生手段，此时通过责任伦理来提供约束。但不论怎样演变，任何职业内涵中都不能少了召唤与使命的含义，否则单纯以此谋生是让人无法忍受的。这也是哲学家阿伦特所谓的积极生活的要义所在。对于科技人员而言，通过彰显职业的召唤与使命感，恰恰是捍卫个体尊严的一种方式。如果职业所针对的对象是人，此时仅有责任伦理是不够的，还需拥有信念伦理的辅助，毕竟人不是机器。按照哲学家康德的经典表述：人永远是目的而不是手段。那就意味着，人和工程、机器是不一样的，当工程技术人员建造工程或机器时，即便失误了还可以重来，这个过程可以看成可逆的，而当研究人员把人类的生殖细胞当成像工程一样的东西来操作的时候，有关人类的尊严与意义的所有价值建构都将消解。按照德国哲学家约纳斯的说法：人们不能利用未出生的人做实验，就是说，使他们成为自己获得知识的手段。生物技术在其控制中现在却可以用自由的虚构取代选择，并因此获得为任意目标服务的计划选择。这些知识在实践领域一旦扩散就会成为一种无法控制的危险平台，这应该被看成此类研究的伦理底线。

人类文明史的进程一再表明：每当人类社会的伦理边界发生移动的时候都会带来社会的震荡。如果这一过程是自生自发秩序的结果，而不是人为设计的结果，那么社会震荡会以非常小的幅度发生作用，并不会带来剧烈的社会冲突，原因在于漫长的进化时间把那些潜在冲突的风险分摊了，通常这个适应期一过人类文明就会随之提高；但是这个过程如果是人为强行推动的，那就必然导致社会准备不足，冲突短期内集中释放，社会的消化期过短必然导致调试期变长，并带来长久的社会秩序混乱与倒退局面，反而有可能使社会的文明程度不升反降，文明的实现从来都是有代价的。前些年有些学者提议设立技术研究禁区，立意很好，但缺乏可操作性，从而沦落为纸上观念，实际的运行仍使各种危险的研究风起云涌。在一个民主与法制不健全，以及文化存在先天缺陷的国家，权力的任性更是有可能助长这种冒险性研究，因为没有人会为后果负责，普通公众对于遥远未来的习惯性漠视，不可避免地被短期的利益许诺所蒙蔽，最后造成群体尊严的丧失而不自知。笔者曾戏言：任由基因编辑技术的发展，输在起跑线上就有可能真的变成不可逆转的现实。到时所有人的福祉与公平都将蒙受损失，社会秩序得以维系的公平与正义的产生基础将会被某些与人有关的科技力量彻底颠覆。我们有多少人对此做好了准备？基于上述考虑，笔者一直在建议：应该给某些科技领域套上缰绳，设置必要的伦理阶梯。有些边界是不能肆意僭越的，在条件不具备的时候，贸然跨越进步的阶梯是一场冒险的赌博。行文至此，突然看到最新消息：2015 年 5 月 18 日，美国国家科学院（National Academy of Science，NAS）和美国国家医学院（National Academy of Medicine，NAM）宣布，将发起一项倡议，提议为编辑人类基因组制定指导性规范。

突然想到哲学家阿多诺的一句话：哲学继续存在是因为实现它的那一刻已经错过了。在我看来，当下拯救意义与尊严的使命对于科技伦理来说正是恰逢其时。

科技伦理：没有约束的科技是危险的*

随着中国科技规模的快速扩张，如何让这庞大的建制处于有序与健康发展的状态，而又不陷入科技异化的怪圈，是当下科技管理部门亟须解决的问题。通常来说，维系社会秩序有两套措施：法律与道德。法律调控的最大特点就是强制性与高成本，道德约束作为一种非正式制度安排，其特点是广泛性与持久性。鉴于科技领域的行业特点，日常运转更需源于道德的自律约束而非法律的他律驱使，因而，科技伦理就是科技界最有效的规训机制。

一、科技伦理的兴起与发展

自近代科学兴起以来，人们见证了科学改造世界的力量，也充分享受到了近代科学成果带来的社会福祉的提高。从衣食住行到生老病死，我们已经彻底离不开科学了。从这个意义上说，人类从来没有像今天这样把自己的一切都交付给某些人的某项高级创造，科学为我们设定了行为的标准与判据，整个社会的思维模式已经不可逆转地被科学所形塑。遥想 18 世纪启蒙运动的先辈们，热情地讴歌这人类智慧的结晶：他们为后世量身定做了“科学等同于进步”的乐观理念。然而，他们万万也没有想到，人类在享受科学带来的福祉的同时，也开始遭遇来自科学的远虑与近忧。

科学发展到今天，已经具备了很强的自主性，如果任其无约束地发展，它的潜在成果既有可能造福人类，也有可能摧毁人类的生存与社会秩序，这绝不是危言耸听。如何让科学的发展始终朝向善的道路，就是今天人类亟须解决的问题，科技伦理的兴起也正是基于这个时代背景出现的，从中也不难发现科技伦理出现的被动性。在经历一系列惨痛教训过后，人们终

* 本文发表于 2015 年 7 月 31 日《光明日报》A10 版。

于认识到不加约束的科学是非常危险的，任何国家或个人都无法承担其可怕的后果。从这个意义上说，科技伦理的水平直接标度了科技发展的成熟度。

科技伦理的出现是科学建制化带来的必然结果，这是社会分工与专业化发展的内在要求。科技伦理的目标很明确，即通过有效的规范保证研究的所有环节都处于伦理的规训范围之内，使研究的整个链条都指向追求善的目的。为了清晰展示科技伦理的作用空间与复杂性，我们可以简单勾勒出科技伦理发生作用的空间结构：政策环境、研究主体、手段、研究对象与研究结果。在这个研究链条的每个环节内都存在伦理缝隙，如果处理不当，就会引发严重的社会问题。伦理学中诸多理论流派的分歧，大多与对伦理行为的空间结构侧重点的选择有关。关注行为主体动机的学者侧重于强调道义论，即行动者的动机是否是善的。后果论者倾向于根据行为结果来判断行为是否是善的；注重过程的流派倾向于采取功利主义模式，认为一个行为如果能取得综合收益最大化，那就是善的。从中不难看出，提炼出具有普遍实践操作性的伦理规范并不是一个简单的问题。

对科技伦理而言，如何使这个研究链条的运转既满足研究的目的，又不违反伦理的要求，实在是很复杂的事情。这里存在很多我们耳熟能详的伦理困境，如目标美好就可以掩盖手段的残酷吗。康德早在 200 多年前就说：人永远是目的而非手段。虽然今天看来，康德的说法过于理想化了，但尊重人这点是没有变化的。毕竟，我们每个人都不想成为别人的小白鼠，再有，研究动机是好的，就能保证研究符合伦理要求吗？在这条研究链条上存在诸多值得探讨与约束的地方，否则，科学就会从人类福祉变成人类的噩梦。比如，核武器的研发最初是从早日结束第二次世界大战的良好动机出发的，最终却演变为当下全球都难以处理的核军备竞赛问题。200 年前，雪莱夫人先知般地写有科幻小说《弗兰肯斯坦》，她塑造的人造人的悲剧在今天看来绝非戏言。科技后果的恶不仅仅包括那些基于前沿知识的新奇危险，还包括更多的基于普通知识的平庸的罪恶，如瘦肉精、三聚氰胺及电子秤上安装作假程序等现象。

二、科技伦理是研究的障碍吗

科学是探索未知的事业，按其本性来说是喜欢自由的研究氛围的。由此，人们自然会认为，不应该为科学研究附加任何约束，所有这些束缚都是研究的障碍。这种说法与认识在社会上很有市场，基于此，很多研究人员倾向于认为：科技伦理就是研究的障碍与紧箍咒。其实，这是一种短视的认知偏见。哲学家托德·莱肯曾指出：我们对人类的有限性和偶然性的焦虑，致使我们设计出更高级的不变的实在，这就是上帝、形式、道德法则，或世界自身。我们不是运用我们的概念创造去应对我们所面对的不确定现实，而是设计出一个远离我们的完美王国，让我们逃避不确定的现实。道理很简单，任何时代的人的认知都是具有时代局限性的，我们没有办法预先把所有的不确定性消除，这就意味着总有一些我们没有预料到的事情会出现，而这些事情如果是好的倒也无妨，如果是恶的，其影响就很难消除。而且随着研究的深入，这种可能性不是变小了，而是变大了。为此，预先设置一些高于当下实践要求的伦理规范，就可以最大限度地消除未来的不确定性所带来的危害。比如，笔者常说：20 世纪产生的核武器的危险远远赶不上 21 世纪登台的生化武器的危险。利用基因技术制造新病毒，这是一种新发现，能够满足研究者内心的成就感。问题是，这些病毒技术一旦扩散开来并被不当运用，就会成为威胁人类生存的巨大危害。如果我们预先从动机上设置善恶的栅栏，那么这个研究的动机就是非善的；从结果上看，其可能出现恶的后果，因而判定其为恶，这样这项研究就会在酝酿阶段被定性为恶的，从而杜绝了其潜在的不确定性风险。

所谓“障碍”无非是说一些规范对于研究行为的自由度进行了约束。这里涉及一个老问题：规范与研究实践之间的关系问题。大体来说，规范与研究实践之间存在三种情况：其一，规范领先于实践，从而有助于研究实践保持在正确的轨道上，此时，普通科研人员的认识还没有达到那个阶段，故而不会产生障碍之感；其二，伦理规范与研究实践同步，这时研究人员也感觉不到障碍，双方在认知上比较匹配；其三，规范落后于实践，此时落后的规范就制约了研究的发展，研究人员会有强烈的被束缚之感，规范就沦落为研究的障碍。

规范与实践的矛盾正是推动科技发展的一种内在动力。通常来说，规范都是来自过去经验的总结与提升，一旦形成就具有稳定性与保守性，而研究实践则是开放的与动态的，并保持着永远向前的势头，如果规范的进步速度远远赶不上研究实践的步伐，僵化的规范就会成为研究的障碍，此时改变规范就是促成研究快速发展的有力举措。

三、科技伦理是研究通达向善的路标

美国哲学家杜威有句名言：习惯就是意志。对此，笔者是深以为然的。科技伦理发生作用的机制是通过规范性要素与文化认知性要素的结合来影响主体的行为，它的特点就是潜移默化，以习惯的面目出现。作为新兴的伦理子领域，其终极目标是追求至善。科技伦理在研究的整个链条上，由于存在诸多空白，时刻面临伦理失范的风险，因而，作为有限理性的研究者时刻牢记伦理规范在各个环节上的伦理边界，这样才能保证研究全过程及整个漫长的研究周期始终置于伦理的光照下，保证研究行为对外提升社会福祉，对内则因追求至善而实现内在的幸福感。这才是关注科技伦理在当下所具有的重要现实意义之所在。

由于中国文化的核心旨趣是实用主义与功利主义的混合，这就导致我们考虑科技伦理的时候喜欢从两个角度切入。其一，后果论（功利主义的变体），一个行为只要它最终的后果是好的，就是可行的。这实在是一种冒险，后果是未展现的实在，它尚未到来，我们怎么能不审慎考量就判定其后果真的是善的。其二，无反思地运用“事实-价值”二分原则，认为科学是中立的，无需为动机与后果负责，从而为研究辩护。现在的研究已经显示：很多研究是承载价值的，而这些价值并非中立的，再加上整个研究链条元素之间的相互渗透，那种简单的二分法所界定的事实就是一个神话。回到源头这涉及主体相干性难题，任何行为的实施都牵涉主体的价值判断。

基于上述考虑，我们认为对研究人员进行科技伦理的熏陶、探索与反思，恰恰是培养研究人员追求至善的有效手段。毕竟美国哲学家汉森早就证明：观察渗透理论。即任何人在做出价值判断的时候都要受到其内在所拥有的理论与信念的影响。这些构成研究者认知背景的理论与信念，需要仔细论证，得出最为稳妥的伦理观念，在这种观念主导下，内化的行为规则就会成为研究者的习惯，在此习惯主导下的研究就可以达到最大限度的善。正如孔子所言：七十而从心所欲，不逾矩。之所以孔子会不逾矩，就是因为那些规范已经内化为他的习惯。由此才成就孔子的伟大人格。从这个意义上说，科技伦理是研究者向善的路标，而非研究障碍。

四、中国亟须推进科技伦理研究

由于近代科学是西方的产品，在其发展过程中，西方人提出了一些相应的伦理规范，而对于中国人来讲，科学在很大程度上是舶来品，我们没有与此相对应的传统与经验，因而在科技伦理上存在先天的不足。

由于西方具有悠久的宗教传统，即便科技领域是一个全新的未知领域，并无相应规范，其工作还是会受到宗教伦理的约束。而中国传统的儒家伦理是基于农业社会建构出来的，仅仅解决了人伦与社会秩序问题，而建制化的科技是近代工业化的产物，因此，根本不可能从儒家伦理中分化出符合科技发展的现代科技伦理观念，就此而论，其可资借用的理论资源并不多。同时，我们的文化也缺少对于至善的一种普遍的形而上思考，故而，在面对社会结构整体变迁之时，我们原有的伦理规范大多处于失灵状态。再加上中国的社会变迁大多处于低水平重复状态，故而很难涌现出新的生产方式与制度安排，这就导致很难出现伦理规范的革命性变迁，致使我们的伦理规范总体上处于退化阶段，甚至在一些领域我们根本就没有比较成型的伦理规范。在社会分工进程加快的现实的倒逼之下，伦理空白之处随处可见，伦理领域是一片亟待开拓的领地。

另外，我国的教育体制中也缺少这方面的系统训练，从而导致我国科技人员对于科技伦理的认识与知识储备严重不足。这就意味着，随着中国科技的迅猛发展，科技投入的增加与从业人员的大幅增长，以及功利主义评价模式的形成，完全可能导致一部分科研人员在利益的驱使下，没有约束地从事后果高度不确定的研究。对个体而言，此类研究收益归个人，风险留给社会，这将带来极大的科技风险。前些日子中国科学家利用西方技术率先发表基因修复方面的文章，国际上对此类研究是有很多顾虑的，而在我们这个科技伦理研究孱弱的国家，就不成为问题。再加上，国人对于前沿科技成果的极度期盼，促成需求的扩张，加剧了科技风险出现的可能性，这就无形中助长了科研人员冒险的热情。没有规则的市场是混乱的，没有伦理约束的科技则是危险的。从这个意义上讲，中国当下的科技伦理规范现状根本构不成研究的障碍，反而是一种无约束的自由放任的伦理蛮荒之地。

所有的优秀与卓越都是规训的结果。至于造福与作恶历来是对人们主动选择的回报，因此，践行负责任的研究，恰恰是中国科技界应该展现给世界的一种风格与品相。

伦理：让创新永远走向上的道路*

古希腊哲学家柏拉图在《理想国》的最后一节，借苏格拉底之口指出：让我们永远坚持走向上的道路。这里的向上的道路，包括智慧与美德，究其实质是指追求至善之路。回到生活世界，所有向上的道路一定是在规范的约束下得以实现的，这就是伦理在维系生活世界的秩序时所起到的作用。生活世界是由人类的多维观念与行为共同构成的，这就要求构成生活世界的所有维度都要指向至善，否则，总体向上的目标就难以实现。联系到当前，举国上下都在热议“大众创业，万众创新”，让人振奋的同时，也引发我们对于创新行为未来走向的关注。

客观地说，推出“大众创业，万众创新”的决策，是一项非常及时与有效地吸引、集聚民间智力的重大战略抉择。它在观念层面上的进步体现为：从解放生产力向解放智力的转型，这也应和了经济体制由粗放型发展向精细化发展的彻底转型，也更符合新经济增长理论的要求，因而其意义更为深远。这是由知识的分布特点决定的，诺贝尔经济学奖获得者哈耶克早就论证过：知识是以分立的形式存在于个人头脑中的，没有人可以拥有所有知识，这些知识遍布于社会生活的所有角落，也是无法完全用计划模式来利用的，只有依靠市场的力量来实现知识的积聚。

众所周知，这些分散的知识是任何一个社会的宝贵资源，闲置不用，显然是巨大浪费。那么，如何让这些分立的知识在经济与社会生活中发挥作用呢？这就需要一种特殊的政策安排来吸引、积聚那些分散的知识与智力资源，从而达到知识资源的充分利用。要实现这个目标，只有通过市场激发全社会的创新与创业热情，实现知识的重新配置与组合，再辅以小微企业的税收减免等政策优惠措施，从社会中提取分散知识的宏伟构想才可

---

* 本文发表于2017年3月3日《文汇报》A6版。

能变为现实。在治理理念上，这是一次把政策工具带来的直接收益完全让利于社会，从而繁荣社会的精妙构思。现在的问题是如何正确理解创新。

由于近年来国内在科技领域取得的有世界影响的原始重大创新成果比较少，公众逐渐形成一种创新“稀缺”的心态，这种错误认知对于未来创新的发生有很大的抑制作用。为了破解这种由创新稀缺带来的“管窥心态”，我们需要回到创新的原初定义，即广义创新，而非狭义的科技创新。

创新包括方方面面，远不像公众所认为的那样远离日常生活，它就在我们身边，只有把视野扩展开来，人们才能积极投入到创新、创业的洪流中去。为此，可以把创新空间简单划分一下：根据支撑条件与技术含量的状况，创新的存在形态大体分为高端创新、中端创新与低端创新三类，这是一个完整的创新空间布局。如果三类创新能同时存在，并且各类所占比例合理，那么，就能最大限度地发挥散落在社会各个层次上的知识与智力资源，从而实现知识资源的充分利用；反之，如果一个社会仅仅关注高端创新，有意忽视，甚至无视中低端创新，必然造成整个社会部分知识资源的浪费，同时，一旦高端创新表现不佳，就会快速在公众中造成创新稀缺的印象，并加剧群体的管窥心态的蔓延。

从这个意义上说，“大众创业，万众创新”的政策安排，恰好可以解决我们长期忽视的两个困难问题：其一，利用中低端创新快速提升整个社会的创新短板，使创新链条得以完整连接起来并覆盖整个社会空间，达到充分利用社会的闲散智力资源的目的；其二，创新是不可计划的行为，广泛的创新、创业激活了闲散的社会智力资源，并有助于形成知识的提取、积聚与竞争的发展路径，从而为高端创新提供一个不断提升的基准条件。

其实，这种从中低端开始的创新，对于高端创新形成了有效的补充与倒逼机制，而且这种广泛的中低端创新也符合我国当下的社会基础支撑条件的供给现状，这才是这项政策意义最为深远的着眼点。据我们前期研究提出的创新支撑五要素框架模型（制度、经济、人力、文化与舆论要素）可知，高端创新的实现需要比较苛刻的支撑条件，而中低端创新则可以在条件不是充分具备的情况下开展工作。中低端创新的实现，必将为高端创新的实现提供有力支撑。这就相当于巴西足球与中国足球的区别，由于前者有众多的中低端足球俱乐部的存在，才有巴西足球的高端表现，而后者只关注高端的国家队建设，忽视中低端发展，其结果自然是乏善可陈，无源之水，岂可流长。

创新作为人类的一种利用知识与智慧的行动，与其他人类行为一样，其未来的走向也有两个出口：向上的道路（善的出口）与向下的道路（恶的出口）。不论创新的主体是个人还是团体，在其最低共识基准面上，都在追求利益的最大化。如果向上与向下的道路都能提供这种最低目标，那么，在没有相应约束的情况下，选择向下的道路也是符合行为主体收益最大化原则的。比如，利用知识制造与开发新型毒品，这些都是创新，也都能取得不错的收益，但他们带来的后果却是严重危害社会。故而，创新并不是价值中立的。

创新的“新”，并不能必然保证一种行为是善的，因而，也就不一定走向上的道路。虽然伦理学流派众多，观点各异，但无外乎从道义入手（探究动机），或者从结果切入（功利主义），其考量的指标却是相同的，即善与恶。为了实践层面上的可操作性，可以对行为的动机与可能结果联合考虑，最大限度地保证创新符合伦理要求，对此，根据动机与结果的排列组合会有四种结果：①动机善、结果善；②动机善、结果恶；③动机恶、结果善；④动机恶、结果恶。不难发现，即便按照最简单的结果出发，在没有约束的情况下，只有 1/4 的行为选择是符合伦理要求的，即第一种情况。其他三种情况都不符合伦理学原则。其中，有一种情况容易引起争议，即动机恶、结果善的组合，按照伦理学的要求，这也是应该被禁止的，毕竟道德运气是一项非常不确定的情况。通过这个分析，我们应该清醒地意识到：狭义科技创新需要科技伦理来维护，广义创新行为则需要伦理来约束，否则，在求新的名义下就会出现诸多违背伦理的行为，而这与人类社会的进步取向是矛盾的，其潜在风险也是不能忽视的。

干细胞研究应设立三道伦理栅栏*

所谓干细胞（stem cell）是一种原始而未特化的细胞，它既可以自我更新，产生更多的干细胞，又可以在一定条件下转化为某种特殊细胞，因此，被称作万能细胞。由于这些特点，它具有多方面的潜在价值，这也是它被学界和商业界热捧的原因所在。

干细胞的来源大体有三种：胚胎干细胞（ESC）、成体干细胞（ASC）与诱导性多能干细胞（iPSc）。从对干细胞的分类与来源来看，其中涉及的伦理问题主要集中在如下两点：其一，干细胞的来源与处理是否违背伦理要求，尤其是在针对胚胎干细胞研究时，争议较多；其二，干细胞研究的结果在临床应用中可能带来的风险与不确定性所引发的伦理问题。

伦理研究常常落后于技术的进步，在伦理边界尚未清晰前，我国和世界各国在干细胞研究中都出现了一些乱象，遭到学术共同体的批评和警惕。不久前，国际干细胞研究学会发布了新版本的干细胞研究与转化应用指南。喧嚣过后，我们要清醒地意识到干细胞研究中存在的诸多问题，以及可能引发的严重伦理危机。

一、警惕两种认知误区

不能因风险的不确定性就低估风险，不能丧失伦理判断的敏感性。

在分析国内干细胞研究的狂飙突进的现状时，我们要时刻警惕两种认知误区的影响。其一，未来的风险在当下有被低估的倾向。美国心理学家安斯利（George Ainslie）在40年前就指出：相对于在日后报偿最终得以实现的时刻而言，我们在当下对于一项未来报偿总是不那么在意，我们会对未来进行“打折”。这句话同样适用于当下的干细胞研究。如果眼前的潜在

---

* 本文发表于2016年6月10日《光明日报》A6版。

利益大于未来不确定性风险的代价，人们更倾向于对遥远的风险进行“打折”，毕竟危险尚远，而且还不一定出现，故而会从内心纵容自己的选择。

时至今日，在冲动与狂热的裹挟之下，干细胞的研究已然成为新时代的学术淘金之地。关于公众对于干细胞研究的热情可以从一些学者的调查中发现，2010 年，学者丘祥兴和沈铭贤等通过调查问卷发现：有 86.2%的人认为，应允许为提高对先天性疾病的认识而进行胚胎实验。这个数据很惊人，也印证了我们上面的判断：公众对于干细胞的研究充满期待。这种强烈需要为干细胞研究提供了强大的存在合法性支持。

需要警惕的第二种认知误区是：存在的潜在的道德滑坡效应（landslide effect）。所谓道德滑坡是指：在伦理判断中无意识地出现一种内隐性偏差，不是故意为之，而是无意识状态下产生的，行为人本身并没有意识到自己的伦理判断出现了偏差。一旦滑坡开始，我们都会无意识地跟随滑到坡底。这种现象之所以可怕，在于它是缓慢地一次次突破底线，导致我们的伦理判断丧失敏感性并出现伦理麻木现象，当最终风险结果出现的时候，任何人都无力扭转。由于当下干细胞的研究整体上还处于起步阶段，我们还没有见到实质性的风险与伦理危机，故而，很容易逐渐放松对于干细胞研究可能出现伦理风险本应持有的敏感性与警惕性。

二、伦理栅栏应分区逐级设置

基础研究、临床应用研究与产业化研究应有不同的伦理栅栏。

为了防止“狼来了”喊多了导致的警告效应被稀释的现象，伦理栅栏必须实行分区逐级设置。问卷调查显示：受访者中有 96%的人认为应该设立国家干细胞管理体系。这几乎是一致同意的结论，反映的是公众对于未来干细胞研究与应用的一种真切担忧。目前国内运行的管理规则仍然是 2003 年由科技部与卫生部联合颁发的《人类胚胎干细胞研究伦理指导原则》，以及 2007 年由国家食品药品监督管理局出台的与干细胞研究的衍生品相关的《药品注册管理办法》中的相关条款。仅就《人类胚胎干细胞研究伦理指导原则》而言，没有多少细节内容，只是一个比较空泛的概念性指导框架，在实践中几乎没有多少约束力，也很容易被绕过去，而新修订的《人类胚胎干细胞研究伦理指导原则》迟迟未出台。这种情况已经无法适应中国快速发展的干细胞研究现状。

干细胞研究可以分为三类，即干细胞基础研究、临床应用研究与大规模产业化研究。针对不同阶段的干细胞研究，我们应该设置不同的伦理栅栏及执行相应的伦理原则。

干细胞研究的第一道栅栏针对基础研究。由于基础研究是探索未知领域的研究，离现实生活较远，不会引发实际的大规模伦理风险，对此，我们只需为基础研究设置一些明确的研究禁区即可，这个工作可由专业人士与伦理学家及公众共同协商确定，如严格限定杂合体与嵌合体的研究边界等，防止出现不可控的研究后果。总之，对于干细胞的基础研究应该给予适度支持，不能因为存在潜在的风险就禁止进行研究。在干细胞研究的国际博弈中，你不研究，不意味着别人不研究，在这个囚徒困境中没有最优解，只有次优解。一味粗暴禁止不但于事无补，反而会造成本国该领域研究的落后。所以这个阶段的伦理栅栏不能设置得太高与太细。

第二道伦理栅栏主要位于临床应用阶段。这是当下最为紧迫的工作，众所周知，从基础研究到临床应用有很长的路要走，在巨大利益的驱使下，商家经常会有夸大疗效掩盖其危险性的倾向，为了尽早投放市场，很多临床试验环节会缩水，从而带来实质性的风险。因此，干细胞研究中的临床应用环节应该设置非常严格的伦理栅栏，为使这道伦理栅栏真正发挥作用，加强这个环节的监管作用就成为当下最为紧迫的工作。

第三道伦理栅栏就是针对产业化阶段的伦理约束。由于这个阶段干细胞研究成果已经得到试验确证，此时只需严格按照产业生产操作流程执行即可。这方面我们有具体而明确的多部门质量监管机构，与此相对应，也有很多成熟的伦理规范可以发挥作用，只要这些部门不缺位、伦理规范能够正常发挥作用即可。

就科学成果的评价而言，社会的伦理话语系统主要由三部分组成，即科学共同体持有的科学话语、公众持有的实用主义话语与管理机构践行的规范话语。那么，三种话语在伦理规范唤醒中要各有主次、协作呼应，由此形成全覆盖的伦理场域。具体而言，科学话语主要针对基础研究与临床应用，公众的实用主义话语主要针对临床应用，管理机构的规范话语主要针对产业化发展阶段，三种话语各司其职，尽量避免越界。越位的伦理约束非但没有力量，反而添乱。

任何整体的善，都不是单个人的努力可以实现的，它是相关行为主体共同作用的结果。因此，需要各区间的伦理主体主动践行“三合一”模式[①]均衡匹配，以促进社会福祉的整体增加。只有如此，我们才能实现苏格拉底的誓言：永远走向上的道路。

① 所谓“三合一”模式，即从源头的动机选择（善）、行为的选择（符合德性）到结果的利益考量（功利主义的计算），三者的权衡匹配才能促成社会整体福祉的增加。

信任稀缺背景下的“打折科研”*

2014年度中央预算执行和其他财政收支审计显示，中央本级科技支出至2014年年底在财政部累计结转426亿元，超过一半结转5年以上，再次把经费划拨中长期存在的一个老问题以石破天惊的方式展现在公众面前。

承担过课题的科研人员对此应深有感触，这些宝贵的基金就这样在远离科研前线的地方毫无作为地“沉睡”，这种制度性浪费再次印证了粗鄙化的科技管理模式必须进行改革。

这笔相当于两个年度自然科学基金总量的426亿元闲置基金，即便按当下一年期的利率计算，存在银行里一年也能换来约10亿的利息，只是不知这10亿元的利息又是怎样流转的。可以肯定的是，这是科研基金诸多配置模式中收益最低的。一方面科研前线普遍缺少资金；另一方面大量基金却在闲置，这种状况令人无法接受。如果追踪溯源，真不知道得有多少个项目的尾款才能累积成如此庞大的结转资金。

这些基金尾款就像是“项目孤儿”，是否代表着项目本身的命运多舛或者无疾而终？现在到了解决“项目孤儿”的时候了。

按照社会分工原则，生产知识产品需要人力、资金与时间三大要素的投入。基于此，基金在科研活动中的作用即在于购买物质资料、科研劳动补偿、研发活动激励。明白了基金在知识生产环节中的纽带作用，也就不难明白基金闲置造成的严重浪费。

造成基金闲置的原因无外乎以下几个。其一，管理者与申报者之间彼此相互不信任，导致双方都想制约对方，以实现各自收益最大化。当整个社会的运行处于信任稀缺状态时，会不可避免地出现有害的“管窥心态”，此时短视行为与“公地悲剧”现象就无法避免。客观地说，中国的科技管

---

* 本文发表于2015年7月6日《中国科学报》A1版。

理部门并不大方，申报者也深知这点，这就出现了管理者有强烈的控制预算的偏好与冲动，而申报者则尝试尽量把项目故事说得漂亮、有吸引力，力图显得具有刚性特征，这种强制性制度安排是造成基金闲置的主要原因。

其二，管理部门的管理水平严重滞后与粗鄙化的思维取向，导致调控手段匮乏。为了缓解不放心的矛盾心态，只好采用强制性的资源制约，这种粗放型的管理模式已经无法适应当代的科技发展要求。例如，当国家科研经费快速增加时，管理部门并没有设计出一套行之有效的配置方案，只是简单地把项目资助额度翻倍，以此化解增量资源与评审量大幅增加的困境。这种老式管理模式，不可避免地造成了资源的浪费与低效运行。有些部门乱设项目、草率划拨经费的现象就是这个模式的必然结果。也许更为严重的是，这种管理模式固化了资源配置结构不合理的现象，资源集中造成的效率陷阱目前已经呈现出路径依赖现象，导致基金的运行锁定在低效的路径上。

其三，预留科研尾款造成科研活动的制度性伦理困境。从国家层面到地方层面，科研尾款预留幅度在 20%～40%，通常规定这部分尾款在项目结项或验收后发放。这种制度设计本身就充满了矛盾。照理说，结项意味着原有的研究任务或工作已经完成，这部分尾款与原有的科研已经无关，那么它是科研奖励还是新研究的启动资金或补偿？无论从哪个方面来说，改变基金用途，都造成了科研活动违背科研伦理。在实践中，科研人员大多把这部分尾款作为前期研究的补偿，毕竟科研活动是滚动的、连续的，这个项目的前期研究很多情况下占用了上个项目的资源，作为补偿处理能规避个体遭遇的伦理困境，但这又不符合基金资助的伦理要求。科研活动与工程建设是两类完全不同的活动，简单套用工程模式是行不通的，这种制度设置上的缺陷，让所有研究者都成为潜在的违规者。

我们习惯上把预留尾款现象称作打折基金，那么，基金打折后是否会造成研究活动也随之打折呢？由于预留尾款没有真正参与到科研活动中，直接削弱或改变了科研活动的预期投入结构，势必造成原定研究目标与结果无法实现，而这又加剧了项目无法按计划结题，只能进入到延期行列。为了弥补这种投入不足的现实，只好编更大的故事来圆当下的故事，在这个无限倒退的循环中，管理部门累积的尾款基金会越来越多，而真正应该用于科研的基金会从研究活动中撤出，这就造成了知识生产的打折。申报者当初为了获得资助，夸大了研究目标，这会令其从中标的喜悦快速陷入结项的噩梦。这两种情况都会造成结项的普遍延期。

预留尾款、拨付不及时，以及定期收缴等制度安排，都是违背常识的荒谬做法。管理落后导致整个社会的福祉跟着受到损失。监督科研活动有多种途径，笔者曾多次建议，把基金分为两部分：保障性供给基金与竞争性基金。对于后者中的普通中小项目取消预留尾款的做法，只要做好中期考核与严把结项关即可，只有大项目才需要预留，以便发现问题时采取相应措施，即便如此，预留尾款也应下放到基层，委托基层单位管理，只有中期考核合格才被允许激活。

基金大量闲置现象再次警示我们，基金划拨体制必须改革，其中的关键在于改变基金的配置结构。任何个人的创新能力都是有明确峰值区间的，把所有这些个体的创造时间汇总起来就构成了一个国家当下的创新窗口时间，经费的作用就在于最大限度地扩张国家创新窗口的时间，由此才能带来科技界整体“状态-结构-绩效”的改变。

科研诚信库存与道德地图*

科研诚信话题已经成为科技界的老生常谈，然而时至今日，各种学术不端现象仍不时见诸报端，诚信问题已成科技界的最大顽疾。

2016 年 12 月 12 日，国家自然科学基金委员会在 2016 年召开的“捍卫科学道德反对科研不端”通报会上指出：自 2015 年 3 月开始，英国现代生物、施普林格、爱思唯尔、自然等国际出版集团出现的 4 批集中撤稿中，涉及中国作者的论文有 117 篇。其中，23 篇得到了国家自然科学基金的资助，另有 5 篇被列入已获得资助的项目申请书。这次曝光的学术不端案例中有一个新迹象，即不端行为从简单的个体层面向第三方中介机构蔓延。这预示着学术不端已经从个体的简单小作坊向规模化、集约化的方向发展，而且不端的技术更细腻，更不易被发现。此时如果不采取果断措施，情况会变得越发难以处理。

客观地说，看到这则消息，笔者内心并没有产生多少震惊，愤怒早已被严重稀释，这只能说明包括笔者在内的所有人的认知模式已经开始转变。毕竟这些年我们国家被撤稿的文章太多，也没见到有哪个人因此受到调查与严厉惩处，自然推断这次也会如往常一样：不了了之。从这个意义上说，我国的科研诚信状况并没有出现我们所期待的根本性好转。我们已经厌倦了就学术不端事件对个体进行学术道德审判，因为无数事例证明，这种做法于事无补。坊间经常说的一句话是：好的制度使坏人变好；坏的制度使好人变坏。我国科技界的科研诚信状况如此糟糕，显然已经不是个体层面上的原因可以解释的了。以往那种一味对个体进行简单的道德审判的做法，看起来正义凛然，实则恰恰掩藏了最为深刻的产生那个问题的制度困境。因此，为了彻底解决这个问题，需要从宏观的制度层面进行切入，探讨其

---

* 本文发表于《今日科苑》2017 年第 1 期。

产生的机理及其腐蚀性后果。

在市场经济社会里，人是理性人和经济人的混合体，他的行为选择首先是理性的，然后就是追求收益最大化。在这个前提下，我们再来看上面提到的制度悖论，好的制度之所以使坏人变好，是因为在这个模式里有四种行动出口：在好的制度保证下，做好人收益比做坏人的收益高，做坏人的收益很低，久而久之，没有人愿意做坏人；相反，在坏的制度安排下，做好人的收益不如做坏人的收益高，做坏人的收益很高，久而久之，人们都愿意做坏人。在这种制度安排下，人们的认知模式及行为选择都将发生混淆，如果进一步发展就会出现群体偏好与选择的逆转："撑死胆大的，饿死胆小的"成为一种潜在的行动纲领。对于任何机构与个人而言，鉴别学术不端是需要巨大成本的，对于个体而言，指认学术不端还要承担额外的巨大心理成本，而收益与补偿却是极其微小的，从而导致个体的监督行为成为极度不经济的行为。在学科分化如此细致的今天，只有同行具有监督能力，但同行鉴于各种监督成本的考量而采取回避态度，久而久之，学术不端的鉴别与惩处就成为科技评价的飞地，仅存的唯一约束就是源于个体内心的良知，而良知的约束力量是极其脆弱的。由此可以断言，源于小科学时代的自律已经无法适应大科学时代的学术诚信建设，此刻，由代表制度安排的机构的监督才是解决问题的根本出路，这也是我们当下在科研诚信建设方面遭遇的尴尬瓶颈。

制度安排的不作为造成的恶果就是使整个社会有陷入塔西佗陷阱的风险。所谓的塔西佗陷阱是指：当政府部门或某一组织失去公信力时，无论说真话还是假话，做好事还是坏事，都会被认为是说假话、做坏事。塔西佗（Tacitus，55—120）是古罗马的历史学家，暂且不去纠结这句话是不是塔西陀本人所说的，仅就这个现象而言，却道出了一种具有普遍性的社会规律。笔者这几年也一直在思考造成塔西佗现象背后的理性为何。有一个不成熟的解释，即囚徒困境博弈的次优解的结果。简单地说，在科研诚信的博弈中，如果所有人都遵守诚信、踏实工作，约束内在欲望，那么整个社会将出现最优解，即获得货真价实的科研成果，促成社会进步与福祉的增加。问题是，在缺少违规将遭受严格惩罚的约束下，遵守诚信、踏实工作并不是收益最大化的选择，在收益相对恒定的背景下，投入越少，净收益越高。因而，一些人总会尝试违规，以此获得更多收益，当所有人都这样想的时候，科研诚信的次优解的结果就出现了，毕竟，在违规的惩罚概率很小的情况下，违规是理性的行为，符合效率最大化原则。这个均衡造成的结果就是，短期内，科技界每个人的利益虽然不是最好的，但肯定不是最差的。但对于整个社会而言，却是以损失进步与福祉为代价的。

从长期来看，科研诚信博弈的次优解带来的后果就是科研诚信库存的持续减少，如果这种趋势不能被遏制，最终会造成科技界出现诚信赤字现象。换言之，整个科技界将出现诚信破产，到那个时候，科技界内所有人的收益都将受到损失，这是塌陷带来的吸引效应，无人可以幸免。按照英国社会科学家吉登斯的说法，现代社会是一个脱域社会，它的运行靠两套系统来维系：象征标志与专家系统。专家系统更多是指源于个人的诚信，而象征标志大多是指制度授权带来的诚信，如各类制度认证等。从这里我们可以看出，一个社会的诚信库存总量来源于两个系统产生的诚信总和。

群体的公共诚信是一种资产，就性质而言它属于准公共物品，即它的产权无法被专享。比如，知识分子的声誉就是一种典型的公共诚信资源，一旦你进入这个群体就能获得这份资源，并由此收获社会的认同与支持。为何各类媒体上经常有专家的身影，其道理就在这里。大凡公共物品由于产权无法界定，潜在地面临公地悲剧的风险。换言之，每个人都想从公共资源中获得个人最大化收益，而却不想为此做出贡献，久而久之，就会造成作为群体公共资源的诚信库存被消耗殆尽。比如，一些专家给利益相关者代言、站台等现象都是利用群体诚信资源的表现。如果某个专家为了个人利益最大化，做出学术不端事情，一旦败露，那么就会造成群体诚信资源的损失，导致那些没有做学术不端事件的个体也因此蒙受损失，这就是典型的损人利己的行为。由此可知，学术不端事件，看似与我们无关，实则是这些违规者在偷盗本属于我们共有的诚信资源。这点很好理解。比如，某个机构一旦出现严重学术造假行为，事发后并没有遭到严厉惩处，那么，这个机构所拥有的诚信库存将为此被打折，出现信用等级下降的惩处，从而造成那个机构的所有人的利益都受到损失。因此，捍卫科研诚信，就是保卫我们自己的权益不受损失。科研诚信库存的积累非常缓慢，一旦被恶意透支，恢复起来异常困难，往往需要数十年甚至几代人的努力才能恢复到原来状态。

诚信库存是一个群体或机构最宝贵的公共资源，但是基于对诚信库存来源的分析可以知道：我们以往的关注点集中于对于个体学术失范的讨伐，实践证明效果并不理想。在笔者看来，构成诚信库存的最大部分来自制度安排，如果制度安排的不公正无法得到根本解决，单纯强调个人诚信，收效不会理想。试想，在各种科研资源分配极端不公平，评价体系及话语权被垄断的背景下，所有安心科研的人员都将面临巨大的生存压力，甚至无法存活，此时，存活就是其首要关注的任务，在风险较小的现实环境下，违规恰恰是个体在扭曲评价体系下所能采取的最便捷之路。因此，为了从根本上扭转恶意透支科研诚信现象，必须从根源上改变扭曲的评价体系，树立责权对等的公平评价体系，这才是增加群体诚信库存的治本之策。

由于历史、文化及社会发展程度等原因，各地或机构所拥有的科研诚信库存总量是存在很大差异的，基于诚信丰度，在宏观上就呈现出一幅清晰的道德地图。科研诚信库存低的地区呈现出道德洼地趋势，个人收益开始出现受损现象；反之，科研诚信库存丰富的地区呈现出道德高地趋势，个人收益至少不受损，甚至有所增加。这个现象很好理解。比如，我们经常听说某地是电话诈骗之乡，那就意味着那个地区已经陷入道德洼地，那个区域里不诈骗的人也将因此承担连带被惩罚的后果。再比如，某地习惯生产造假产品，那么，那个地区的所有产品都将被人们视作造假或伪劣产品，由于处于诚信赤字状态，那个地区的产品将受到不加区分的惩处。对于科技界而言，情况同样如此。一些从制度上不采取措施遏制科研造假及改变扭曲评价体系的地区，未来也将遭受诚信赤字带来的损失。这种态势一旦蔓延开来，就会造成强大的挤出效应，那些坚守科研诚信的个体在道德洼地将遭受额外的损失，为了避免这种损失的发生，他会选择离开道德洼地，流动到道德高地，以此获得道德高地的额外认同收益，以此弥补自己的声誉损失。这幅可以清晰预见的道德地图分布，应该给所有管理者敲响未来的警钟。

个体科研诚信问题，相对而言，比较好解决。毕竟科研诚信事关每个从业者的职业生涯，一旦违规被发现，那就意味着他多年的投入都将成为沉没成本，他将被驱逐出这个行业，这是任何人都无法承受之重。科研诚信是一个世界性的问题，不单中国有，只要政策公平及改变扭曲的评价体系，就没有人愿意拿自己的一生做一次危险的赌博。现在的问题是，我们的制度安排变相鼓励恶意透支科研诚信，这才是问题的关键。试想，谁应该为中国科研诚信的现状与发展缓慢负责呢？是那些靠着扭曲的评价体系而拥有无数光鲜头衔、掌握数千万甚至上亿资金的“大咖”们，还是那些为了生存不惜涉险违规的学术不端者？人类认知的短视之处恰恰在于：我们总是无法忍受小的不道德，却心甘情愿地宽宥罪恶。

科技驱动文明*

柏拉图在其著名的《理想国》一书中明确地论证了一个核心命题：城邦的最大美德就是正义。但是要实现城邦的正义就需要其公民拥有四项基本美德：智慧、勇敢、正义与节制。作为一名公民的最大美德就是拥有智慧。智慧是由智和慧两部分组成的，抛开慧这种先天能力不谈，仅就智而言，按照中国的传统理解就是知识，所谓日有所知谓之智。由此可知，一个合格的公民要有知识，这已成为支撑城邦正义美德的必要条件。坦率地说，这是古希腊最光芒四射的社会治理理论。其实，亚里士多德曾经从反向向上论证了缺少智慧的后果：无知即罪恶。至此，我们大体可以知道任何一个文明的国家都不是建立在知识的荒漠上的。

现代意义上的文明社会都建立于科学技术充分发展的基础之上。这个断言已经得到科学史研究的充分验证。任何新技术成果的涌现都以可见的方式极大地改变了人类的生存境况，同时也形塑了整个社会的生产方式。从第一次产业革命的标志性技术蒸汽机，到第二次产业革命的电的应用，都印证了这个断言。由此，也让公众从器物层面接受与认同技术的发展，自 18 世纪启蒙运动以降，这种由技术带来的变化被称作进步。但是，在这个过程中，有一种转变一直以不可见的方式在发挥着关键的作用，遗憾的是，这点并未被社会充分认识到，结果导致技术的变革缺乏后劲。这就是源于人类思想观念的变革，而这个工作恰恰是科学所起到的作用。为此，我们需要揭示科学观念在推动人类社会进步过程中的作用机制。

科学发生作用的方式通常是隐而不显的，它通过改变人们的观念结构，为技术的突破扫清观念障碍，从而把这种解放性的力量注入社会变迁的进程中。只要回顾一下世界上五次科学中心的转移背后所发生的观念变革，

---

* 本文发表于 2016 年 9 月 19 日《学习时报》A7 版。

就不难看到这个现象。第一次科学中心首先出现在意大利，之所以如此，是因为那里率先完成了文艺复兴运动，而文艺复兴的主要功绩在于冲破神学思想对人的束缚，由此带来人们观念的根本性变革，从而推动科学的发展。17 世纪英国光荣革命的成功，以及新教的兴起，使第二次科学中心来到英国。18 世纪的法国经过启蒙运动的洗礼，也迎来了第三次科学中心的转移。到 19 世纪，随着德国洪堡的大学改革，一种全新的教育理念培育了大批人才，使德国迅速成为第四个科学中心。20 世纪初，实用主义哲学及新型研究生院的确立，使美国成为第五个世界科学中心。从这些宏观变化中不难发现其背后隐藏的因果链条：先有观念变革为因，后有科学革命发生作为果。那么，从微观层面来看，这种因果关系是如何实现的呢？认知科学与科学哲学的研究早已揭示出：任何一次观念的变革都对当时的人们产生深远影响，这些新观念、新知识迅速替换并重塑个体大脑内的认知图式，一旦头脑内的认知图式发生了根本性的变革，随之而来的就是人们行动与选择的根本性变革。

人们接受了新观念、新知识后，整个社会的秩序与安排也将随之向文明社会靠拢，而文明社会让所有人的生存状况与福祉都会明显得到提高。相反，那些固守退化观念的人群则会在竞争中导致生存状况变得越来越糟糕，“丛林原则”成为群体生存的黄金法则，这个社会最后只能被彻底边缘化。

快速提升一个社会的文明程度，主要措施就是加大科学教育的范围与深度，以制度化的方式实现快速提升当地人群的知识水平。然而，由于年龄、时间等诸多条件的限制，科学教育的范围毕竟是有限的，为了提升全社会的知识水准与库存，以及倡导终身学习的理念，还可以通过科学普及等形式，达到持续性地提升群体的知识储备，这一切都为社会走向文明化提供了基础性准备工作。即便从创新角度来说，知识储备丰富的地区也更容易产生创新，反之，则很难实现创新。我们前期的研究直接显示，人才库存丰富的地区创新成本更低，也许更为重要的结论是：人才库存丰富的地区，制度成本也比较低。换言之，人才丰富的地区，人们更愿意遵守契约原则，也更珍视维系市场有效运行的公平原则，这样的社会也更便于治理。所有这一切皆源于其背后储备的知识的丰腴程度。知识的溢出效应不仅带来了文明，更带来了知识对人的规训，这就是文明形成的内在机理。

当一个地区的知识库存总量在快速增加的时候，也会形成各种资源的集聚效应，从而会变得越来越文明；反之，当一个地区的知识库存在快速减少的时候，各种资源都会随之从该区域撤出，这个地区的文明也会随之衰落。历史上那些曾经的文明古国后来之所以衰落，就是因为其知识库存及知识产出率出现了严重的赤字。而知识的最重要载体就是接受科学知识的人，因此，加强科学技术知识的教育，就是在为未来积攒知识库存，也为整个社会夯实长远发展与有效治理的基础。从这个意义上说，任何文明的国家是由智慧的民众撑起的。

关怀

学术界的适者生存与功利主义之锤*

近十年来中国科技界经历了一次井喷式的发展，从经费投入规模、人才队伍的扩张、政策工具的调整再到文化的改造，这一切变化都对科技界的生态环境产生了颠覆性的影响。很多潜在的矛盾与冲突已经逐渐从隐性状态转变为显性状态，没有人可以对此视而不见。最为直观的变化就是：科技界群体规模的扩张速度远大于资源增加的速度，随之而来的局面就是资源约束下的竞争压力将进一步加剧，这仅是无干扰环境下自然选择的一种简单存在方式，如果再出现歧视性政策带来的不公平现象的蔓延，那么，学术界生态圈的存在状态将发生根本性改变。遗憾的是，当下科技界正在遭遇来自歧视性政策带来的不公平竞争，任何个体在政策安排面前都是渺小的，也是无力的。在短期内不可能改变政策的情况下，个体将如何应对这种不公平环境，并尽量让自己在这种环境下生存下来而不是被淘汰，这就是每个有志于学术的从业者必须考虑的哈姆雷特问题：存在还是毁灭？为此，本文主要谈两个问题：其一，学术界新结构下的适者生存问题；其二，破解困境的功利主义逆袭之路。

一、学术界的适者生存

任何一名准备以学术为志业者，在开始其学术生涯的时候，都应该把自己的学术理想与实现目标的具体发展路径尽量梳理清楚，并最大限度地达到目标定位准确，资源投放符合效率，这里涉及适者生存的两个层面的问题，即战略上的适者生存与战术上的适者生存。所谓战略上的适者生存是指从宏观层面界定自己的发展目标。这里包括两方面内容，首先是学术方向的选择要符合学术发展的大趋势，这点尤为重要。一旦方向选错，不

---

* 本文发表于《今日科苑》2016年第2期。

但难以进入学术核心地带，而且很容易被学术界抛向边缘地带，而一旦陷入边缘，就很难再回到学术研究的中心地带。这导致所有前期投入都将成为沉没成本，而且很难回头。在学术目标的选择上一旦出现南辕北辙现象，那就是个人职业的悲剧，所谓事倍功半说的就是这种情况。

既然学术方向的选择如此重要，那么通过什么途径来获得正确的学术方向呢？众所周知，任何好的学术方向都是隐匿的，也是稀缺的，它们通常蛰伏在众多杂乱的学术喧嚣中，梦想拥有看穿未来的眼睛毕竟是一个神话，但提升自己的鉴别力与水平永远是发现好的研究方向的前期准备，这就是所谓的格局与视野的作用。在此基础上，比较常用的获得正确研究方向的途径主要有以下几条。首先，大量研读文献，通过自己的眼睛发现未来的端倪。其次，多参加学术会议，从别人的研究中发现有趣的问题和方向。最后，向权威请教。权威的经验与判断是个人少走弯路的为数不多的捷径之一。好的研究方向不是当下热与不热的问题，也不是支持者多与少的问题，而是对事物本质的认识与把握深度的问题。科学史上有众多这方面的案例可资借鉴。

关于战术上的适者生存，这是所有学术从业者在微观层面上必须慎重加以考虑与权衡的问题。这期间遇到的最大难题就是如何避免对自我认知出现误判。大体来说，认知误判有两种情形：高估与低估。高估者在战术性的适者生存选择中容易出现好高骛远的情景。由于实际能力与真实目标之间存在认知差距，屡屡受挫，严重影响个人学术水平提升的速度，并容易造成沮丧情绪的积累，从而影响未来的学术发展与定位。低估者虽然能缓慢前进，但是其认知低估带来的后果就是无法开足马力，从而人为地降低了前进的速度，造成了不必要的学术能力损失。所以古希腊哲学家苏格拉底一直在告诫世人：认识你自己。这的确是人生中头等重要的事情，它事关自身内在资源的配置效率问题。

学术市场与其他市场一样，都在追求自身收益的最大化，所不同的是经济市场追求利益最大化，学术市场追求承认最大化（名誉机制的变体）。在追求最大化的过程中，前者形成了经济资本，后者形成了学术资本，最后，在学术市场上个体的收益是按照个人所拥有的学术资本存量来计算收益的，在一个发育比较充分的市场，单位学术资本的基准收益率是一样的。这个理论可以解释为何高校“青椒”比较苦闷，是因为“青椒”刚刚踏入学术市场，自身积累的学术资本还不多，而当下收益分配是按照学术资本存量的多少来计算的。基于此，从社会学角度来说，学术界成员的活动一方面在为社会制造知识产品，另一方面也在为自己积攒宝贵的学术资本，并以自己积攒的学术资本存量来获得社会的相应回报。

维系学术界运行的内在机制一旦得到解释，我们就面临一个紧迫的现实问题：在歧视性的政策环境下，如何实现学术资本的有效积累？这是学术界适者生存原则要解决的核心问题。对此，我们提出了学术资本积累的“动量守恒”原则。动量守恒原则是大家非常熟悉的一个物理定律，用公式简单表达就是 $m_1v_1=m_2v_2$，借用这个公式可以很形象地表达学术界适者生存的实践模式。在一个过分强调出身、海外经历的学术生态环境里，一些歧视性的政策会从非正式制度安排形式华丽转身一跃而成正式的制度安排，由此隔离出一块不允许完全竞争的学术禁区，以与世界接轨的名义不许外人染指，然后资源也是按照这种歧视性政策分层配置，留给本土学人的空间与资源越来越少。这种不公平的游戏规则导致你连入场的资格都没有，这绝非危言耸听，随便看看各处的招聘广告，你可以清晰地发现，上至国家层面的千人计划、青年千人计划、百人计划，下到地方层面的各类高端人才计划，哪一个不是把准入门槛写得清清楚楚。客观地说，中国学术界的高端领域几乎已经被垄断，那些数量巨大的本土科研人员如何在这种环境下不被淘汰并能生存下来真的是一个大问题。动量守恒原则提供了一种可能的逆袭之路：在你的体量与资历不如对方的情况下，通过提高速度（这个速度可以转化成效率、勤奋度等各种自己可以调控的指标）实现一种平衡，当然，这条路异常辛苦，但却是你唯一可以选择的。

过度看重资历反映了社会的一种集体偷懒行为，通过对个体前期优秀的承认自然延伸到对后期必然优秀的一种因果性过渡，这是存在严重问题的逻辑链条，统计学上的正相关并不等同于因果关系。但是，群体的社会认知定势的改变是非常困难的，在没有办法改变群体认知的背景下，抱怨于事无补，因此，改变自己的策略是理性的选择。对此，我们可以举一个例子来进行分析，按照美国社会学家默顿（Robert King Merton，1910—2003）的说法：承认是科学界的硬通货。那么获得承认的途径有哪些呢？为了简化起见，我们只谈发表，学界流行："要么发表，要么出局（publish or perish）"。关于这点对于科技共同体成员的重要性无需多谈，所要关注的是如何发表。一项成果可以选择发在著名期刊上，也可以选择发在不知名的期刊上，著名期刊会得到更多关注，但很难发表，甚至要等待很长时间（有丧失发现优先权的风险），以及存在其他各种不确定性因素的干扰；反之，不知名刊物要比前者少掉很多干扰。如何选择呢？在信息技术不发达的情况下，成果在不知名刊物上发表会出现被埋没现象。例如，孟德尔关于遗传规律的研究成果就是因为发表在小刊物上，结果无人问津，一项伟大的发现被埋没很多年。但是在信息化时代，信息检索高度发达，这种被埋没的可能性大大降低，任何一项重大成果都会很快被发现，那么此时发表在不知名刊物上，对获得优先权及学术影响就是最好的选择。借用清华大学刘立教授的一个玩笑说法：发表为王，先发为大王。毕竟人们想要的是成果本身，而不是刊物名头，刊物无非是一种承载信息的载体而已。从这个意义上说：技术进步必然会带来公平与去中心化，技术化时代，技术消解了一些传统的等级制藩篱，技术为所有热爱它的人提供了一种公平，这种公平就是全社会的福祉，因为只有它能突破不公平的制度之墙。相信这种变革对处于弱势地位的研究者来说是一种福音，毕竟积攒学术资本也是要有技巧的：聚沙成塔，集腋成裘。不要把梦想锁定在一战成名的单一路径上。

二、功利主义：公平缺失年代的一条逆袭之路

当下科技界存在的最大问题就是由公平缺失所导致的机会被垄断，这种局面对国家的科技腾飞目标是有长期危害的。因为它造成很大一部分智力资源的浪费，显而易见的后果就是它造成科技界不能实现充分竞争，在

制度设置上人为地造成马太效应的两种极端化趋势的发展，其一端是优势累积效应，另一端则是劣势累积效应。从而造成科技界社会分层机制的阻塞与固化。随着资源边际效用递减而来的是政策伦理困境的凸显。这种局面会导致科技界的分裂及不满的蔓延。这些都会侵蚀科技发展的基础，也许更为严重的是，那些被抛入劣势累积效应的群体该如何在不公平的环境下实现适者生存。毕竟默顿早就指出在社会领域存在一种具有普遍性的“自我实现的预言”，即开始时的一个虚假情境定义，由于它引发了新的行动，原有虚假的东西变成了真实的。自我实现预言的似是而非的正确性导致了永久的错误。不幸的是，默顿的自我实现预言在中国科技界一语成谶，由初始的海外科技水平整体比我们高，延伸到具有统计相关性的海外学者比国内学者水平高，再然后就是资源配置的制度性倾斜，这就造成马太效应的优势累积；相反，国内学者一开始就被认为整体水平差，从而越来越得不到资助，水平真的在缺少资助的情况下每况愈下，久而久之，这部分人的境遇则逐渐陷入劣势累积的陷阱，假以时日，原本一个似是而非的命题终于变成现实。对国家与个人而言，这都是一个双输的游戏，如何让那些陷入劣势累积效应的群体重新回到适者生存的轨道，而不是被淘汰，就是我们要致力解决的一个现实问题。

解决劣势累积效应的途径大体来说有两种：源于国家制度层面的改革及肇始于个体的对适者生存策略的选择。前者是根本性的，通常来说是由国家提供具有正义美德的公平政策。美国哲学家罗尔斯（John Rawls，1921—2002）提出的“作为公平的正义”就是为了解决国家层面的公平问题。他提出了政策制定中的“无知之幕”理念，即在最大限度上屏蔽来自外在的因素对于政策制定的影响，如群体的社会地位、出身、天赋、气质等，以及他们的善的观念的具体内容，他们属于什么时代和所处的社会、经济和政治状况，以此制定出的政策才能在最大限度上保证公平原则的实现。遗憾的是，我们不但不屏蔽这些影响决策的要素，反而肆意加以扩大，制造神话，这就不可避免地助长劣势累积效应的扩散。对此，任何个体都是无能为力的，也只能寄希望于人们的觉醒，并意识到不公平政策即便对受益者而言也是有害的。本文所关注的是后者，即个体如何能在这种歧视性政策环境下仍能不被边缘化，并在达到最低限度的适者生存基础上实现学术理想的策略，为此，我们给出的对策是功利主义的解决模式。很遗憾，功利主义在中国被严重污名化，钱理群先生曾有一句广为流传的名言：精致的利己主义者。自此以后，人们连带着把功利主义与利己主义混为一谈，一并把二者简单粗暴地刻画为见利忘义的形象。其实，功利主义作为一种哲学学说，没有多少人真正了解其内涵与旨趣，人们只是凭感觉认为这是很糟糕的事情，其实，这种看法大多属于人云亦云之说，人们虽然嘴上痛斥，实践上仍在践行功利主义，就如同人们用手投票和用脚投票的结果完全分裂一样。为此，本文要为功利主义做一点辩护，并认为功利主义是理性个体所能拥有的唯一可以打破不公平政策环境的利器。

现代意义上的功利主义思想来源于19世纪的英国，其代表人物是英国哲学家边沁（Jeremy Bentham，1748—1832）与穆勒（John S. Mill，1806—1873），它的哲学要义主要体现为这样一种理念：人类的行为完全以快乐和痛苦为动机，而快乐是构成幸福的主要元素，因而对幸福的促进就成为判断人的行为的主要标准。功利主义的最终目标就是实现最大多数人的最大幸福。当下，人们对功利主义的理解存在严重偏见，认为功利主义者都是自私自利的代名词，其实作为19世纪以降最有影响的伦理学说，这种理解实在是太狭隘了。按照美国哲学家安·兰德（Ayn Rand，1905—1982）的说法：遵守道德是一个人追求价值的必要条件，而价值的实现对个人生命的维持是必不可少的。如果我们能够通过一些社会技术，让那些被边缘化的群体在不伤害别人的情况下追求自身的利益，这不仅对其自身是有益的，而且，由于这种努力，无形中拯救了那些被埋没的智力资源，于社会而言也是一种善。践行功利主义并不意味着一个人要去钻营和投机取巧，他同样可以捍卫学术理想。我们以往的宏大叙事，只让人苦守理想而不提供具体的支撑。

也许更为我们所看重的是，功利主义对行为的判断主要取决于对结果的计算，而不去关注行动者在行为发生之前的各种情况（如动机等），这样就简化了评判行为固有的复杂性。对于当下的中国科学界而言，采用功利主义的评判标准就具有了更为深远的革命性意义，即可以最大限度上绕过政策制定中存在的诸多歧视性、不公平的条款，根据最终结果来评判行为本身，这样就可以最大限度地释放个体的创造性与提升群体的效率。所谓“英雄莫问出处”，是因为我们关注的是那个已经成为英雄的人所取得的业绩，他的过往属于私人领域的事情，对于我们而言并不重要。联想到 2015 年获得首个本土自然科学类诺贝尔奖的屠呦呦，之所以受到社会的广泛热议，是因为人们想借她的“三无”背景，声讨当下扭曲的人才评价机制，并以她取得的杰出成就反讽当下不公平的政策而已。

如果在歧视性政策大范围运行而短期内又无法改变的情况下，不采取功利主义的行动准则，很难想象还有什么策略可以激励那些被边缘化的个体去捍卫学术界的最低限度的公平。社会的悖论在于：人们往往能忍受大的罪恶，却容不下小的瑕疵。从这个意义上说，笔者喜欢功利主义直指人心的果断与干脆。对那些因为手里没有好牌而被排斥在政策边缘、在面对心理和物资的双重困境中艰难前行的个体，功利主义是他们可以拥有的唯一能打破歧视之墙的铁锤，难道有谁忍心让他们放弃这唯一的机会吗？在适者生存，不适者被淘汰的铁律面前，再来谈“何不食肉糜”已经不是愚蠢，而是一种罪恶。

客观地说，当下政策留给本土人才的机会与空间已经越来越少，此时唯一的破解之策就是采取功利主义的方式，绕过起点的蔑视，直接奔向最终的结果。因为市场对结果是最敏感的，只要你跑得足够快，市场就会给予你同等的承认与回报。功利主义是所有卑微者的最公平的通行证，同时，也是打破学术界马太效应并取得逆袭的唯一机会，更是捍卫理想的一种方式。从这个意义上说，在科技界做一名理性的个人主义者也是我们保卫社会的责任。

今天的师生关系走进死胡同了吗*

当整个社会已经适应市场经济模式下形成的雇佣关系之时，在高校这个相对封闭区间内，它所奉行的传统师生关系就会面临重构的挑战。

比如，如今学生管老师叫老板，显然是把社会关系移入学校的结果。这种叫法却不被老师认可，因为老板对不按契约行事的员工有明确的惩罚措施，甚至开除，以保证生产的正常进行；同理，老师对没有按规定完成学术任务的学生也是有相应惩罚机制的，但无权开除学生，否则，如何保证培养质量？

对于师生而言，有一个共同目标：必须在规定的时间期限内完成学业任务。遗憾的是，由于怕出现纠纷或承担恶名，很多老师也渐渐放弃了惩罚机制，这是很不正常的现象。

对学生而言，除了要解决生活中面临的共性问题外，还要在激烈竞争中去实现梦想，问题是简单问题都被前人解决完了，留下的必然是难题。而学校在制定规则时根本不考虑这些变化，仍然会定出很高的标准，这必然会造成学生心理压力而无从排解。

喜欢搞任务分解的高校管理者，对老师们也提出了苛刻的要求：不但要带好学生，还要讲好课，还要能申请到课题，还要能成为积极的社会活动家。老师也是普通人，哪能成为这种多面手？学校还会不时通过制度安排，把晋升与考评的标准逐渐提高，老师们就被这些指挥棒搞得团团转，如猎犬追逐一只电动兔子一样，终生不得闲。毕竟人的精力是有限的，为了完成这些不可能完成的任务，留给老师用于指导学生与交流的时间就很少了，一旦交流变得稀缺，情感也就疏远了。

笔者这些年已经深深领教了这些微妙的规训技术，除非你能成为政策

---

* 本文发表于 2015 年 8 月 3 日《中国青年报》A10 版。

的制定者，否则是断无逃脱的可能性的。如今高校里的大多师生都面临这种共同的窘迫之境，没有人知道压垮骆驼的最后一根稻草什么时候落下、从哪里落下，但只要落下注定是悲剧。只要理解这种现实，师生之间的误解与怨气自然会消失很多。我们当下所遭遇的几乎都是来自平静生活的真实脆弱性的威胁，谁也没有想象中那样坚强。

笔者也曾在几所高校工作与学习过，就个人的有限经验与观察而言，大体可以做出一个还算合理的判断：高校内绝大多数老师与同学仍是中规中矩的，奇葩老师和极品学生都是极少数的，因此，我们完全可以在师生之间达成最低限度的理解。有了这个认识，那些我们遇到的看似无解的问题都是可以找到合适的解决办法的。

总体来看，目前师生之间的矛盾主要有以下三点。其一，师生关系的定位问题。笔者倾向于认为师生关系应该定位于指导型与朋友型的混合身份，毕竟学生来学校主要是学习知识的，这是主业，而来学习就存在指导问题，否则也就不用来学校了。其二，工作职责的确定问题。这类日常工作也是产生矛盾的高发区，师生之间比较常见的相互指责是：眼高手低与被剥削。在这个区域，老师应该区分主业与副业，合理安排任务，在主业任务与副业业务及学生之间的关系上应该做出区分。另外，学校也是学生通向社会的一个中转站，此时学生也应该有意识地积极参与团队的项目，为未来的转型与进入社会积累经验。再有，如果团队成员总是喜欢“搭便车”，团队发展不好，那么团队所有人的利益都会受到损失，这点应该不难理解。其三，如果师生之间出现理念与性格上的严重不匹配，以及对双方能力的高度不认同，那么，最好是换导师或者调到别的团队，因为这些问题在短期内是无法解决的。笔者记得曾与江晓原教授聊天，他调侃说：学习是违反人性的。这句话很有意思，它意味着所有的学习都是辛苦的，所以学生们不能怕辛苦，所有不付出辛苦的工作都是没有价值的。有些路开始时很难走，但往后越来越好走；有些路开始时好走，但越往后越难走。正如歌中所唱到的：没有人能随随便便成功。

哲学家纽拉特曾提出过一个很好的知识航船隐喻：当我们在大海上航

行时，如果遇到问题，返航是不可能的，只能利用漂浮物来边修理船舶边航行，最终到达目的地。笔者很喜欢这个比喻。研究生求学时可能会遇到诸多问题，就如同此时航船已开，只能边学习边调整，而不能任性地返航或者放弃。

科技界的焦虑与道德困境*

2014年8月5日，身陷小保方晴子论文造假丑闻的日本理化学研究所发生和再生科学综合研究中心（CDB）副主任笹井芳树在神户自杀身亡，年仅52岁。这则信息震惊世界，毕竟笹井芳树正值壮年，并且是一位很有成就的科学家。

笹井芳树的自杀在国内引发广泛的热议，主要观点集中于如下两点：其一，即便他在小保方晴子论文事件中负有责任，也不应该走这条极端的道路，他的死亡是科学界的损失，很可惜；其二，相对于笹井芳树的决绝选择，评论者大多认为国内的学术道德底线太低。客观地说，笹井芳树的自杀，在中国获得了他所希望的理解与尊敬。对此，可以看成是公众以情绪化的方式，发泄对国内学界处理学术不端事件的方式及当事人表现的严重不满。这里不想多谈这些，笔者想就此事件关注一个不合时宜的问题，即科技界普遍存在的心理焦虑现象与尴尬的道德困境。

由于笹井芳树的遗书并没有完全公布，所以自杀动机尚需时日来揭示，但是，我们可以从一个侧面来深入探讨这个问题，即击溃“日本樱花”的最直接的导火索是什么。从已公布的部分遗书内容来看，其中有些句子很有线索作用。据兵库县警方曝光的消息，笹井芳树留下了三封遗书，分别给小保方晴子、CDB 干部与研究室成员。给小保方晴子的遗书大致写着“研究很快乐”“请务必再现 STAP 细胞”等内容，还留下了“这不是你的错”“请一步一步迈向新的人生”等鼓励的话语。据说另外几封遗书上则写的是关于引起骚动的道歉及表明自己“精神很疲惫”等内容。这些透露出来的内容粗略描绘出笹井芳树生前最后时刻的一些心理状态，给小保方晴子留下的文字揭示出如下心理状态：习惯性的神圣感（研究很快

---

* 本文发表于2014年9月12日《中国科学报》A6版。

乐)、偏执性的执着(再现 STAP 细胞)、基于义理的无原则揽责及祝福，最后那句谈到自己的崩溃(精神很疲惫)。之所以费如此多的笔墨分析这些文字，是因为这个悲剧性事件也印证了科技界普遍存在的焦虑现象。科技界外面看起来很光鲜，其实内部是没有光芒的。遥遥无期的漫长艰苦探索，竭尽全力的孤独前行，没人知道你在做什么，他们需要的只是令人狂喜的奇迹结果。

心理治疗中经常能够遇到的一种心理障碍，即广泛性焦虑症(generalized anxiety disorder，GAD)，大体有如下症状：过度担心或焦虑、坐立不安、紧张与急躁、疲惫、不能集中注意力、易怒、暴躁、睡眠出现故障等。据笔者这几年的观察，焦虑症在科技界远比在其他行业中更为普遍，这是因为科技界是高度竞争性的领域，无形的内外压力时时存在，一旦最初的焦虑没有得到及时化解，它就会沉淀下来，并且具有累积效应，这份心理负担很难卸载，一旦超出个体心理承受极限就会出现整体性崩溃状态。可以猜想：小保方晴子事件的曝光和铺天盖地的舆论围剿，以及来自同行与本部门的蔑视，这些年努力经营的事业城堡瞬间垮塌，这是任何人都无法承受之重，原本就心理负荷很重的笹井芳树再也无力抵抗这些没有尽头的越来越重的心理压力的堆积。正如美国人类学家本尼迪克特在《菊与刀》中所说：用适当方法自杀，可以洗刷污名并赢得身后好评。在笔者看来，一旦进入焦虑循环，如果没有精准的心理疏导，是很难走出这个怪圈的。走不出焦虑怪圈，自杀就是当事者可以想到的最好的摆脱困境的方法。从这个意义上说，关注中国科技界日益增加的焦虑问题也是此次事件能够给我们带来的经验教训之一。

科技界之所以容易出现焦虑问题，也与科技界所遭遇的道德困境息息相关。科技界的从业者大多经历各种选拔，被认为是这个社会中的精英，然后被社会赋予很多相关责任，以及从业者自身对行业所形成的习惯性神圣感与偏执性执着等，造成了不自觉的道德优越感，而现实社会却是按照低标准运行的。这种传统的认知定位与真实社会践行标准的落差导致群体心理焦虑的快速增加，因为这种模式是以一方自由的损失为代价的，这种损失一旦无法得到合理补偿，就会以焦虑的形式在群体心底累积，从而造成个体与社会的整体损失。正如网上的一句话所说：雪崩时，没有一片雪花觉得自己有责任。健康的科学，需要健康的人。请关注科技界的焦虑症！

国人心理问题危机*

2009年，加拿大学者费立鹏（Michael R. Phillips）与众多中国同事在英国权威医学杂志《柳叶刀》（*Lancet*，2009：373）上撰文指出：中国各类超过一个月的心理障碍问题患者占人口的比例达到 17.5%。这是一个非常令人担忧的数字，由此文章得出：中国是世界上心理问题最严重的国家之一。应该说，这是一个比较客观的评判，更为遗憾的是，该研究指出：中国成年人中有各类心理障碍患者达1.73亿人，但是其中1.58亿人从未接受过任何形式的专业心理救助。根据我们的推论：随着时代的快速发展与转型，不是所有人都能跟上时代发展的脚步，那些落伍者很可能会落入心理障碍的陷阱中，再加上多年来各类相关配套政策与社区服务机构发展的严重滞后，心理障碍患者的比例仍将会有一个比较长时间的快速增长阶段，对此，我们并未做好应对准备。基于这种判断，如果不能及时解决这些问题，那么，这种状况会成为未来中国发展的最大阻力，并有可能引发严重的社会危机。

2002年世界卫生组织（World Health Organization，WHO）公布的《全球疾病负担》（*The Global Burden of Disease*）指出：精神类疾病在中国疾病的总负担中排名首位，约占17.5%，预计在2020年上升至25%。这不仅是中国的问题，也是世界性的问题。WHO 的疾病负担报告（2004）明确指出：单相抑郁障碍在所有疾病引发的负担中排名第三，预测到2030年将排名第一。这组数据足以显示出心理障碍对于未来的巨大影响。

为此，本文力图阐释两个问题：其一，“压力-绩效”模式下的心理障碍成因与特点；其二，各种压力引发的心理障碍的解决策略，以及自我心理内容修复技术。

---

* 本文发表于《今日科苑》2016年第6期。

一、压力与绩效框架下的个体心理承受边界

当下正处于工业文明向后工业文明转型的历史时期，所有人都面临观念范式的升级换代压力，这期间充斥着各种调适的不确定性。仅就科技工作者而言，他们既是社会观念范式转型的有力助推者，同时又是这种转型的最早经历者。考察他们对变化的调适状况，可以为整个社会的调适找出一些有价值的线索。在理念与行动的链条中，通过对行为状态的考察，可以倒推出理念转型的诸多潜在后果。压力状态恰恰是研究个体行为的最好切入点。

众所周知，人是需要一定压力的，否则行为的驱动机制就是不完整的。问题在于是不是压力越大越好，压力的边界应该划在哪里才能得到最好的驱动效果，这都是非常有趣的话题。在探讨这个话题之前，我们需要对科技工作者的压力来源做一个简单梳理。按照生活常识，我们将个体所遇到的压力按来源分为以下三种。其一，生活压力。在生活成本逐渐走高的当下，所有人的生活都不容易，从衣食住行到生老病死，哪一项出现问题都会给个体造成极大的生活压力。其二，竞争压力。随着社会的发展，以及社会分工的充分实现，市场经济主导下的优胜劣汰机制促使任何一个行业的工作都面临日益加剧的竞争压力。其三，交往认知压力。这是我们总结出来的一个说法，大体包括美国精神病学家朱迪•贝克（Judith S. Beck）所谓的个体对自己、他人和世界的极端看法。通常的抑郁和焦虑大多与此有关。三种压力分别指向不同的人生层面，因此，针对压力的三种来源，调控的措施也要更有针对性。我们构造了一种系统的三元解决模式，见图 1。

从图 1 中我们可以清晰地看到，随着压力的逐渐增加，个体的工作绩效逐渐提升，表明驱动机制在发挥作用。当压力达到顶点 P_0 时，工作绩效也达到峰值；压力再增加到 P_2 时，工作绩效开始降低；一旦压力越过 P_2，工作绩效则快速下降。坊间所谓的“压垮骆驼的最后一根稻草”大多发生在压力超过 P_3 阶段，此时不但工作毫无绩效可言，而且承受压力的个体开

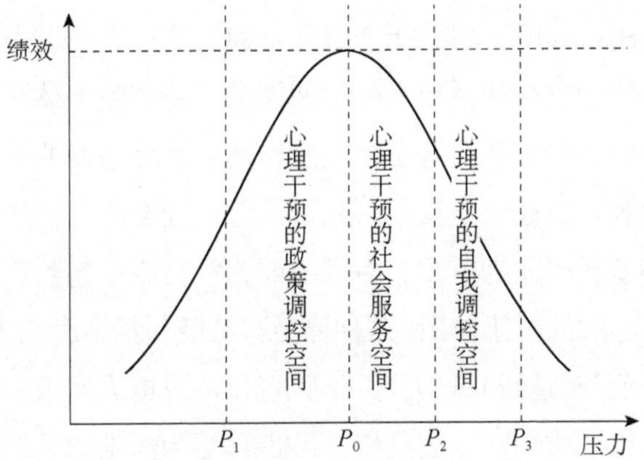

图 1　工作绩效与压力关系图

始出现严重的心理障碍。现在需要对压力-绩效的三阶段调控模型给出进一步的说明。

（1）P_1～P_0：心理干预的政策调控空间。这一区间以个体的工作生活为主。这个阶段也是激励机制发挥作用的主要空间，所有的激励政策都在这个空间内投放种类繁多的政策工具，最大限度地调动个体的积极性。我们这些年遇到的各类人力资源开发理念就是明证。这类理念的一个共同特点就是只强调开发，很少考虑到保护。由于在政策制定者与受众之间存在信息不对称现象，政策制定者在看到人才随着压力增加而来的绩效的提升时，会加大开发的力度，从而导致所有政策受众由于得不到合理的能力补充时间，出现能力快速枯竭现象。看到当下各种机构的考评指标如通货膨胀般逐年攀升的景象，不难明白为何所有人都感觉越来越忙、越来越累。毕竟人的天性就喜欢竞争，没有人愿意在竞争中出局，然而人的能力提升速度远远赶不上考评标准的提升速度，只有靠最原始的侵占作息时间与透支体力等消极应对方式来维系这种不可持续的发展，但这只是权宜之计。由于竞争压力是长期累积传递的，个体凭一己之力很难改变，这就是愈演愈烈的工作压力的主要来源。根本性的解决办法只有一个：调整政策的激励力度，使激励处于一个合理的空间，使之与当下整体能力水平相匹配。否则，一味打政策激励强心针和兴奋剂是会出人命的。看看不时见诸报端的各类英年早逝者，以及那些远离激励机制驱动的老年长寿者，其间的厉害不言自明。

（2）P_0～P_2：心理干预的社会服务空间。这一区间以个体的社会生活为主。良好的社会交往体系与人际沟通渠道，能够使个体获得相应的社会支持，对个体压力的缓解具有正向促进作用。然而遗憾的是，大多数的心理障碍患者都表现出社交不良，因此低门槛的社会服务机构的广泛存在与提供相应关怀就显得尤为重要。中观层面的社会服务起到连接宏观群体情绪与微观个体心理的桥梁作用。这种社会服务既包括各种交流的社团组织，又包括心理干预与疏导的机构。关于后者，情况更为严重，目前我国的心理社会服务机构严重短缺，而且价格昂贵，更为纠结的是，整个社会对心理障碍的认知存在很大误区，且精神健康素养（mental health literacy，MHL）水平严重偏低，当下人们已经能够比较公平地对待躯体疾病患者，但仍然无法公平地看待心理障碍患者。

在西方，20 世纪 80 年代末美国实施了抑郁症识别、认知和治疗的全国性项目，90 年代又开展了全国抑郁症筛查日，意在唤起公众对抑郁症的关注，英国也曾在 90 年代开展“攻克抑郁症”运动。而在我国，这种整体认知滞后与宣传介绍严重欠缺与不足有关。上海市疾病预防控制精神卫生分中心的调查显示：50%以上的人不愿与精神疾病患者为邻，40%以上的人不愿居住在精神疾病康复设施附近，更多的人认为精神疾病患者“有破坏性”“容易伤害别人”。这种现状导致即便有较强烈的社会需要，个体也不敢轻易地去寻求专业人士的帮助，担心一旦被别人知道，会被人歧视，从而影响自己未来的职业发展及被区别对待，家属也多抱着“家丑不可外扬”的传统思想，从而造成心理障碍患者境况的进一步恶化。

非常遗憾，这个区间正是化解心理障碍的关键区间，然而也是我国的社团组织薄弱及心理服务非常匮乏的区间。在资源配置上，精神卫生医院并未进入公共卫生序列，财政拨款的比例也很小，从业人员的数量远低于世界平均水平且质量参差不齐。在制度设置上，基本医疗保险主要面向躯体疾病，绝大多数地区并未把心理障碍治疗列入医保，这也造成很多问题无法及时化解，导致整个社会心理问题累积，进而对国内公共安全真正形成潜在的威胁。

（3）P_2～P_3：心理干预的自我调控空间，这一区间以个体的自我关怀为主。从微观层面来讲，我们既是自己的管理者、监督者，又是自己的主人与奴隶。英国与澳大利亚的学者在调查中发现，大众对有用的心理干预措施的排序中自助干预排在首位。因而，在通过宏观层面的政策变革调控压力的预期变得遥遥无期之时，又遭遇来自中观层面的社会服务严重滞后与不到位的窘境，那么，源于微观层面的自我调控就成为最现实与有效的自我关怀技术。心理问题之所以难以解决，就是因为它是长期累积的结果，因而，祛除心理问题的关键就是逐渐消解那些累积的心理问题。我们的生活也大体依此运行，只不过日常生活中消解心理问题的手段大多采取悬置、冷却与淡化处理，即用时间冲淡原有的心理问题，随着新问题的不断涌现，原有问题的重要性逐渐减弱，从而达到消解心理问题的目的。客观地说，这种做法并没有从根本上解决问题，只不过随着问题的累积，老问题的重要性被稀释了，其作用或者所占比例降低了，但问题仍然存在，一旦刺激条件复现，原有心理问题又会再次浮现，然后就是再一次的悬置、冷却与淡化。这种状况是不能令人满意的，它只是把问题无限推后而已。这个处理路径是人类长期进化过程中形成的一种自然选择模式而已，对于短暂人生而言，我们重复不起。因而必须把心理障碍修复从自然选择模式进化到人工选择模式，即采取积极的自我心理干预（positive psychology intervention，PPI）模式。客观地说，到了 P_2～P_3 阶段，很多心理问题已经形成并累积多年，此时的修复也是一个缓慢的过程。为了简要说明这种情况，我们不妨看看青年科技工作者的心理状况，这样便不难理解这种累积模式对心灵带来的侵蚀。

为了更清晰地把握当前科研群体的心理状况，笔者曾在 2014 年秋季学期对 400 名上海交通大学在读博士生、硕士生进行抑郁情况的问卷调查。调查采用的是美国精神病学家伯恩斯（David D. Burns）的抑郁状况自查量表（Burns depression checklist，BDC），考虑到量表项目的广泛适用性，量表未做本土化修订（该分值意义：10 分以下为正常；11～25 分为轻度抑郁；26～50 分为中度抑郁；51～75 分为严重抑郁）。本次调查研究样本量相对较少，也未做进一步相关分析，但是足以从简单的统计中看出一些问题。下面就调研结果进行简要的分析（图 2）。

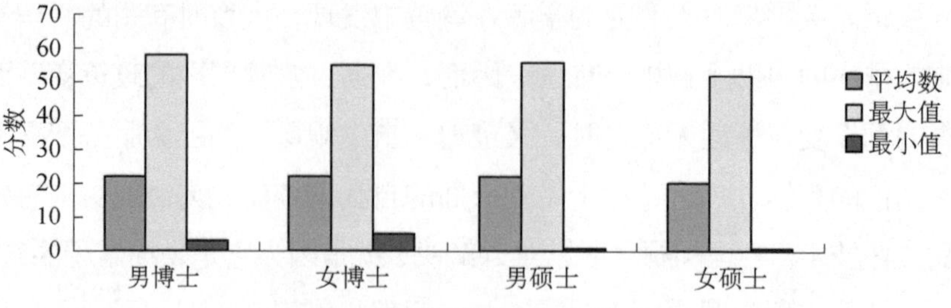

图 2　研究生抑郁状况统计图

图 2 显示：研究生抑郁状况的平均得分为 22 分左右；最高值分布在 52～58 分，最低值分布在 1～5 分，博士生与硕士生，以及男女生之间不存在显著差异。这个数值分布的内涵很有趣，即博士生与硕士生群体普遍存在一定程度的抑郁（轻微抑郁），最高值的 58 分已经是比较严重的抑郁了。这也印证了坊间的一句玩笑：没有任何人的青春是容易的。

下面我们再来看看各类学生的具体得分的分布情况（图 3）。

根据图 3 可以清晰地发现：有接近 70%的学生在学期间都有轻度到中度的抑郁倾向。这种抑郁倾向若不能得到很好的调控与疏导，很可能会发展成严重心理障碍，这是很值得关注的事情。由于青年科技工作者的压力种类比研究生群体更多，压力的累积效应会更加明显，因而，可以推测青年科技工作者的心理状况实在不容乐观。

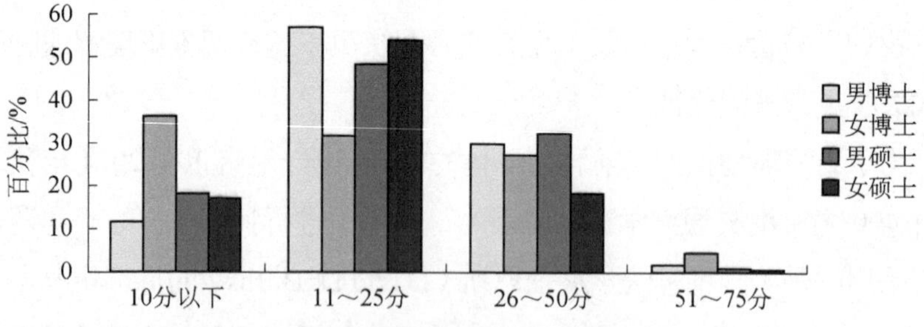

图 3　研究生抑郁状况分布图

根据上面的调查数据及日常经验可以做出两个推论：其一，在社会分层中层级越低者，压力越大越无力处理，因而更容易出现心理障碍（对科技界而言，就是目前流行的“青椒”与“青稞”现象，这与心理内容累积的侵蚀性有关）；其二，社会分层中层级越高者，一旦出现心理障碍，修复越困难（我们猜测这与心理位势较高导致能够驱动高位势的手段稀少有关）。对于 P_2～P_3 阶段而言，我们更倾向于认为：这是自我心理调适区间，这也是所有人都应该努力去坚守的一种责任。我们以往的教育在这方面存在很大缺陷，甚至空白，那么什么方式是比较可行的自我心理调试技术呢？

二、心理内容修复与自我关怀的技术

坦率地说，人的存在不能没有压力，否则驱动机制就无法正常运行。但是，压力又不能无限加大，否则就会出现随着压力的增加绩效逐渐降低的现象，即进入激励失灵区域。由于压力与心理状态密切相关，一旦压力超出心理承受能力的边界，这部分多余的压力就会在个体内心以负性心理内容形式累积，当累积到一定程度就会出现各种类型的心理障碍。基于这种理解，我们前几年提出一个“心理内容加载模型”，这个模型揭示了心理内容的表征加载机制。它依据的理论基础是奥地利物理学家马赫（Ernst Mach，1838—1916）提出的“物是感觉的符合”的理念。人类大脑在加工信息时是以模块化方式进行的，即各个感觉输入模块（感觉器官）以领域特殊性的方式，分门别类地加工来自各自模块所获得的信息，然后进行加载整合，由此形成一套完整的心理内容表征机制。在此基础上，个体逐步完成头脑内的概念认知框架的建设，一旦这个认知框架得以确立，人们便以此认知框架来解释世界并用它来同化我们所遭遇的各类经验。人们常说的“眼界”或“格局”都与此有关。基于这种理解，某些人所谓的能承受更大的心理压力，其背后的原因就在于这个人拥有更广阔的认知框架，这个认知框架可以同化更多反常经验，也可以承载更多的经验内容。

那么，对于由多余压力造成的心理障碍问题，一个可行的解决办法就是内容卸载，把不重要的内容卸载掉，留下空间来处理新增压力内容，以此实现心理减负功能，这是我们生活中比较常用的自我关怀技术。

这种心理内容卸载过程的核心机制在于最大限度地为新增压力内容提供处理空间。众所周知，一个人认知图式扩大后就能处理更多的心理内容；反之，则会出现处理能力低下，造成多余压力内容无法处理，从而出现心理障碍。因此，提升一个人承载压力内容的路径无非两条。其一，扩大自己的认知图式，以此增加心理内容处理空间。人们常说的内心强大就是指这种情况。由于扩大了认知图式，就有能力处理遇到的诸多压力问题，或者把这些压力问题同化为认知图式可以接受的内容，比如你掌握了物理学知识以后就不会再像古人那样对打雷闪电感到恐惧，而是能理解并接受这些现象，这种自我关怀的技术更多地来源于持久地学习。其二，在认知图式扩大有限的条件下（不是所有的人都有能力学习新知识），消减多余的心理内容，以为新的压力内容提供处理空间。这相当于内容的新陈代谢，合理利用大脑的认知空间。比如，生活中的选择性遗忘就是一种节省心理内容空间的方式。目前比较流行的冥想（meditation）技术，以及美国人乔・卡巴金（Jon Kabat-Zinn）以正念（mindfulness）技术为基础开发的正念减压疗法（mindfulness-based stress reduction，MBSR），其理论基础都是源于佛教，它们的最大特点就是通过某一项特殊技术，如呼吸等，调整人的注意力，使大脑内的能量重新分配，让焦虑、抑郁等大脑区域得不到多余能量的支持，从而达到消除焦虑、抑郁等负性心理内容的目的。

如果在长期压力的累积侵蚀下，个体已经存在中度及以上程度的心理障碍，那么此时就需要一种比较专业和系统的帮助了，目前比较流行的是采用美国心理学家埃利斯（Albert Ellis）提出的理性情绪行为疗法（rational emotive behavior therapy，REBT），其核心在于调整心理障碍患者的信念系统。在埃利斯看来，对个体而言，刺激事件（A）与行为结果（C）之间并不具有必然的因果关系，产生结果的真正原因在于患者头脑中的信念（B），不合理的行为不过是头脑内不合理信念引发的，因而，改变患者头脑中的信念就成为自我调控与治疗的主要任务所在，这就是著名的 ABC 疗法。埃利斯的方法与我们提供的两种自我调控方法的主要区别在于，前者不强调扩大认知空间及卸载心理内容，他所强调的是替换核心信念。从这个意义上说，我们的方法更适合不严重的心理障碍患者，更具有保健与预防功能，而埃利斯的方法则强调实用主义式的当下治疗，希望短期内见到疗效，但这种方法需要在专业的心理干预从业者的指导下进行。

后诺奖时代的生存*

每年 10 月的“诺奖季”，都像是一场“狂欢”。然而“狂欢”过后，难免有五味杂陈之感。联想到最近一段时期，国内几位优秀青年科技工作者相继离世，其所释放的信号让人心忧：中国科技工作者的生存状态已经发生了根本性的改变，在基础条件改善乏力的背景下，过度激励的政策却让未来变得更加不可预期。

记得十年前，笔者与同行在一次会后的聊天中曾形成一个共识：就当下而言，多几个诺奖获得者对于中国科技整体环境的改善意义并不大，反而有可能成为一种阻碍改革的借口，所谓“一俊遮百丑”说的就是这个道理。就像 30 多年前国人对于奥运奖牌的期待，时至今日，人们热衷的焦点已从奖牌数量转移至体育与个人生活之间的联系上来。同理，自从本土诞生两项诺奖以后，可以预见在不远的将来，人们会更趋理性地看待这项桂冠。诺奖的诞生，是一国历经科技资源积累与建设后，科技系统协同运作产生的必然结果。这种因果关系揭示了：片面追求轰动效果而忽略基础设施建设，只会带来并加剧科技界的某种赌博行为。目前的中国社会恰恰潜伏着这样的危险。因此，切实改变科研环境依然是当下及未来中国科技创新的首要任务，而这个环境中的一个主要“变量”就是人才的生存模式问题。

过往的 60 年，中国科技界经历的主要生存状态是典型的“秋千”模式，即在两个极端之间荡来荡去：打压与推崇。在时代的裹挟下，个体身不由己地从一个极端走向另一个极端。这种政策安排对于科技人员影响深远——它造成机会主义的心理偏好被固化。目前，通过调整评价体系等政策工具的运用与强化，正在形成一个全覆盖的过度激励态势。这种激励强度不仅会超出科研人员正常的生理与心理承受范围，还将从整体上改变共同体的

---

* 本文发表于 2016 年 10 月 10 日《中国科学报》A1 版。

认知与决策。人的工作绩效整体上呈现出一个倒U型结构，这意味着压力与激励有一个合适区间，一旦超过这个区间，非但无法提升效率，反而会造成从业者个体生理与生理的损害，而且这种模式也是不可持续的。

“秋千”模式存在的最大弊端就是所有人长期处于内、外在驱动状态，在这种荡来荡去的模式中，效率是生存的第一黄金原则。因此，每个个体都会被驱使着追求效率，一旦这种模式被科技共同体成员设定为默认的认知图式，那么它带来的后果就是没有人可以安静下来做一些需要时间来保证的研究，这无疑与知识的生产与发生作用的内在机制相违背。更为糟糕的是，“秋千”式生存模式会导致个体长期处于严重的体力与智力的透支状态，而透支是一种严重的智力资源浪费，从长远来看，这种涸泽而渔式的做法会助长浮躁与功利之风蔓延。中国科技界也许是世界上最为急迫的一群人，但实际效果却并不理想。

由此，为了整个社会的福祉，科技界的生存状态应该从传统的“秋千”模式向现代的“爬坡”模式转变，从亢奋状态回归到理性的平静状态，从而使知识的生产、积累与人才的自我恢复回归正常状态。“爬坡”模式的最大优点在于其诱导出的压力与激励机制是逐渐释放的，同时，它还留给知识的生产、积累与更新以充分的时间。试想刚刚去世的两位青年千人，如果他们不是承受如此大的压力与激励，肯定不会这么早离世。如果采用比较温和的“爬坡”生存模式，那么，有理由相信他们会有更多的产出和做出更有价值的工作。

也许更为重要的是，在“秋千”模式中暗含的压力—激励模式下，人们会根据考评体系设置的权重，重新安排精力的分布格局，而这种能量分布格局将会改变整个科技界的知识生产形态。比如，当下备受诟病的大学重科研轻教学的问题，其实恰是在“秋千”模式下，压力与激励机制设置的权重出现了偏差，导致科研人员选择收益最大化的领域投入时间与精力。因此，科技界的生存必须抛弃“秋千”模式，回归“爬坡”模式，节制使用各种政策工具，为知识生产营造安静、耐心和宽容的环境，让科技人员有“岁月静好”的心态，锲而不舍的情怀。

科学让生活更美好*

当下，我们也开始出现物质丰盈之后随附而来的普遍精神性匮乏的一些苗头。科学具有巨大的精神性功能，相信与追求科学是我们摆脱迷信与盲从，并学会大胆运用自己的理性的必由之路，毕竟文明国家是由智慧的民众支撑起来的。

近代科学的四百年，极大地改变了世界的存在样貌与人类的观念结构。时至今日，“科学技术是第一生产力”，早已成为国人耳熟能详的一句话。不论懂与不懂，没有人会怀疑科学在可见的器物层次上给日常生活带来的革命性变化，这也是科学历经挫折而仍然拥有最为坚实的社会认同的基础所在。那么，科学在不可见的精神生活领域是不是也具有同样的功能呢?以及这部分功能是为全社会所共享还是只为少数从业者所独占呢?这一切都晦暗不明。据我们多年的观察，科学在当下中国面临三种困境：其一，科学扩散出现不对称性断层；其二，科学介入生活的深度依旧不足；其三，对于科学功能的认识尚停留在表层，精神层面认知尚浅。

一、科学产品的精神性功能

在破解上述难题之前，我们需要对人类生活的内涵作一种结构化分解，生活可以划分为两大部分：生的层面与活的层面。前者与物质产品的消费有关，后者与精神产品的消费有关。通俗地说，物质生活是所有动物都需要的再生产模式，近代以来的科技极大地解决了物质产品的供给问题，而在人类所独有的精神生活领域，消费的则是意义，意义从哪里来呢?无非两种渠道：自我创造意义与寻找意义。对于大多数人而言，为了满足生命对于意义的消费，寻找意义是一种最经济的手段。科学（主要是通过转化为

* 本文发表于 2017 年 4 月 10 日《学习时报》A3 版。

技术）不仅能够满足人们对于物质产品的需要，而且科学本身就能够提供丰富的意义资源。常言道：人活着绝不仅仅是为了吃饭。不为吃饭而活着的部分，恰恰是人类的尊严所在。社会发展史已经清晰地揭示出：人一旦满足基本物质需求之后，精神需求会以更快的速度增加。物质匮乏难以忍受，精神的贫穷更加难以处理。只要想想19世纪末欧洲蔓延的虚无主义思潮，就是很好的明证：借助于科技发展，引发工业革命，长期困扰人类的物质匮乏难题被彻底解决了，然而精神产品的供给却没有跟上（介入不足以及认知局限），导致整个社会出现了意义赤字，这才是虚无主义产生的根本原因。

当下，我们也开始出现物质丰盈之后随附而来的普遍精神性匮乏的一些苗头。遗憾的是，长期以来我们一直关注科学的物质性功能，而有所忽略了科学所具有的精神性功能。由于介入难题以及认知局限，造成对科学产品与进步理念消费的巨大浪费，客观地说，这就是曾被我们讽刺的买椟还珠现象的当代升级版本。那么，怎样才能最大限度上合理消费科学产品呢?

二、科学唤醒人类精神需求

通常来讲，科学就是系统化的知识体系。从古希腊开始，那些先贤大哲们就一再阐述我们为什么需要知识，虽然观点众多，但归纳起来无非四点：首先，知识就是美德。美德对于幸福来说是充分的。从这个意义上说，幸福是学习知识的一种回报。中国古人所谓的“腹有诗书气自华”说的也是这个道理。其次，知识就是力量。17世纪的英国哲学家培根以先知般的远见，率先说出未来时代的运行准则，谁拥有了知识谁就拥有了力量，知识越多，力量越大。仅就获得知识证明自身的存在感，就值得我们为寻求知识而不懈努力。再次，知识就是权力。任何外在的社会、历史因素都不能阻挡你寻找知识的脚步，每一个人都可以通过努力公平地获得知识，而知识就是权力的另一种表征，由于知识与权力的共生关系，经由知识的路径，个体获得真正意义上的解放与自由，那些潜在的自我实现与超越成为可能。作为社会人，这个过程就是最明晰的意义增值之旅。最后，知识就是责任。知识对于责任感的明确化，可以最大限度上彰显个体的存在感。由此，我们可以看到经由知识获得意义的四合一模式：美德、力量、权力与责任。明确这四种科学回报，介入难题与认知困境有望从根本上被消解。

上述意义获得模式是纵向的，那么从横向来看，科学衍生意义的途径又是怎样的呢?当一个区域科学文化知识水平比较高，即当地的知识库存比较丰盈的时候，那么，这个地区更容易出现对于秩序与公平的偏好，而秩序与公平是一个社会的最基本与最大的美德。在这种共识下，人与人之间的相处也更为简单顺畅，整个社会的偏好通过公平的契约原则得以捍卫，这是由科学发展的内在机制决定的。区域的文明程度作为一种公共物品，它具有溢出效应，文明程度高的区域，人们相互之间都能践行尊重、安全与和平，而这些状态要素的丰盈，则相当于变相地增加整个社会的福祉与促进社会进化。反之，文明程度低的区域则容易陷入丛林原则的退化状态。孔子所谓：危邦不入，乱邦不居。说的就是这种结果。

三、科学之于个人的意义

对于个人而言，在追求科学的过程中，更能体味到科学运行的内在机制。由于科学的目标是追求真理，那么，为实现这个目标，没有任何理论具有豁免权，在通向真理的道路上，所有的理论都要经受严格的实践检验，没有任何人可以凭借外在的社会历史因素，逃避检验，这种天生的公平原则是人类获得意义的重要来源。至于真理有什么用？这是20世纪哲学所取得的伟大成就之一：真理的本质关涉存在者的自由。通俗地说，没有真理就没有自由。

抛开宏大叙事不谈，追求科学对于个人精神生活也是有巨大帮助的。现代认知心理学等学科的研究早已证明，人类大脑内的信念系统与认知图式的构建都与知识有关，如果我们选择科学知识作为构建我们大脑内信念系统和认知图式的基础材料，那么，我们将形成一个进步的信念系统与认知图式，在这个系统的指导下，我们会获得更多的意义以及看到完全不同的世界。反之，我们用一个错误的理论来构建我们的信念和认知图式，我们就陷入退化状态。从这个意义上说，我们的生活方式是由我们头脑内所拥有的理论所塑造与建构的。

在全球化的今天，很多传统的信念系统早已被各种观点冲击得千疮百孔，茫然与无所适从成为这个时代的群体性症候。在这样的一个艰难时期，相信科学是所有选择中最不坏的选择，虽然科学是可错的，但任何现存的科学理论都曾经历了长期的无差别的证伪与证实的严格审查。通过对科学的不懈追求，能够在群体知识扩散中形成知识的链式反应，最不济能够提升自己面对世界与自我的能力，就最细微的日常生活而言，科学会让我们摆脱自卑、发现美好、习惯惊奇、重塑自信，并用理性去彰显我们的存在与自豪。诚如黑格尔所言：人是靠思想站立起来的。从这个意义上说，科学让生活更美好。

幸福的权利：来自个体与社会的责任*

在时代节奏逐渐加快的今天，伴随着社会分工的日益精细化，工业逻辑在完成对社会的效率征服之后，终于呈现出它隐而不显的本来面目：机器不会去适应人，而人必须去适应机器。这是工业逻辑的铁律。被哲学家马尔库塞称为“单向度的人”的我们再也回不到记忆中的田园牧歌时代。所有的人不论你昨天遭遇什么，今天必须清零，而且要全力以赴才可应对。在这种时代背景下，每个人都感觉到自己存在的意义变得下落不明，那些与生命有关的精神生活不知什么时候也不知道在哪里丢失了，疲于奔命的感觉成为一种生活常态。幸福感缺失已成为这个时代的标志性心理症候。

2009年，有学者在著名医学杂志《柳叶刀》撰文指出，中国有接近1.8亿人存在心理障碍，这是一件非常令人担忧的事情。虽然我们还无法证实不幸福感与心理障碍之间存在直接的因果关系，但直觉告诉我们：不幸福的心态是很严重的社会问题。我们的幸福感哪去了？如何重构我们的幸福，这就是本文要解决的问题。

古希腊哲学家伊壁鸠鲁认为：肉体的健康和灵魂的平静乃是幸福生活的目的。在伊壁鸠鲁那里构成幸福的要素有两种，即外在的身体健康与内在的灵魂平静。这个简单划分直接指涉了幸福的构成。时至今日，这仍是分析幸福问题的标准研究路径，这可以被看作人类在蒙昧时代对于幸福的最初表达。

那么什么是幸福呢？总体来说，幸福涉及的是人的一种存在状态，并且这种存在状态是一种好的状态。随着时代的发展，人的存在方式逐渐走向精细化，随之而来的是构成幸福的内在与外在要素都在快速增加，换言之，幸福的内涵与外延都随时代的变迁而变迁。

---

* 本文发表于《科学家》2015年第8期。

如果说伊壁鸠鲁的定义是关于幸福的 1.0 版的话，那么今天的我们遇到的却是 2.0 版的幸福观。幸福不是静态的，它是动态发展的。追求幸福的道路是一条永无止境的道路。从这个意义上说，幸福永远处于一种未完成、未实现的良好的状态，而人却执着地追求这样的状态。我们坚信：幸福是一种可以塑造的习惯，它是可以习得的，也是可以制造的，并且值得我们每个人为之努力，这是个体与社会对于幸福的一种责任。

为了习得与制造幸福，需要知道幸福是由哪些要素构成的。根据结构化的方法，我们倾向于把幸福的构成要素根据来源分为两类：内部的构成要素和外部的构成要素。这两类幸福构成要素在不同时代之个体的幸福总量中所占的权重是不同的。在农业社会及以前的时代，内在构成要素在幸福的构成中占有更大的权重；而在工业化时代以后，外在构成要素在幸福的构成中所占的权重要大于内在要素的权重。这也是当今人们不再为温饱发愁反而感觉更不快乐的内在原因。

俄国作家托尔斯泰曾说：幸福的家庭都是相似的，不幸的家庭各有各的不幸。这句流传甚广的话道出一个规律：构成幸福的内在要素具有普遍性。尽管每个人对于幸福的体验及认知是不一样的，但正是那些不变的最基本要素构成了我们的千差万别的“幸福”感。

根据考察，我们认为构成个体幸福的最基本内在构成要素包括如下四个：快乐、意义、爱与至善。为了防止出现要素之间的交叉，需要把意义与至善做个简单的区分，意义与个体的目标选择有关，而至善则主要侧重于个体对行动的伦理考量。我们要求构成幸福的要素尽量都是原子式的，不可再分概念。一个人若能感觉到幸福，一定是这些基本要素与存在的结构发生了契合关系。尽管做了这样的区分，但还会存在一些小交叉，即把至善设为意义的目标，考虑到这样的抽象目标在选择中很少出现，因此，把至善设为一个单独要素是可以成立的。而且在分工如此细化的今天，人和人之间的内在联系不是减少而是增加了，这与人们的常识印象相反，此时，由伦理引发的幸福感也随之增加。那么，内在构成要素是怎样形成我们的幸福感的呢？

回顾我们的生活经历，能很直观地发现快乐是幸福的最主要内在构成要素。通常当一个人感觉到快乐的时候，他（她）是幸福的。问题是快乐是我们最为熟知的主观感受之一，有没有评判快乐的客观标准。不论人与人之间的差异有多大，我们都能准确判断某个人是否快乐。究其原因在于快乐背后拥有共同的东西，现代的神经生理学研究已经能证明快乐发生的内在机制，因此快乐是客观存在的。

美国心理学家泰勒·本·沙哈尔认为：幸福是快乐与意义的结合。在他看来，快乐与当下的利益有关，而意义则与未来利益有关。其实把幸福的构成要素用经济学的收益来解释，显然已经缩小了幸福的外延，有些幸福是与利益无关的。当我们欣赏优美的风景之时，由美所带来的强烈快乐与满足感就是无功利性的，这也是康德一再强调的主题：美是无功利性的愉悦。

人的快乐并非仅仅是大脑内多巴胺的分泌，它在内容上更有质的区别。英国哲学家穆勒在批评边沁的功利主义的时候曾指出：快乐分为高级快乐与低级快乐。如果我们将穆勒的观点推进一步，就会得出由物质需要的满足所获得的快乐是低级快乐，而由精神需要的满足所获得的则是高级快乐，更具持久性。

构成幸福的第二个要素是意义。意义的产生通常与目标的设定有关。我们经常自问：人为什么活着？其实，这就是对存在意义的追寻。意义之所以能带来幸福感，是因为意义能够让存在者的存在显现，换言之，有意义的生活会让个人把能量和精力集中在某一确定的目标上，从而带来充实感，基于此，自我实现等高级需求才可以存在。中国人常讲：人过留名，雁过留影。这里的名就指由实现目标所获得的精神收益，而在这份收益背后就是不可见的意义在支撑着人的行动。人生一旦失去意义，就会陷入虚无主义，从这个意义上说，虚无主义就是意义缺失带来的群体心理问题。百无聊赖者又怎能感到幸福呢？按照存在主义的说法，人的存在是被遮蔽的，意义恰恰是去弊的利器，因而，存在感的获得与意义有关。有了意义，存在者的存在才能绽放出来。

构成幸福的第三个要素是爱。爱是一种能力。对于一个习惯了斗争哲学的族群来说，这种能力已然陌生，需要重新培养。哲学家舍勒曾说：推动世界前进的力量有两种——爱和恨。爱是建设性的，而恨则是破坏性的。通过爱这种能力，我们把他人与世界联系起来，由此形成一个有机共同体。马克思当年也曾说：人是社会关系的总和。通过爱我们与所有人形成了一种健康、相互信任与低交易成本的有序联结，在这个过程中，支配社会运行的各种规范才能以平顺的方式发生作用，从而使每个人在这个网络中形成一种规范的自我认同，如承认、赞美、同情、理解等，这些情感都会让我们获得强烈的幸福感。反之，不但不会获得这种满足感，反而会产生强烈的挫折感与沮丧感。我们生活中的很多幸福感都是因为不会爱而失去的。

构成幸福的第四个要素是至善。至善很难解释清楚，按照古希腊哲学家亚里士多德在其《尼各马可伦理学》中的说法：人的目的，即人的可实践的最高善，就是幸福。由此可以推知，追求至善是可达幸福的。至善就如同科学上的真理，虽不能至，但每一次的接近都会给人带来持久的幸福感。这里还要简单梳理一下古希腊哲学家对于美德与幸福关系的阐释，在苏格拉底看来，知识即美德，而美德对于幸福来说就是充分的。从这个意义上说，追求知识本身也是能带来幸福的，孔子所谓“朝闻道，夕死可矣”应该是中国历史上最值得称道的爱智慧的体现。总之，心怀善念会增加人们的幸福感。

这个现象不神秘，哲学家汉森所谓的“观察渗透理论”，已然揭示这种幸福产生的机理：你看待世界的方式是由你内在的信念决定的。至善对于任何人而言都类似头脑内的信念，通过这套信念我们看到的世界是截然不同的东西。坊间所谓的心里阳光一点，说的也是这个道理。幸福的内在构成要素是我们每个人都能自我调控的，这些要素不是先天的，而是后天习得的结果。这一点很振奋人心，换言之，至少在局部层面上我们是能决定自己的幸福的。中国古人所信奉的修、齐、治、平等，都是可以自我掌控的。对于个体的幸福，我们是有责任的。随着时代的发展，幸福感由内部决定的模式开始发生根本性的改变，今天的幸福感仅靠内在的修为已经不够了，我们的幸福感很大一部分是由外部要素决定的。那么外部要素是如何决定个人幸福的呢？

哲学家海德格尔晚年曾说过一句意味深长的话——“我在世界中”，以此作为对他在纳粹期间的所作所为的回答。这句话妙就妙在“在世界中”。何谓在世界中？在笔者看来，就是所遭受及你所施予的。对于个人的幸福感而言，所遭受的将决定自己的幸福感，所给予的将影响他人的幸福感。这种遭受是来自所在的社会，从这个意义上说，今天所有的人都是社会建构的产物。心理学家罗洛·梅敏锐地指出：幸福一般依赖于一个人的外部状态，欢乐则是内部能量的充盈，导致敬畏和惊异。幸福与满足有关，欢乐则与自由和人类精神的丰富性有关。那么外部状态是如何影响一个人的幸福感的？这就是我们要谈的幸福的外在构成要素问题。幸福的外部构成要素是以个体的需要为出发点，促进个体潜能的实现为目标，最终促进个体的幸福。

基于这种考虑，我们把构成个体外在幸福的要素分为如下几个：正义（公平）、自由、平等、安全、宽容等。这些要素都是由制度提供并用来维系社会有序运行的标准配置，如果这些要素缺乏，很容易造成群体性的不幸福感。每个人在社会上的遭遇主要与资源的分配有关。这里的资源既包括有形的物质资源，也包括无形的精神资源，如承认、安全及荣誉的分配等。而实现这个目标是社会的责任。柏拉图在《理想国》中早就指出，城邦的最大美德就是正义。而正义在实践层面就是公平，缺少公平感是目前人们感受最深的不幸福感的主要来源。从这个意义上说，捍卫公平就是当下政治体制改革的主要任务，按照美国哲学家罗尔斯的设想，为了实现公平，需要设置无知之幕，以此隔绝各种社会、历史与文化等因素对决策的影响，这样才能保证“作为公平的正义”的实现。这话说起来比较晦涩，但很好理解，比如为了实现机会公平原则，我们需要隔绝评判者对于申报者的各种信息的了解，使评判者在不知道（无知）的情况下，根据理性做出最优决策。社会上对“官二代”的诟病，皆源于他们的身世破坏了机会公平原则，造成大多数人对于不公平伤害的心理扩大化。公平对于国家而言是首要美德，对社会而言则是公共福祉。因此，保障个体的幸福是社会的责任。当下我们遭遇的普遍不幸福感，与我们的制度设置存在缺陷直接相关。那么，自由要素又是如何影响我们幸福感的呢?

启蒙思想家卢梭曾说：人生而自由却无所不在枷锁之中。相信这句话每个人都耳熟能详，但很少人去想自由对人而言为何如此重要。自由是存在者存在的标志，所谓不自由毋宁死，就是存在者捍卫存在的权利。今天我们对于违法者的惩罚也是通过消减他的自由来实现的。由此不难看出，自由本身就是一种幸福。

人类社会从奴隶社会、封建社会、资本主义社会到今天，一路走来，个人自由的范围一次次扩大，人的权利也随之提升，这才是社会进步的标志。诚如17世纪英国哲学家洛克所言，天赋人权。自由是人的最重要天赋权利之一，它不是某个人或机构的赏赐，而是每个人与生俱来的权利。20世纪哲学的最伟大发现之一就是证明真理与存在者的自由有关系。从这个意义上说自由是幸福的基础。由此就不难理解裴多菲那句“生命诚可贵，爱情价更高，若为自由故，二者皆可抛”为何如此受人青睐了。

自由是人类所有尊严的基础。那么自由从哪里来呢？自由的实现需要通过社会契约由国家来提供，这就是近代四百年政治哲学所取得的最伟大成就之所在。每个人都让渡一些权利交予国家，然后国家则按照契约为每个人提供自由与安全。但这个环节中存在一个巨大的隐患，即国家是一头巨大的利维坦（霍布斯对国家的比喻），每个人在它面前都是渺小的，那么国家时刻有违约不履行契约的潜在风险，如何制约国家的违约呢？这就需要民主的制度安排来保证国家履行契约，以此捍卫个人的自由。

再来说说平等对于幸福的影响。对于平等带来的好处人们往往意识不到，那么我们就谈谈不平等，以此反证平等对于幸福的价值。英国经济学家理查德·威尔金森在《不平等的痛苦》一书中指出：不平等就像一个污染源，在全社会扩散。不平等的危害非常大，这里仅就幸福而言，不平等加剧焦虑感，而焦虑感与幸福感成反比。因而，威尔金森认为：不平等状况的加剧常常伴随着更加激烈的地位竞争和更高水平的地位焦虑感。很多时候，最初地位的形成也是基于不平等造成的结果，改革起来异常困难。

从这里我们大体了解了不平等侵蚀幸福的机制。那么，一个不平等的社会对于既得利益者是好事吗？换言之，会增加他们的幸福吗？显然不会，因为任何人都不是一个孤岛，既得利益者也会被整个社会弥漫的不平等所伤害。因为不平等会造成社会的分裂，如果达到临界值就会发生社会动荡，到时安全感荡然无存，既得利益者将成为首要的损失者。移民倾向已然间接证实这种忧虑。因此，不平等的结果最终会伤害所有人。2015 年公布的联合国《全球幸福指数报告》里，中国在全球 158 个国家和地区中位列第 84 名，这个数据实在不值得骄傲，不平等造成的幸福感丧失是其中的重要原因之一。

最后再简单分析一下幸福范式的升级转型问题。根据心理学家马斯洛的需求层次理论，人的需求层次从低到高有五个层面，分别是生理需求、安全需求、爱和归属感、尊重的需求、自我实现的需求。前工业社会的幸福范式以内在构成要素为主，基本上以实现前三个需要为幸福实现的标志；而工业化时代以来幸福的构成范式以外部要素的满足为主，它实现的标志是后两者的实现，即尊重的需求与自我实现的需求。幸福范式的转型意义深远。如果整个社会在解决了基本需求，那么精神需求的满足就成为提升幸福感的主导要素。如果一个社会的治理模式仍停留在前工业化模式，治理的目标与群体的偏好发生扭曲，就会阻碍整个社会幸福感的提升。遗憾的是，我们目前采用的治理模式仍然是前工业化时代的模式，它不但无助于提升人们的幸福感，反而是造成幸福感缺失的原因。

在了解了构成幸福的内在、外在要素之后，我们还面临一个比较紧迫的问题：如何提升幸福感。在介绍一些具体措施之前，我们需要了解不幸福感的主要表现形式：焦虑。众所周知，焦虑对幸福感的侵蚀是最严重也最持久的。

所谓焦虑，通俗点说就是当个体在实现他的潜能时遇到阻力，此时所带来的一种心理状态就是焦虑。这是我们所有人在日常生活中都会遇到的存在状态。在厘清这些基本结构关系之后，提升幸福感及摆脱焦虑的道路也就清晰了。对于幸福的内在构成要素，我们可以通过主动学习来提升内在的幸福感，这部分是习得的结果，也是我们能身体力行的幸福来源。积极心理学的一些研究结论与措施可以用于处理内在幸福感不足的问题。比如，常在头脑中想象快乐的事情，久而久之就会起到很好的效果，最新的神经可塑性研究已经证明，这种努力可以形成新的神经回路，根据用进废退学说，经过练习的快乐回路就容易激活，从而带来幸福感的提升。还有目前比较流行的正念减压疗法、冥想等，也是消除焦虑、抑郁的一种比较经济、有效的调控方法，其机理就是引导注意力，从而消除多余的负性内容。

最难处理的是构成幸福的外部要素的改变，这是个体无能为力的。造成国人幸福感缺失的主要原因来自外部，这需要国家加快政治体制改革的进程，真正落实民主机制，从而使自由、公平有可靠的制度保证。另外，让公平与正义真正成为制度所追求的美德，加快推进幸福范式的升级与转型，从而让社会与公众处于同一认知层面上。幸福不仅是个人的责任，更是社会的责任。虽然公众今天的幸福感并不尽如人意，但不用悲观，哲学家布洛赫认为：人类所向往的“善”难免遭到失败，但这种失败本身包含着自身未来的可能的胜利。

即便当下外部要素对于幸福的作用越来越大，但我们对于自己的幸福还是负有不可推卸的责任，至少我们还能最大限度地丰富自己的内在幸福。捍卫幸福的底线永远是我们的责任。

后记：写作是一种反抗失败的方式

转眼我已经50岁了，以前一直觉得那是很遥远的事情，对于它的突然到来，我还没有准备好。平凡的生活消磨了太多的理想，那些碎片化的念想仍然会在不经意间涌现，而且无法阻挡。生活和工作都会以不容置疑的优先性挤压理想，这是存在的宿命，无法抗拒。优雅与高贵在中年沧桑的底色上显得有些斑驳与暗淡。即便如此，内心仍不时想起爱尔兰诗人叶芝的诗句：必须为追寻美好而保持勤恳。课堂上也无数次对学生们谈起苏格拉底的誓言：永远走向上的道路。其实，我知道自己的底气不是很足，因为我无法有效地证明：向上的道路是否可以给孤独的个体带来至善或者世俗的收益。

这些年，我内心时常被失败感侵蚀着，而且挥之不去，为了摆脱这种如影随形的失败感，必须做点什么来掩盖或者稀释那种感觉。其实，真正属于你的可以选择的道路或者手段是极其稀少的，这种体认只有在你躬身前行的时候才会真切地感受到，否则会被幻象所蒙蔽。于我而言，写作就是那种我可以选择的一种反抗失败的方式，因此，这些年我用了太多的时间在没有标记的光阴中，就着香烟、茉莉花茶和酒精写了不少文字。当文字终于从心底蹦出来的时候，我就获得了一种快乐和存在感。以前我喜欢把这个过程看作人文学者的启蒙使命，如今不敢也不愿再奢谈启蒙了，点亮和启明对于写作者而言永远是结果而不是原因，如果认知顺序弄反了，写作就是一种自我伤害，此刻唯愿写作能够促进与拓展对人生各种可能性的认识。

那么，写什么或者如何写就是一个大问题。法国哲学家萨特曾说：写作是一种介入。对此我深以为然，介入代表了一种积极的生活态度：我们通过文字把自我与他人和世界联系起来，在双向或者多向的审视中有了交流与理解的可能，暂且不论其对未来的意义与筹划，仅就交流而言，我们由于写作而与世界有了一种真实的连接，这个连接把真理、善恶与美丑在意义的生产配方中做了公开的展示，以此为那些庸常的生活提供一些色彩和目标。这是一个很美妙的过程，在写作中你可以让自己无拘无束地奔跑在思想的荒原上，然后告诉那些陌生人你看到了什么、发现了什么及想到了什么。它既实现了写作者内心的表达欲望，也满足了由于种种原因无法前行者的好奇。我年轻时一直坚信，在呼啸或平静中，这个过程会刺穿各种虚妄与迷信，并带来个体与整个社会文明的提升与进步，时至今日，我仍然坚信这是通达美好社会的最简洁与有效的方式。

客观地说，写作是一项技术活，如同木匠或者修理工，如何写及怎样写是每一个写作者必须考虑的事情。我曾开设过一门“科学社会学”研究生课程，自然会对这个问题给予更多的关注。每个人由于自己的偏好与独特处境，都会选择符合自己特点的写作路径。于我而言，我喜欢比较快的写作模式，这是时间约束的结果。现在的高校老师已经被各种考核与繁重的教学工作压得喘不过气来，这就意味着没有太多整块时间去写作。那么，如何处理那些边角余料性质的时间呢？这些时间主要用来看书与思考，用余下的时间去写一些小的文章，符合我们对于效率的要求。也许更为重要的是，你的市场定位一定要准确，任何市场都是可以成就梦想的，否则就会造成巨大的精力与时间的损失。这本书里的文字都是基于上述理念在过去三年间写成的，如果没有留下这些文字，我真的开始怀疑那些过往的时光是不是都变成了下落不明的日子。

这本书能够得以出版，首先，要感谢山西大学殷杰教授和教育部人文社会科学重点研究基地——山西大学科学技术哲学研究中心的大力支持。其次，要感谢过去三年里一直合作的媒体朋友，是你们的执着与理解，让我有机会使写作不单成为一种独特的反抗失败的方式，更成为一种源于理想的对公共领域的介入。再次，任何一本书的出版背后都凝结了无数人的辛勤工作，在这里让我对本书的责任编辑邹聪在出版过程中所付出的辛勤努力表示由衷感谢，没有她的精彩工作，本书在品相上将失去很多；同时，我也要感谢山西大学的赵斌博士，书稿提交之后，正赶上我去台湾辅仁大学访学，期间很多出版事宜多亏赵博士费心联络，使出版进程得以按计划有序进行。还要感谢所有这些年来一直在默默支持与鼓励我的朋友们。最后，感谢我的家人对于我的生活与写作的无私支持，他们容忍了我日夜颠倒的生活模式，并承担了绝大部分家务活，让我得以全身心地投入工作。

李　侠

2017 年 1 月 3 日于上海